卓越工程技术人才培养特色教材

MATLAB 实用教程

主　编　朱元泽　李贤彬

江苏大学出版社
JIANGSU UNIVERSITY PRESS
镇　江

图书在版编目(CIP)数据

MATLAB 实用教程 / 朱元泽,李贤彬主编. —镇江：江苏大学出版社，2013.5(2018.1 重印)
ISBN 978-7-81130-478-7

Ⅰ.①M… Ⅱ.①朱…②李… Ⅲ.①Matlab 软件—高等学校—教材 Ⅳ.①TP317

中国版本图书馆 CIP 数据核字(2013)第 107922 号

MATLAB 实用教程

主　　编/朱元泽　李贤彬
责任编辑/李菊萍
出版发行/江苏大学出版社
地　　址/江苏省镇江市梦溪园巷 30 号(邮编：212003)
电　　话/0511-84446464(传真)
网　　址/http://press.ujs.edu.cn
排　　版/镇江华翔票证印务有限公司
印　　刷/虎彩印艺股份有限公司
开　　本/787 mm×1 092 mm　1/16
印　　张/17.25
字　　数/438 千字
版　　次/2013 年 5 月第 1 版　2018 年 1 月第 2 次印刷
书　　号/ISBN 978-7-81130-478-7
定　　价/42.00 元

江苏省卓越工程技术人才培养特色教材建设

指导委员会

序

深化高等工程教育改革、提高工程技术人才培养质量，是增强自主创新能力、促进经济转型升级、全面提升地区竞争力的迫切要求。近年来，江苏高等工程教育飞速发展，全省46所普通本科院校中开设工学专业的学校有45所，工学专业在校生约占全省普通本科院校在校生总数的40%，为“十一五”末江苏成功跻身全国第一工业大省做出了积极贡献。

“十二五”时期是江苏加快经济转型升级、发展创新型经济、全面建设更高水平小康社会的关键阶段。教育部“卓越工程师教育培养计划”启动实施以来，江苏认真贯彻教育部文件精神，结合地方高等教育实际，着力优化高等工程教育体系，深化高等工程教学改革，努力培养造就一大批创新能力强、适应江苏社会经济发展需要的卓越工程技术后备人才。

教材建设是人才培养的基础工作和重要抓手。培养高素质的工程技术人才，需要遵循工程技术教育规律，建设一套理念先进、针对性强、富有特色的优秀教材。随着知识社会和信息时代的到来，知识综合、学科交叉趋势增强，教学的开放性与多样性更加突出，加之图书出版行业体制机制也发生了深刻变化，迫切需要教育行政部门、高等学校、行业企业、出版部门和社会各界通力合作，协同作战，在新一轮高等工程教育改革发展中抢占制高点。

2010年以来，江苏大学出版社积极开展市场分析和行业调研，先后多次组织全省相关高校专家、企业代表就应用型本科人才培养和教材建设工作进行深入研讨。经各方充分协商，拟定了“江苏省卓越工程技术人才培养特色教材”开发建设的实施意见，明确了教材开发总体思路，确立了编写原则：

一是注重定位准确，科学区分。教材应符合相应高等工程教育的办学定位和人才培养目标，恰当把握与研究型工程人才、设计型工程人才及技能型工程人才的区分度，增强教材的针对性。

二是注重理念先进，贴近业界。吸收先进的学术研究与技术成果，适应经济转型升级需求，适应社会用人单位管理、技术革新的需要，具有较强的领先性。

三是注重三位一体，能力为重。紧扣人才培养的知识、能力、素质要求，着力培养学生的工程职业道德和人文科学素养、创新意识和工程实践能力、国际视野和沟通协作能力。

四是注重应用为本，强化实践。充分体现用人单位对教学内容、教学实践设计、工艺流程的要求以及对人才综合素质的要求，着力解决以往教材中应用性缺失、实践环节薄弱、与用人单位要求脱节等问题，将学生创新教育、创业实践与社会需求充分衔接起来。

五是注重紧扣主线，整体优化。把培养学生工程技术能力作为主线，系统考虑、整体构建教材体系和特色，包括合理设置课件、习题库、实践课题以及在教学、实践环节中合理设置基础、拓展、复合应用之间的比例结构等。

该套教材组建了阵容强大的编写专家及审稿专家队伍，汇集了国家教学指导委员会委员、学科带头人、教学一线名师、人力资源专家、大型企业高级工程师等。编写和审稿队伍主要由长期从事教育教学改革实践工作的资深教师、对工程技术人才培养研究颇有建树的教育管理专家组成。在编写、审定教材时，他们紧扣指导思想和编写原则，深入探讨、科学创新、严谨细致、字斟句酌，倾注了大量的心血，为教材质量提供了重要保障。

该套教材在课程设置上基本涵盖了卓越工程技术人才培养所涉及的有关专业的公共基础课、专业公共课、专业课、专业特色课等；在编写出版上采取突出重点、以点带面、有序推进的策略，成熟一本出版一本。希望大家在教材的编写和使用过程中，积极提出意见和建议，集思广益，不断改进，以期经过不懈努力，形成一套参与度与认可度高、覆盖面广、特色鲜明、有强大生命力的优秀教材。

江苏省教育厅副厅长 丁晓昌

2012 年 8 月

前　　言

MATLAB 是目前最优秀的数学软件之一，内容丰富、功能强大且简单易学。实践证明，理工科大学生学习 MATLAB 软件，对于他们未来的发展起着重要的作用。

本书注重实用，在内容组织上深入浅出，力求通俗易懂，便于自学。全书共分九章，第 1 章介绍 MATLAB 桌面和桌面工具；第 2 章介绍 MATLAB 的各种数据类型的构建方法和使用技巧；第 3 章介绍 M 文件编辑器、M 文件编程和文件操作；第 4 章介绍 MATLAB 的图形绘制功能；后面的 5 章分别介绍 MATLAB 在高等数学、线性代数、计算方法、最优化方法、概率论与数理统计中的应用。书中提供的典型应用实例，叙述简明，方便模仿。每章结束都附有实验，供读者练习巩固之用。本书的第 5 章、第 6 章、第 7 章和第 9 章由李贤彬编写，其余各章由朱元泽编写。本书既可作为与 MATLAB 有关课程的教材，也可作为数学软件 MATLAB 自学者的参考书。

本书初稿为江苏师范大学统计学专业的基础课程讲义，也是学校数学建模培训的讲义之一，编者在多年的授课过程中不断修改、完善，在成书时又做了全面的充实、加工与修订，以求简单实用。

在书稿的写作过程中，编者参考了诸多图书资料和网上资源，受益匪浅，这里对这些作者表示衷心的感谢！本书得以出版，不仅要感谢江苏师范大学数学与统计学院领导的鼓励与支持，还要感谢江苏大学出版社编辑的辛勤付出。

教材的出版得到了江苏师范大学数学与统计学院数学与应用数学国家级特色专业建设点、数学类省“十二五”高等学校重点专业、数学省一级重点学科和统计学省优势学科的支持。

由于编者水平所限，书中难免存在一些不足甚至错误之处，欢迎读者批评指正。

编　者

2013 年 4 月

目　录

第1章 MATLAB 简介

MATLAB(Matrix Laboratory)是由 MathWorks 公司于 1984 年推出的一套科学计算软件，分为总包和若干个工具箱，它具有强大的矩阵计算和数据可视化功能。

1.1 MATLAB 的主要特点

MATLAB 的主要特点如下。

(1) 简单易学：MATLAB 是一门编程语言，其语法规则与一般的结构化高级编程语言大同小异，而且使用更方便，具有一般语言基础的用户很快就可以掌握。

(2) 代码短小高效：由于 MATLAB 已经将很多数学问题的具体算法编成了现成的函数，用户只要熟悉算法的特点、使用场合、函数的调用格式和参数意义等，通过调用相应的函数很快就可以解决相应的问题，而不必花大量的时间纠缠于具体算法的实现。

(3) 计算功能非常强大：该软件具有强大的矩阵计算功能，利用一般的符号和函数就可以对矩阵进行加、减、乘、除运算以及转置和求逆等运算，而且可以处理稀疏矩阵等特殊的矩阵，非常适合于有限元等大型数值算法的编程。此外，该软件现有的数十个工具箱，可以解决应用中的很多数学问题。

(4) 强大的图形绘制和处理功能：该软件可以绘制常见的二维、三维图形，还可以对三维图形进行颜色、光照、材质、纹理和透明性设置并进行交互处理。

(5) 可扩展性能：可扩展性能是该软件的一大优点，用户可以自己编写 M 文件，组成自己的工具箱，方便地解决本领域内常见的计算问题。此外，利用 MATLAB 编译器可以生成独立的可执行程序，从而隐藏算法并避免依赖 MATLAB。

1.2 MATLAB 桌面简介

考虑到 MATLAB 在我国的应用现状，本书结合 MATLAB 7.0 版介绍数学软件 MATLAB。

在装有 MATLAB 7.0 的计算机上，可以在 Windows 中“开始”菜单的子菜单“所有程序”中找到 MATLAB 7.0，打开 MATLAB 7.0 时，MATLAB 的桌面类似图 1-2-1。

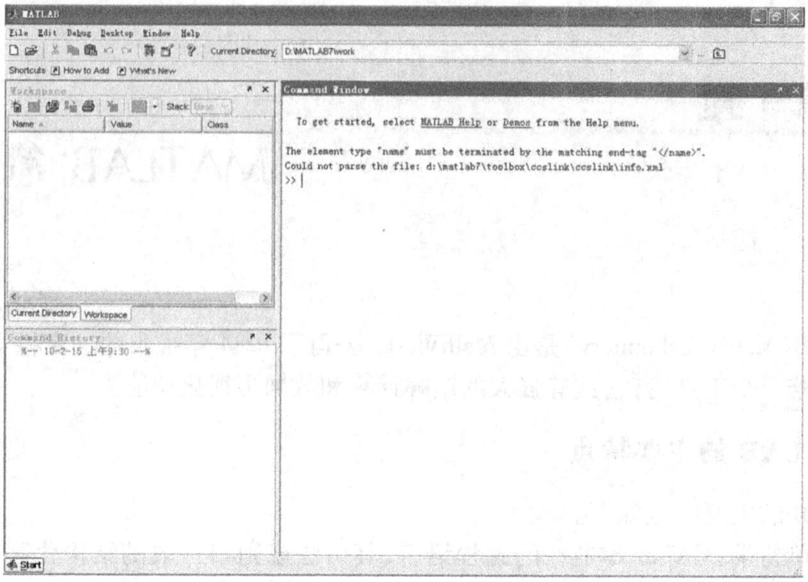

图 1-2-1　MATLAB 桌面

MATLAB 桌面包括表 1-2-1 中的几种工具窗口，在默认情况下，它们中间有一些不显示。

表 1-2-1　MATLAB 桌面工具

桌面工具	描　述
数组编辑器	查看表格形式的数组内容并编辑数组的值
命令窗口	运行 MATLAB 命令
命令历史窗口	显示命令窗口中键入的命令，可以从该窗口中复制和运行命令
当前路径浏览器	查看文件，进行打开、查找和管理等操作
编辑器/调试器	创建、编辑和调试 M 文件(包括 MATLAB 函数的文件)
图形窗口	创建、修改、查看和打印 MATLAB 图形
帮助浏览器	查看和搜索所有 MathWorks 产品的文档
Profiler 窗口	查看 M 文件的每行代码的运行情况，包括运行时间和调用次数等，以便进行改进
启动按钮	运行工具和获取所有 MathWorks 产品的文档，并创建和使用 MATLAB 快捷方式
Web 浏览器	查看 HTML 和与 MATLAB 相关的信息
工作空间浏览器	查看和改变工作空间中的内容

根据需要可以改变 MATLAB 的桌面外观，包括移动、缩放和关闭工具窗口等。例如，用菜单"File"打开"Preferences …"对话框，改变"Fonts"中的选项，即可改变 MATLAB 桌面中字符的大小；用菜单"Desktop"的二级菜单或菜单"Desktop"中"Desktop layout"下的三级菜单，可以根据需要选择不同的 MATLAB 的桌面形式；执行"Desktop | Desktop layout | Default"菜单命令便可还原为图 1-2-1 所示的界面。

1.2.1 启动按钮(Start)

打开 MATLAB 主界面以后,单击“Start”按钮,显示一个菜单,利用“Start”菜单及其子菜单中的选项,可以直接打开 MATLAB 的有关工具。

1.2.2 命令窗口(Command Window)

命令窗口是用于运行 MATLAB 命令并显示结果的主要工具之一。例如,在命令窗口中键入:

```
a=[1 2 3;4 5 6;7 8 9]
```

则执行结果(按【Enter】键)为:

```
a =
      1      2      3
      4      5      6
      7      8      9
```

再在命令窗口中键入:

```
b=a
```

则执行结果(将变量 a 的值赋值给变量 b)为:

```
b =
      1      2      3
      4      5      6
      7      8      9
```

又如,在命令窗口中键入:

```
x=[0,-pi/2,pi,3*pi/2,2*pi];y=sin(x)
```

则执行结果为:

```
y =
       0   -1.0000    0.0000   -1.0000   -0.0000
```

需要注意的是:

(1) MATLAB 可执行命令均由半角字符构成。

(2) 在符号“[”与符号“]”之间的空格与逗号作用一样,用于区分列;在符号“[”与符号“]”之间分号用于换行;而在语句末尾加分号,可以防止输出结果显示到命令窗口中。

(3) 可以用命令 clc 清空命令窗口。

(4) 命令窗口中有一些常用的功能键,利用它们可以使操作更简便快捷。常见的功能键见表 1-2-2。

表 1-2-2 命令窗口常用功能键及其功能

功能键	功　能	功能键	功　能
Ctrl + C	中断正在运行的 MATLAB 程序	End	光标移到行尾
↑	重新调入上命令行	Esc	清除命令行
↓	重新调入下命令行	Delete	删除光标右边字符
←	光标左移一个字符	Backspace	删除光标左边字符
→	光标右移一个字符	Ctrl + K	删除至行尾
Home	光标移到行首		

1.2.3　命令历史窗口(Command History)

命令历史窗口显示命令窗口中最近运行的所有语句。

用户可以将命令历史窗口中的语句复制到命令窗口或其他窗口中,也可以直接双击命令历史窗口中的语句,达到再次执行该语句的目的。

1.2.4　当前目录浏览器(Current Directory)

MATLAB 工具栏右边的当前目录栏(如图 1-2-2 所示)和 MATLAB 的当前目录浏览器(如图 1-2-3 所示)配合使用,可以用于搜索、查看、打开、查找和改变 MATLAB 路径和文件。在 MATLAB 桌面上,从“Desktop”菜单中选择“Current Directory”选项,或者在命令窗口中键入“filebrowser”,均可打开当前目录浏览器。

图 1-2-2　当前目录栏

单击当前目录浏览器(如图 1-2-3 所示)右上角的跳出箭头,即可得到图 1-2-4 所示的界面。

使用独立窗口的当前目录浏览器可以更方便地完成下面的任务:

- 查看和改变路径;
- 创建、重命名、复制和删除路径和文件;
- 打开、运行和查看文件的内容;
- 查找文件和文件中的内容。

当然,单击独立窗口的当前目录浏览器右上角的进入箭头,即可返回图 1-2-3 所示的界面。

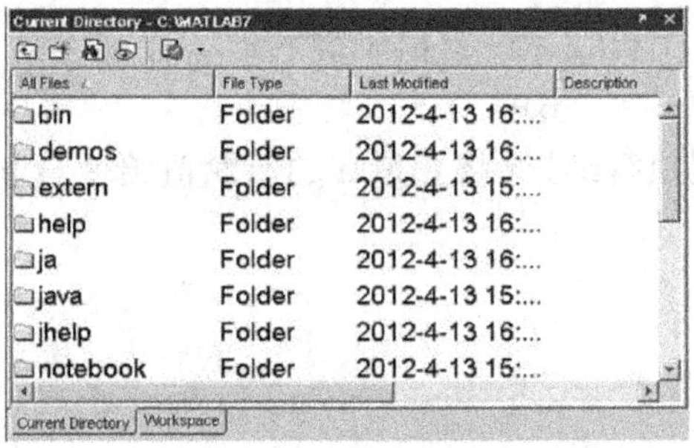

图 1-2-3　当前目录浏览器

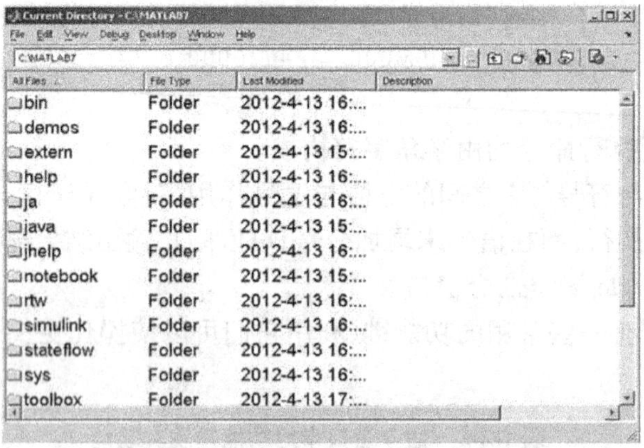

图 1-2-4　独立窗口的当前目录浏览器

1.2.5　工作空间窗口(Workspace)

MATLAB 工作空间由一系列变量组成,可以通过使用函数、运行 M 文件和载入已经存在的工作空间来添加变量;可以用命令 clear 清除当前工作空间中的变量。

在命令窗口中键入:

```
clear % 清空工作空间,等同于 clear all
x = 0:pi/4:2 * pi;
```

```
y = sin(x);
```

则运行后，工作空间窗口如图 1-2-5 所示。

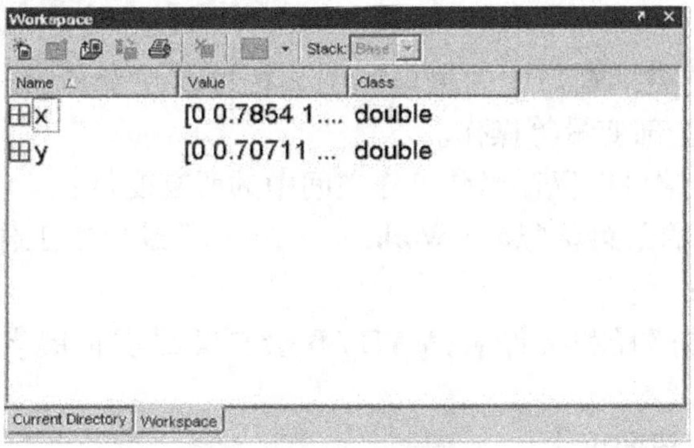

图 1-2-5　工作空间窗口

说明

在 MATLAB 语句中，符号"%"后面是用于帮助的注释。

单击工作空间窗口（如图 1-2-5 所示）右上角的跳出箭头，即可得到如图 1-2-6 所示的界面。

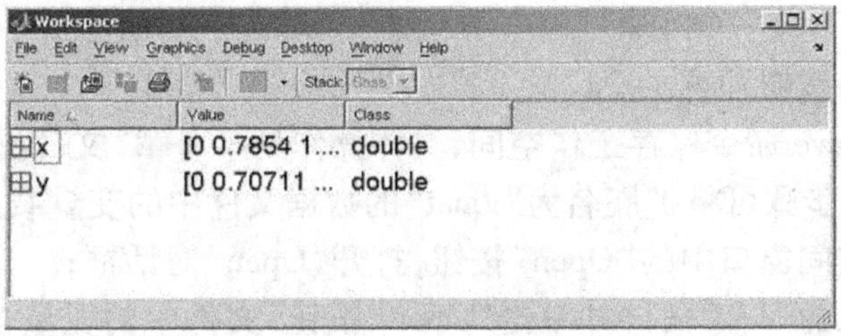

图 1-2-6　独立的工作空间窗口

工作空间窗口显示每个变量的名称（Name）、值（Value）和类型（Class）。使用 whos 函数可以列出当前工作空间中所有变量及其信息（维数、字节和类型）。例如，若在命令窗口中键入：

```
who
```

则执行结果为：

```
Your variables are:
x  y
```

若在命令窗口中键入：

```
whos
```

则执行结果为：

```
Name      Size                 Bytes      Class
  x        1×9                   72      double array
  y        1×9                   72      double array
Grand total is 18 elements using 144 bytes
```

使用 exist 函数查看指定变量是否在工作空间中。例如，在命令窗口中键入：

```
exist x
```

若返回值为 1,则说明工作空间中存在变量 x;若返回值为 0,则说明工作空间中不存在变量 x。

利用 MATLAB 工作空间窗口中的菜单和工具栏可新建变量、删除变量、打开 MATLAB 文件、保存部分变量或全部变量等操作。

◆ 按照下面的步骤可以保存当前工作空间中的所有变量:

(1) 用“File”菜单的子菜单“Save Workspace As ...”或单击工作空间窗口中“Save”按钮,打开“Save”对话框;

(2) 规划好保存的路径和文件名,MATLAB 会自动提供扩展名“. mat”的一种二进制文件;

(3) 单击“Save”按钮即可。

◆ 按照下面的步骤可以保存当前工作空间中的部分变量:

(1) 在工作空间浏览器中选中需要保存的变量名(按住【Ctrl】键的同时单击需要保存的变量名);

(2) 单击工作空间窗口(Workspace)工具条中的“Save”按钮,或在选中变量处右击并从弹出的菜单中选择“Save As ...”选项,打开“Save to MAT - File”对话框;

(3) 规划好保存的路径和文件名,MATLAB 会自动提供扩展名为“. mat”的一种二进制文件;

(4) 单击“Save”按钮即可。

用户也可以用 Save 命令保存工作空间,具体操作见第 3 章“文件操作”一节。

◆ 按照下面的步骤可将扩展名为“. mat”的数据文件中的变量载入工作空间:

(1) 单击工作空间窗口中的“Open”按钮,打开“Open”对话框;

(2) 选择要载入的 MAT 文件并单击“Open”按钮,文件中的变量全部载入到工作空间中。如果文件中的变量与已有变量名相同,则覆盖已有变量。

用户也可以用 load 命令打开已有工作空间,具体操作见第 3 章“文件操作”一节。

◆ 选中需要删除的变量后(比如,需要删除 x 和 y,选中 x 和 y 即可),再单击工作空间窗口中的“delete”按钮,即可从工作空间中删除选中的变量;也可以在命令窗口中键入命令“clear x y”,从而删除工作空间中的变量 x 和 y。

◆ 选中用于作图的变量后,单击按钮 (在工作空间窗口中)中的向下箭头选择图形类型,即可以创建图形。例如,在命令窗口中键入:

```
clear
x = -4:0.01:4;
y = exp( -x.^2./2)./sqrt(2*pi);
```

说明

$y=\frac{1}{\sqrt{2\pi}}e^{-\frac{x^2}{2}}$是标准正态分布的密度函数。

在工作空间窗口中选中 x 和 y 后,再单击按钮 中的向下箭头,选择的图形类型 plot(x,y),即可得到标准正态分布的密度函数图形,如图 1-2-7 所示。

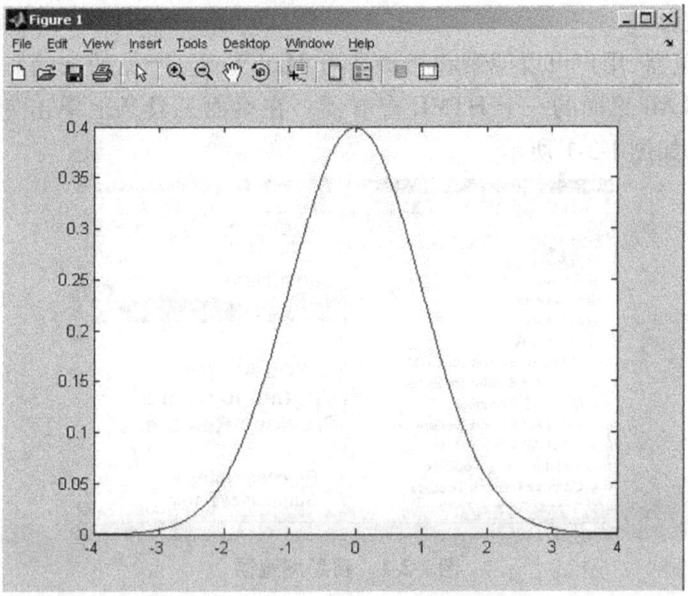

图 1-2-7 标准正态分布的密度函数图形

◆ 使用数组编辑器可以以电子表格的形式查看和编辑一维或二维数值数组和单元数组。例如,在命令窗口中键入:

```
clear
x=[1 2 3;4 5 6];
y=rank(x);
```

在工作空间浏览器中选中要打开的变量(如变量 x),然后单击按钮,打开数组编辑器,如图 1-2-8 所示;也可以双击变量 x,打开数组编辑器。

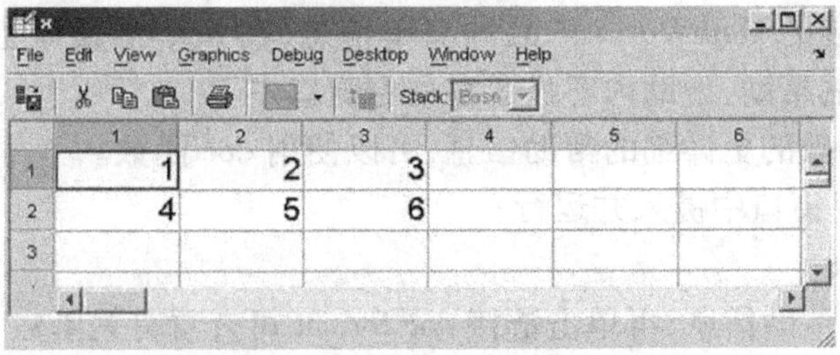

图 1-2-8 数组编辑器

在数组编辑器中可以像在 Excel 中那样实现数据的操作。

说明

在 MATLAB 中,鼠标右键的功能非常强大,在各个 MATLAB 窗口中的不同位置,具有不同的功能,使用起来方便快捷,这里不再详细说明,请读者自己摸索,养成多用鼠标右键的习惯。

1.3 MATLAB 的帮助系统

数学软件 MATLAB 有比较完善的帮助系统,它有助于用户自学、进行在线查询和答疑解惑。

1.3.1 帮助浏览器

使用帮助浏览器,用户可以搜索和查询所有 MathWorks 产品的文档和演示。帮助浏览器是集成到 MATLAB 桌面的一个 HTML 查看器。在桌面工具条上单击 ? 按钮,可以打开帮助浏览器界面,如图 1-3-1 所示。

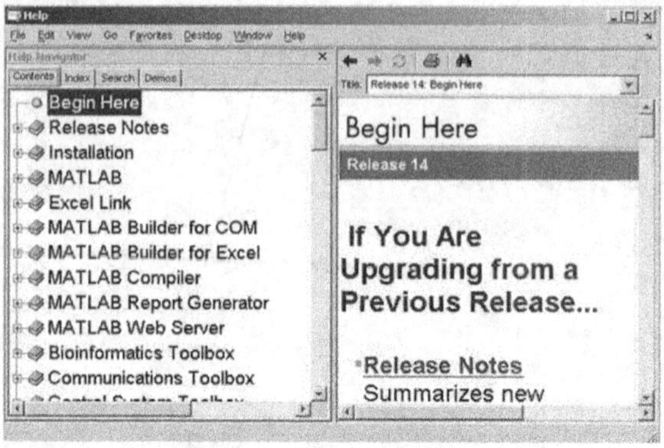

图 1-3-1 帮助浏览器

帮助浏览器主要由左右两个面板组成,一个是树形目录结构面板,用于查找信息;另一个是显示面板,用于显示和查看信息。树形目录结构面板有 4 个选项卡,具体介绍如下。

- ▲ Contents 选项卡:查看文档内容的标题和目录。
- ▲ Index 选项卡:根据指定的关键词在文档中进行查找。
- ▲ Search 选项卡:在文档中查找指定的单词。
- ▲ Demos 选项卡:查看和运行 MathWorks 产品的演示程序。

1.3.2 help 函数和 doc 函数

除了帮助浏览器外,用户还可以使用 help 函数获取帮助。在命令窗口中键入 help 命令,可以获取当前安装的 MathWorks 产品的简单信息,在 help 后面跟上工具箱或函数的名称,可以获取更详细的帮助,帮助内容显示在命令窗口中。

若要获取指定函数的更详细的帮助信息,可以使用 doc 函数。

在 MATLAB 命令窗口中键入并运行:

```
help format
```

可阅读函数 format 的帮助信息,再单击链接 doc format 可查看有关函数 format 的更详细的帮助信息。

提示

建议读者在规划好的路径下创建一个"MATLAB 实验"子目录,将各个实验结果的电子文档和 MATLAB 文件保存在其中。书中所提到的"MATLAB 实验"子目录就是这样建立的。

实验一

了解数学软件 MATLAB

1. 实验目的与要求

了解 MATLAB 的基本特点，熟悉 MATLAB 界面上的主要窗口，熟练操作 MATLAB 的帮助系统。

2. 实验内容

（1）命令窗口中有一些常用的功能键，利用它们可以使操作更简便、快捷。请将常见功能键的功能填入下表。

功能键	功　能
Ctrl + C	
↑	
↓	
←	
→	
Home	
End	
Esc	
Delete	
Backspace	
Ctrl + K	

（2）请分别说明 clc 函数、clear 函数、who 函数和 whos 函数的功能（建议用 help 函数和 doc 函数查看上述 4 个函数的帮助信息以后再回答）。

（3）请在命令窗口分别键入下述命令并执行：

```
clear
clc
x = 1:10;
y = mod(x,3)
z = [x;y]
```

要求：

① 请将工作空间中的变量 y 和 z 保存在文件名为 shiyan1_3_1. mat 的文件中，并保存在“MATLAB 实验”子目录下（简单说明操作步骤）；

② 请给出删除工作空间中的变量 y 和 z 的操作步骤；

③ 请给出将上述 shiyan1_3_1. mat 文件中的变量导入工作空间的步骤；

④ 请选中变量 x 和 y 并利用鼠标右功能键“scatter(x,y)”作散点图（要将散点图导入

电子文档中)。

(4) 在互联网上搜索与 MATLAB 有关的信息,简要说明目前 MATLAB 的发展和应用现状,并给出几个你认为比较好的 MATLAB 论坛(说明理由)。

阅读材料

MATLAB 中的控制工具箱和 Simulink 仿真模块

所谓 MATLAB 的控制工具箱就是一些 M 文件的集合,用户可以修改工具箱中的函数,更为重要的是用户可以通过编制 M 文件来任意地添加工具箱中原来没有的工具函数。此功能充分体现了 MATLAB 语言的开放性。许多的专业领域在 MATLAB 中都有自己的工具箱,假如你发现自己所在的专业领域没有专用的工具箱,也可以自行开发一个。

Simulink 仿真模块是 MATLAB 最重要的组件之一,它提供一个动态系统建模、仿真和综合分析的集成环境。在该环境中,无需大量书写程序,而只需要通过简单直观的鼠标操作,就可构造出复杂的系统。Simulink 具有适应面广、结构和流程清晰及仿真精细、贴近实际、效率高、灵活等优点,基于以上优点 Simulink 已被广泛应用于控制理论和数字信号处理的复杂仿真和设计。

MATLAB 中的控制工具箱和 Simulink 仿真模块列表 1,2。

表 1 控制工具箱

序号	工具箱	备注	
1	Symbolic Math Toolbox	符号数学工具箱	数学统计与优化
2	Partial Differential Equation Toolbox	偏微分方程工具箱	
3	Statistics Toolbox	统计学工具箱	
4	Curve Fitting Toolbox	曲线拟合工具箱	
5	Optimization Toolbox	优化工具箱	
6	Global Optimization Toolbox	全局优化工具箱	
7	Neural Network Toolbox	神经网络工具箱	
8	Model – Based Calibration Toolbox	基于模型矫正工具箱	
9	Signal Processing Toolbox	信号处理工具箱	信号处理与通信
10	DSP System Toolbox	DSP 系统工具箱	
11	Communications System Toolbox	通信系统工具箱	
12	Wavelet Toolbox	小波工具箱	
13	Fixed – Point Toolbox	定点运算工具箱	
14	RF Toolbox	射频工具箱	
15	Phased Array System Toolbox	相控阵系统工具箱	

续表

序号	工具箱	备　注	
16	Control System Toolbox	控制系统工具箱	控制系统设计与分析
17	System Indentification Toolbox	系统辨识工具箱	
18	Fuzzy Logic Toolbox	模糊逻辑工具箱	
19	Robust Control Toolbox	鲁棒控制工具箱	
20	Model Predictive Control Toolbox	模型预测控制工具箱	
21	Aerospace Toolbox	航空航天工具箱	
22	Image Processing Toolbox	图像处理工具箱	图像处理与计算机视觉
23	Computer Vision System Toolbox	计算机视觉工具箱	
24	Image Acquisition Toolbox	图像采集工具箱	
25	Mapping Toolbox	地图工具箱	
26	Data Acquisition Toolbox	数据采集工具箱	测试与测量
27	Instrument Control Toolbox	仪表控制工具箱	
28	Image Acquisition Toolbox	图像采集工具箱	
29	OPC Toolbox	OPC 开发工具	
30	Vehicle Network Toolbox	车载网络工具箱	
31	Financial Toolbox	金融工具箱	计算金融
32	Econometrics Toolbox	计算经济学工具箱	
33	Datafeed Toolbox	数据输入工具箱	
34	Fixed - Income Toolbox	固定收益工具箱	
35	Financial Derivatives Toolbox	衍生金融工具箱	
36	Bioinformatics Toolbox	生物信息工具箱	计算生物
37	SimBiology	生物学工具箱	
38	Parallel Computing Toolbox	并行计算工具箱	并行计算
39	MATLAB Distributed Computing Server	MATLAB 分布式计算服务器	
40	Database Toolbox	数据库工具箱	数据库访问与报告
41	MATLAB Report Generator	MATLAB 报告生成	
42	MATLAB Coder	MATLAB 代码生成	MATLAB 代码生成
43	Filter Design HDL Coder	滤波器设计 HDL 代码生成	
44	MATLAB Compiler	MATLAB 编译器混合编程	MATLAB 应用发布
45	MATLAB Builder NE	for Microsoft. Net Framework	
46	MATLAB Builder JA	for Java Language	
47	MATLAB Builder EX	for Microsoft Excel	
48	Spreadsheet Link EX	for Microsoft Excel	

表 2　Simulink 模块

序号	工具箱	备　注	
1	DSP System Toolbox	DSP 系统工具箱	信号处理与通信
2	Communications System Toolbox	通信系统工具箱	
3	Computer Vision System Toolbox	计算机视觉工具箱	
4	SimRF	RF 模块集功能	
5	Simulink Control Design	Simulink 控制器设计	控制系统设计与分析
6	Simulink Design Optimization	Simulink 设计优化	
7	Aerospace Blockset	航空航天模块	
8	Simscape	物理模型仿真模块组	物理建模
9	SimMechanics	机构动态仿真模块组	
10	SimDriveline	传动系统系统仿真模块组	
11	SimHydraulics	液压仿真模块组	
12	SimRF	RF 仿真模块组	
13	SimElectronics	电子仿真模块组	
14	SimPowerSystems	动力系统仿真模块组	
15	Stateflow		基于事件的建模
16	SimEvents		
17	xPC Target		快速原型和硬件再回路仿真
18	xPC Target Embedded Option		
19	Real - Time Windows Target		
20	Simulink 3D Animation		仿真绘图与报告
21	Gauges Blockset		
22	Simulink Report Generator		
23	Simulink Verfication and Validation		验证、确认和测试
24	Simulink Design Verifier		
25	System Test		
26	EDA Simulator Link		
27	Simulink Code Inspector		
28	Simulink Fixed Point		定点建模
29	Simulink Coder		代码生成
30	Embedded Coder		
31	Simulink HDL Coder		
32	Simulink PLC Coder		
33	Do Qualification Kit	for DO - 178	
34	IEC Certification Kit	for ISO 26262 and IEC 61508	

第 2 章

数据类型

MATLAB 既有一般高级语言所应具备的基本数据类型，又提供了适合矩阵计算的特殊数据类型。

2.1　常数和变量

和许多其他计算机语言一样，常数和变量是基本的语言元素。在 MATLAB 中不必声明变量的数据类型，只要用表达式给变量赋值就可以创建该变量。

2.1.1　常数

MATLAB 提供了一些内部常数，见表 2-1-1。这些常数定义了 MATLAB 应用和编程中经常用到的数据。

表 2-1-1　MATLAB 提供的常用常数

常　数	返回值
ans	默认变量名，保存最近的结果。如果不给表达式指定一个输出变量，MATLAB 会自动将结果保存到 ans 中
eps	浮点相对误差限，是指计算机用于区分两个数的差的最小常数，具体大小和计算机有关，如果两个数的差的绝对值小于 eps，则计算机认为这两个数相等
realmax	MATLAB 所能表示的最大正实数
realmin	MATLAB 所能表示的最小正实数
pi	圆周率
i,j	虚数单位
inf	正无限值，在 MATLAB 中 2 * realmax 将返回 inf
NaN	非数值，即表示不合法的数值值，如 0/0
version	MATLAB 版本字符串

表 2-1-1 中的常数可以不必声明，直接应用于 MATLAB 编程。例如，若在命令窗口中键入：

```
a = abs(3 + 4i)
```

则执行结果为：

```
a =
   5
```

若在命令窗口中键入：

```
A = log10(pi)
```

则执行结果为：

```
A =
    0.4971
```

若在命令窗口中键入：

```
format long
B = exp(log(realmax))
```

则执行结果为：

```
B =
    1.797693134862273e+308
```

若在命令窗口中键入：

```
C = log(exp(realmax))
```

则执行结果为：

```
C =
    Inf
```

说明

(1) 上一段给出了 4 个函数，分别为 abs，log10，log 和 exp，请熟记。
(2) 请比较赋值给变量 B 和 C 的算术表达式以及结果。

2.1.2 变量

1. 变量名

MATLAB 变量名只能由字母、数字和下划线组合而成，且第一个字符必须是字母。

说明

(1) 在 MATLAB 变量名中，区分字母的大小写，因此 A 和 a 表示两个不同的变量名。
(2) 尽管 MATLAB 变量名的字符个数没有限制，但在 MATLAB 中只使用变量名中的前 N 个字符，后面的字符将被忽略。这里，N 是 namelengthmax 函数的返回值。

在命令窗口键入：

```
N = namelengthmax
```

则执行结果为：

```
N =
    63
```

在 MATLAB 中，可以用 isvarname 函数确认变量名的合法性。如果变量名合法，该函数返回 1，否则返回 0。例如，在命令窗口中键入：

```
isvarname a
```

则执行结果为：

```
ans =
    1
```

这说明 a 是合法的 MATLAB 变量名。

在命令窗口中键入：

```
isvarname 2a
```

则执行结果为：

```
ans =
     0
```

这说明 2a 不是合法的 MATLAB 变量名。

说明

(1) MATLAB 中的常数虽然都可以用作 MATLAB 变量名，但使用以后，可能会失去原有常数的功能。因此，最好不要把 MATLAB 中的常数作为变量名使用，除非已确定不会使用此常数。例如，在 MATLAB 中，字符 i 和 j 是用于表示虚数单位的，如果不涉及复数计算，那么 i 和 j 就可用作 MATLAB 变量名。

(2) 在 MATLAB 中，预留了一些关键字，并且它们不允许被重载。也就是说，不能将它们作为变量名使用，否则，将会导致出错信息。使用不带输入变量的 iskeyword 函数可以列出所有预留的关键字。

例如，在命令窗口中键入：

```
A = iskeyword
```

则执行结果为：

```
A =
     'break'
     'case'
     'catch'
     'continue'
     'else'
     'elseif'
     'end'
     'for'
     'function'
     'global'
     'if'
     'otherwise'
     'persistent'
     'return'
     'switch'
     'try'
     'while'
```

若试图用上述预留的关键字作为 MATLAB 的变量名使用，例如，在命令窗口中键入：

```
function = 2
```

则执行结果为：

```
??? function = 2
```

```
|
Error: Function definitions are not permitted at the prompt or in scripts.
```

这说明 MATLAB 预留的关键字是不允许重载的。

又如，在命令窗口中键入：

```
clear,clc,A = sin(pi/2)
```

则运行结果为：

```
A =
    1
```

若在命令窗口中键入：

```
format,pi = 2;B = sin(pi/2)
```

则运行结果为：

```
B =
    0.8415
```

这里，pi 用作 MATLAB 变量名后，被重载了，因而不再是原来的常数 pi 了。

2. 创建变量

在 MATLAB 中创建变量比较简单，不必声明变量的数据类型。如果变量已经存在，给它重新赋值会替换它的当前值。例如，在命令窗口中键入：

```
clear,clc,x = [11,12,13;21,22,23]
```

则运行结果为：

```
x =
    11    12    13
    21    22    23
```

再在命令窗口中键入：

```
format long,x = pi
```

则运行结果为：

```
x =
    3.14159265358979
```

2.1.3 变量数据类型

MATLAB 变量的数据类型有十余种之多，不论是哪种类型，都以数组的形式保存，主要有数值型（分为整型和浮点型）、逻辑型、字符型、日期和时间型、结构数组、单元数组以及函数句柄等。

1. 整型数组

int8，uint8，int16，uint16，int32，uint32，int64，uint64 分别表示长度为 8 位、16 位、32 位和 64 位的有符号和无符号整型数组。

通过 intmax(class) 和 intmin(class) 函数可返回该类整型的最大值和最小值。

例如，在命令窗口中键入：

```
clear,clc,a = 1:5;b = int8(a);whos
```

则运行结果为:

```
Name      Size           Bytes   Class
  a       1×5               40   double array
  b       1×5                5   int8 array
Grand total is 10 elements using 45 bytes
```

上面的变量b就是一个int8 array(有符号的8位整型数组),它所占用的储存空间字节数比a要少。

若在命令窗口中键入:

```
M1 = intmax('int8'), M2 = intmax('uint8'),N1 = intmin('int8')
```

则运行结果为:

```
M1 =
   127
M2 =
   255
N1 =
   -128
```

2. 浮点型数组

浮点型分为双精度浮点型(double)和单精度浮点型(single)。双精度数值型数组(double)是MATLAB中最常用的变量类型,单精度数值型数组(single)的数据需要的存储空间比双精度类型的少,但精度要差一些。

realmax('double')和realmax('single')分别返回双精度浮点和单精度浮点的最大值,realmin('double')和realmin('single')分别返回双精度浮点和单精度浮点的最小值。

例如,在命令窗口中键入:

```
clear,clc,a = 0:pi/2:2 * pi;b = single (a);whos
```

则运行结果为:

```
Name      Size           Bytes   Class
  a       1×5               40   double array
  b       1×5               20   single array
Grand total is 10 elements using 60 bytes
```

上面的变量b就是一个single array(单精度数值型数组),它所占用的储存空间字节数比a要少。

若在命令窗口中键入:

```
format,M1 = realmax('double'),M2 = realmax('single'),N1 = realmin('double')
```

则运行结果为:

```
M1 =
   1.7977e+308
M2 =
   3.4028e+038
N1 =
   2.2251e-308
```

3. 逻辑型数组

逻辑型(logical)数组的每个元素只能是 1(true)或 0(false)。

例如,在命令窗口中键入:

```
clear,clc,a=1>2,whos
```

则运行结果为:

```
a =

    0

  Name      Size            Bytes     Class

   a        1×1               1     logical array
```

在工作空间窗口中,显示 a 的值为"false"。

4. 字符型(char)数组

在 MATLAB 中,构建字符串往往需使用单引号,字符串存储为字符数组,例如,在命令窗口中键入:

```
clear,clc,DateString='2-6-2013',whos
```

则运行结果为:

```
DateString =
2-6-2013
  Name          Size             Bytes   Class
DateString      1×8                16    char array
Grand total is 8 elements using 16 bytes
```

这里构建的字符串变量 DateString 实际上是一个 1 行 8 列的字符数组(向量),更详细的内容在 2.3 节进行介绍。

5. 日期和时间型数组

MATLAB 提供 3 种日期和时间格式:

(1) 日期和时间字符串,如'04-Feb-2013 16:28:58';

(2) 日期和时间序列数,如 7.3527e+005(公元0000年 1 月 1 日的序列数为 1);

(3) 日期和时间向量,如[2013 02 04 16 10 58],依次为年、月、日、时、分、秒。

常用的日期操作函数如下。

- c=clock:存储当前日期和时间向量[year month day hour minute seconds]。
- str=date:存储当前日期字符串 dd-mmm-yyyy。
- t=now:存储当前日期和时间的序列数。
- str=datestr(dt, dateform):将日期和时间 dt 转换为指定形式日期和时间字符串。关于 datestr 的更详细调用格式,请查看 datestr 的帮助信息(用命令 doc datestr 获得)。

例如,在命令窗口中键入:

```
str1=datestr('5-Feb-2013 9:28:58', 'yyyy-mm-dd')
```

则运行结果为:

```
str1 =
2013-02-05
```

在命令窗口中键入:

```
str2 = datestr(now, 'dd-mmm-yyyy HH:MM:SS')
```

则运行结果为：

```
str2 =
05-Feb-2013 09:48:08
```

在命令窗口中键入：

```
str3 = datestr([2013 2 5 9 49 58], 'mmm.dd.yyyy HH:MM:SS')
```

则运行结果为：

```
str3 =
Feb.05.2013 09:49:58
```

◆ t = datenum(str)：将日期和时间字符串转换为日期和时间序列数。

例如，在命令窗口中键入：

```
t = datenum('Feb.05.2013 09:49:58')
```

则运行结果为：

```
t =
    7.3527e+005
```

◆ v = datevec(str)：将日期和时间字符串转换为日期和时间向量。

例如，在命令窗口中键入：

```
v = datevec('Feb.05.2013 09:49:58')
```

则运行结果为：

```
v =
    1.0e+003 *
    2.0130    0.0020    0.0050    0.0140    0.0390    0.0503
```

◆ [N, S] = weekday(dt, form)：计算 dt 相应的星期数（1 对应 Sunday，…，7 对应 Saturday）。关于 weekday 更详细调用格式，请查看 weekday 的帮助信息。

例如，在命令窗口中键入：

```
[N,S] = weekday('Feb.05.2013 09:49:58','long')
```

则运行结果为：

```
N =
    3
S =
Tuesday
```

◆ eomday(yr,mth)：计算指定年(yr)某月份(mth)的最后一天。

◆ c = calendar(y,m)：返回 y 年 m 月的日历矩阵。例如，在命令窗口中键入：

```
c = calendar(2013,3)
```

则运行结果为：

```
c =
    0     0     0     0     0     1     2
    3     4     5     6     7     8     9
    10    11    12    13    14    15    16
    17    18    19    20    21    22    23
```

```
24    25    26    27    28    29    30
31     0     0     0     0     0     0
```

6. 结构数组

结构数组具有字段名,这些字段可以包含其他不同类型数组。结构数组可以将不同类型的有关系的数据集中到一起,详细内容将在 2.4 节进行介绍。

7. 单元数组

单元数组与结构数组类似,也可以将不同类型的有关系的数据集中到一起。详细内容将在 2.5 节进行介绍。

8. 函数句柄数组

MATLAB 函数的句柄可以在变量列表中进行传递,并用 feval 函数进行计算。详细内容将在 3.6 节进行介绍。

说明

(1) MATLAB 中的数值计算,默认所有变量都为 double 型。有时,为了节省存储空间或提高程序运行速度,可以用 single 函数转换为单精度浮点型,也可以用 int8,int16,int32,int64 等函数取整,转换为整型。

(2) 使用 format 命令,可以设置变量的输出格式。

format:以 5 位定点格式输出变量值。

format short e:以 5 位浮点格式输出变量值。

format short g:在 5 位定点与 5 位浮点中选择最好的格式表示。

format long:以 15 位定点格式输出 double 型变量值。

format long e:以 15 位浮点格式输出 double 型变量值。

format hex:以 16 进制输出变量值。

format +:在矩阵中,用符号"+"、"-"和空格分别表示正号、负号和零。

format compact:变量之间没有空行。

format loose:变量之间有空行。

2.2 数值型数组

数值型数组简称数组,本节主要介绍一维数组(向量)和二维数组(矩阵)。

2.2.1 构建一维数组

1. 直接创建法

在 MATLAB 中,用空格或逗号间隔一维数组元素,然后用方括号括起来即可构建行向量,用分号间隔一维数组元素,然后用方括号括起来即可构建列向量。

例如,在命令窗口中键入:

```
format compact,x=[1 2 3 4 5 6],y=[2;4;6]
```

则运行结果为:

```
x =
     1     2     3     4     5     6
y =
```

```
2
4
6
```

除了上述直接构建方法外，还有其他一些常用的构建方法，下面主要介绍两种构建方法，即增量法和 linspace 函数法。

2. 增量法

利用 MATLAB 提供的冒号运算符(first:step:last)格式可以生成行向量。step = 1 时可以省略，即为(first:last)格式。例如，在命令窗口中键入：

```
clear,clc,format,format compact,A = (1:0.2:2.1)
```

则运行结果为：

```
A =
    1.0000    1.2000    1.4000    1.6000    1.8000    2.0000
```

3. linspace 函数法

利用 linspace 函数构造数组，需要指定首尾值和元素总个数。其基本形式为：

```
x = linspace(first,last,num)
```

其中，first，last 和 num 分别为 x 数组的首、尾和元素个数。

例如，在命令窗口中键入：

```
x = linspace(1,2.1,6)
```

则运行结果为：

```
x =
    1.0000    1.2200    1.4400    1.6600    1.8800    2.1000
```

2.2.2 二维数组

1. 创建二维数组(矩阵)

在 MATLAB 中，创建二维数组(也称矩阵)有以下几种方法。

(1) 直接创建方法

在 MATLAB 中创建矩阵最简单的方法是使用矩阵创建符号“[ ]”。在方括号内输入矩阵的元素时，用空格(或逗号)分隔列，用分号分隔行即可。例如，在命令窗口中键入：

```
clear,clc,A = [1 4 7 10;2 5 8 11;3 6 9 12]
```

则运行结果为：

```
A =
     1     4     7    10
     2     5     8    11
     3     6     9    12
```

(2) 构造特殊数组

MATLAB 提供了多个创建不同数组的函数，常用的函数见表 2-2-1。

表 2-2-1　常用的特殊数组构造函数

函　数	功　　能
ones	创建一个所有元素都为 1 的数组
zeros	创建一个所有元素都为 0 的数组
eye	创建对角线元素为 1,其他元素为 0 的矩阵
diag	根据向量创建对角矩阵
rand	创建一个数组,其中的元素为[0,1]上的均匀分布的随机数
randn	创建一个数组,其中的元素为标准正态分布的随机数

说明

(1) 默认状态下,表 2-2-1 中的函数都将返回 double 型的数组,也可以用 ones,zeros 和 eye 函数很容易地生成任何数值类型的基本数组。

(2) 函数 ones,zeros,rand 和 randn 也可以用来创建特殊的一维数组和多维数组,请查看它们的帮助信息。

例如,先在命令窗口中键入(%是注释标记,%及后面的将被忽略):

```
clear,clc,format compact% 清空工作空间和命令窗口,输出无空行
    A=zeros(3,5),b=6*ones(3,1),C=eye(3,4)
```

则运行结果为:

```
A =
     0     0     0     0     0
     0     0     0     0     0
     0     0     0     0     0
b =
     6
     6
     6
C =
     1     0     0     0
     0     1     0     0
     0     0     1     0
```

然后在命令窗口中键入:

```
B=diag(b)
```

则运行结果为:

```
B =
     6     0     0
     0     6     0
     0     0     6
```

接着在命令窗口中键入:

```
A1=8*ones(size(A))% 产生一个与 A 同型且每个元素全是 8 的数组
```

运行结果为：

```
A1 =

     8     8     8     8     8
     8     8     8     8     8
     8     8     8     8     8
```

最后在命令窗口中键入：

```
A2 = rand(4),A3 = randn(4)
```

请反复运行上述两条命令，比较运行的结果。

(3) 聚合矩阵

通过连接一个或多个矩阵形成新的矩阵的方法，称为聚合矩阵。符号"[ ]"不仅是矩阵构造符，还是 MATLAB 聚合矩阵运算符。若矩阵 ***A*** 和 ***B*** 的行数相同，则可用 C = [A,B] 在水平方向上聚合矩阵 ***A*** 和 ***B***；若矩阵 ***A*** 和 ***B*** 的列数相同，则可用 C = [A;B] 在垂直方向上聚合矩阵 ***A*** 和 ***B***。

例如，在命令窗口中键入：

```
clear,clc,A = ones(2,3) * 6,B = eye(2,3), C1 = [A,B], C2 = [A;B]
```

运行结果为：

```
A =

     6     6     6
     6     6     6

B =

     1     0     0
     0     1     0

C1 =

     6     6     6     1     0     0
     6     6     6     0     1     0

C2 =

     6     6     6
     6     6     6
     1     0     0
     0     1     0
```

除了利用符号"[ ]"聚合矩阵构造新矩阵的方法外，还可以利用表 2-2-2 中的函数将多个矩阵组合成一个新的矩阵。

表 2-2-2 矩阵聚合函数

函 数	描 述
cat	沿指定的维聚合矩阵
horzcat	水平聚合矩阵
vertcat	垂直聚合矩阵
repmat	通过复制和叠置矩阵来创建新矩阵
blkdiag	用已有矩阵创建块对角矩阵

例如,在命令窗口中键入:

```
clear,clc,A=[1 2 3;4 5 6];B=ones(2,3); C=eye(2)*8;
```

运行后,再在命令窗口中键入:

```
A,B,D=cat(1,A,B) % 在垂直方向上聚合A和B
```

运行结果为:

```
A =
     1     2     3
     4     5     6
B =
     1     1     1
     1     1     1
D =
     1     2     3
     4     5     6
     1     1     1
     1     1     1
```

然后在命令窗口中键入:

```
A,B,E=cat(2,A,B) % 在水平方向上聚合A和B
```

运行结果为:

```
A =
     1     2     3
     4     5     6
B =
     1     1     1
     1     1     1
E =
     1     2     3     1     1     1
     4     5     6     1     1     1
```

再在命令窗口中键入:

```
A,B,F=cat(3,A,B)% 构造三维数组
```

运行结果为:

```
A =
     1     2     3
     4     5     6
B =
     1     1     1
     1     1     1
F(:,:,1) =
     1     2     3
     4     5     6
F(:,:,2) =
```

```
     1     1     1
     1     1     1
```

然后在命令窗口中键入：

```
D1 = vertcat(A,B) % 在垂直方向上聚合 A 和 B
```

运行结果为：

```
D1 =
     1     2     3
     4     5     6
     1     1     1
     1     1     1
```

再在命令窗口中键入：

```
E1 = horzcat(A,B)% 在水平方向上聚合 A 和 B
```

运行结果为：

```
E1 =
     1     2     3     1     1     1
     4     5     6     1     1     1
```

然后在命令窗口中键入：

```
G = repmat(A,[2,3]) % 将矩阵 A 垂向上复制 2 次,在水平方向上复制 3 次
```

运行结果为：

```
G =
     1     2     3     1     2     3     1     2     3
     4     5     6     4     5     6     4     5     6
     1     2     3     1     2     3     1     2     3
     4     5     6     4     5     6     4     5     6
```

最后在命令窗口中键入：

```
A,B,C,H = blkdiag(A,B,C)% 创建块对角矩阵
```

运行结果为：

```
A =
     1     2     3
     4     5     6
B =
     1     1     1
     1     1     1
C =
     8     0
     0     8
H =
     1     2     3     0     0     0     0     0
     4     5     6     0     0     0     0     0
     0     0     0     1     1     1     0     0
     0     0     0     1     1     1     0     0
```

```
     0     0     0     0     0     0     8     0
     0     0     0     0     0     0     0     8
```

说明

(1) 构建矩阵时，如果矩阵的数据类型不同，则 MATLAB 会自动对某些元素进行类型转换，使得生成的矩阵具有相同的类型。

(2) 用一个高精度的矩阵和一个低精度的矩阵构造新矩阵时，新矩阵是低精度型的。

2. 获取数组中的元素

上面介绍的是 MATLAB 中一维数值数组(向量)和二维数值数组(矩阵)的构建方法。众所周知，创建数组的目的是为了应用它，为此下面介绍几种获取数组中元素的方法。

(1) 利用编号索引，可以获取 MATLAB 矩阵的元素。

要引用矩阵中的特定元素，必须使用下面的语法指定该元素的行号和列号(简称行列索引)，并按先行后列的顺序指定。其中，$\boldsymbol{A}$ 是矩阵变量。

```
A(row,column)
```

在 MATLAB 中，还可以用单个编号引用矩阵中的元素(简称线性索引)。MATLAB 保存矩阵中的数据时不是按照它们显示在 MATLAB 命令窗口中的形式保存的，而是作为单一元素列保存的。这个元素列是由矩阵中的所有列组成的，后一列元素按先后顺序添加到前一列元素的最后面。例如 $\boldsymbol{A}_{m\times n}$，则行列索引 $\boldsymbol{A}(i,j)$ 与线性索引 $\boldsymbol{A}(m*(j-1)+i)$ 均表示矩阵 $\boldsymbol{A}$ 的第 i 行第 j 列元素。

如果知道行列索引，可以用 sub2ind 函数获得线性索引值；如果知道线性索引，可以用 ind2sub 函数获得行列索引值。

例如，在命令窗口中键入：

```
clear,clc,format compact,A = magic(4) % 生成一个 4 阶幻方阵
```

运行结果为：

```
A =
    16     2     3    13
     5    11    10     8
     9     7     6    12
     4    14    15     1
```

再在命令窗口中键入：

```
b1 = A(4,2) % 用行列索引，获取矩阵 A 的第 4 行第 2 列元素
```

运行结果为：

```
b1 =
    14
```

再在命令窗口中键入：

```
b2 = A(8) % 线性索引
```

运行结果为：

```
b2 =
    14
```

再在命令窗口中键入：

```
b3 = A(end,3) % 获取矩阵 A 的第 3 列的最后一行元素
```

运行结果为：

```
b3 =
    15
```

再在命令窗口中键入：

```
b4 = A(end) % 获取矩阵 A 的最后一行的最后一列元素
```

运行结果为：

```
b4 =
    1
```

再在命令窗口中键入：

```
Linearindex = sub2ind(size(A),4,2) % 获取线性索引值
```

运行结果为：

```
Linearindex =
    8
```

最后在命令窗口中键入：

```
[row,col] = ind2sub(size(A),12) % 获取行列索引值
```

运行结果为：

```
row =
    4
col =
    3
```

(2) 利用冒号运算符可以构建新矩阵。

例如，在命令窗口中键入：

```
clear,clc,A = [11,12,13,14;21,22,23,24;31,32,33,34]
```

运行结果为：

```
A =
    11    12    13    14
    21    22    23    24
    31    32    33    34
```

再在命令窗口中键入：

```
r2 = A(2,:) % 获取矩阵 A 的第 2 行元素
```

运行结果为：

```
r2 =
    21    22    23    24
```

再在命令窗口中键入：

```
cend = A(:,end) % 获取矩阵 A 的最后一列元素
```

运行结果为：

```
cend =
    14
```

```
    24
    34
```

再在命令窗口中键入：

```
C1 = A(2:end,:)% 获取矩阵 A 的第 2 行至最后一行元素
```

运行结果为：

```
C1 =
    21    22    23    24
    31    32    33    34
```

最后在命令窗口中键入：

```
C2 = A(2:3,[1  3  4]),y = A(:)
```

运行结果为：

```
C2 =
    21    23    24
    31    33    34
y =
    11
    21
    31
    12
    22
    32
    13
    23
    33
    14
    24
    34
```

2.2.3 多维数组

在 MATLAB 中,可以使用与创建二维数组相同的技巧创建多维数组。另外,MATLAB 还提供了一些特别的聚合函数来生成多维数组。

1. 用索引生成多维数组

创建多维数组的方法之一是先创建一个二维数组,然后扩展它。例如,在命令窗口中键入：

```
clear,clc,A = [1.1,1.3,1.5;1.2,1.4,1.6]
```

运行结果为：

```
A =
    1.1000    1.3000    1.5000
    1.2000    1.4000    1.6000
```

再在命令窗口中键入：

```
A(:,:,2) = [2.1,2.3,2.5;2.2,2.4,2.6];A(:,:,3) = 6;A% 最后输出变量 A
```

运行结果为：

```
A(:,:,1) =
    1.1000    1.3000    1.5000
    1.2000    1.4000    1.6000
A(:,:,2) =
    2.1000    2.3000    2.5000
    2.2000    2.4000    2.6000
A(:,:,3) =
     6     6     6
     6     6     6
```

再在命令窗口中键入：

```
a=A(:)% 从A的线性索引看三维数组的存储方式
```

运行结果为：

```
a =
    1.1000
    1.2000
    1.3000
    1.4000
    1.5000
    1.6000
    2.1000
    2.2000
    2.3000
    2.4000
    2.5000
    2.6000
    6.0000
    6.0000
    6.0000
    6.0000
    6.0000
    6.0000
```

这样就得到了一个三维数组 $\boldsymbol{A}_{2\times3\times3}$，还可以把 $\boldsymbol{A}$ 扩展成一个四维数组。

例如，在命令窗口中再键入：

```
A(:,:,1,2)=[1,2,3;4,5,6]; A(:,:,2,2)=2*ones(2,3);
A(:,:,3,2)=eye(2,3);A
```

运行结果为：

```
A(:,:,1,1) =
    1.1000    1.3000    1.5000
    1.2000    1.4000    1.6000
A(:,:,2,1) =
    2.1000    2.3000    2.5000
```

```
    2.2000    2.4000    2.6000
A(:,:,3,1) =
     6     6     6
     6     6     6
A(:,:,1,2) =
     1     2     3
     4     5     6
A(:,:,2,2) =
     2     2     2
     2     2     2
A(:,:,3,2) =
     1     0     0
     0     1     0
```

2. 用 MATLAB 函数生成多维数组

利用 rand,randn,ones 和 zeros 函数等也可生成多维数组。例如,要创建一个由标准正态分布随机数构成的三维数组 $\boldsymbol{A}_{3\times4\times2}$,可用命令"A = randn(3,4,2)"完成。

利用 repmat 函数可生成常数数组。例如,"B = repmat(8,[3,4,2,3])"可生成每个元素全是 8 的四维数组 $\boldsymbol{B}_{3\times4\times2\times3}$。

3. 用 cat 函数生成多维数组

cat 函数是创建多维数组的一种简单方式,它按指定的维数将多个数组聚合在一起,其调用格式为:

```
B = cat(dim,A1,A2,…)
```

其中,$\boldsymbol{A}_1$,$\boldsymbol{A}_2$,…是进行聚合的数组;dim 是维数。

例如,在命令窗口中键入并执行 clear,clc 后,再键入:

```
A = cat(3,[11,13,15;12,14,16],[21,23,25;22,24,26], [31,33,35;32,34,36])
```

运行结果为:

```
A(:,:,1) =
    11    13    15
    12    14    16
A(:,:,2) =
    21    23    25
    22    24    26
A(:,:,3) =
    31    33    35
    32    34    36
```

再在命令窗口中键入:

```
B = cat(4,A,cat(3,repmat(9,[2,3]),5 * ones(2,3),zeros(2,3)),ones(2,3,3))
```

运行结果为:

```
B(:,:,1,1) =
    11    13    15
    12    14    16
```

```
B(:,:,2,1) =
     21     23     25
     22     24     26
B(:,:,3,1) =
     31     33     35
     32     34     36
B(:,:,1,2) =
      9      9      9
      9      9      9
B(:,:,2,2) =
      5      5      5
      5      5      5
B(:,:,3,2) =
      0      0      0
      0      0      0
B(:,:,1,3) =
      1      1      1
      1      1      1
B(:,:,2,3) =
      1      1      1
      1      1      1
B(:,:,3,3) =
      1      1      1
      1      1      1
```

★ 建议读者再在命令窗口中键入“b = B(:)”并运行，通过 b 理解四维数组的线性索引和存储方式。

2.2.4 获取与数组有关的信息

（1）表 2-2-3 中的函数可以返回关于数组形状和大小的信息。

表 2-2-3 数组信息函数

函 数	功 能
length	返回数组最长维的长度
ndims	返回数组维数
numel	返回数组元素个数
size	返回数组每一维的长度

说明

若 $\boldsymbol{A}$ 是一个 $n_1 \times n_2 \times \cdots \times n_m$ 的 m 维数组，则 ndims(A) 返回 m，numel(A) 返回 $n_1 n_2 \cdots n_m$，size(A) 返回行向量 $(n_1, n_2, \cdots, n_m)$，而 length(A) 返回 $n_1, n_2, \cdots, n_m$ 的最大值。

（2）表 2-2-4 中的函数可检查数组中的元素是否属于指定的数据类型。

表 2-2-4　数据类型检查函数

函　数	功　　能
isa	确定输入数据是否属于给定类型
iscell	确定输入数据是否属于单元数组
iscellstr	确定输入数据是否属于字符串单元数组
ischar	确定输入数据是否属于字符串
isfloat	确定输入数据是否属于浮点数组
isinteger	确定输入数据是否属于整型数组
islogical	确定输入数据是否属于逻辑数组
isnumeric	确定输入数据是否属于数值数组
isreal	确定输入数据是否属于实型值数组
isstruct	确定输入数据是否属于结构数组

（3）表 2-2-5 中的函数可检查数组中的元素是否为指定的数据结构。

表 2-2-5　数据结构检查函数

函　数	功　　能
isempty	确定输入数据是否为空
isscalar	确定输入数据是否为标量
isvector	确定输入数据是否为向量
issparse	确定输入数据是否为稀疏数组

2.3　字符型数组

字符串由多个字符连接而成。在 MATLAB 中,字符串一般用单引号括起来。

2.3.1　直接创建字符串(一维字符型数组)

MATLAB 通过把字符放到单引号中来指定字符数据。例如,在命令窗口中键入:

```
clear,clc,A='china beijing',whos
```

则运行结果为:

```
A =
china beijing
  Name      Size                    Bytes    Class
    A         1×13                    26      char array
```

可见,字符串 A 占用 1 行 13 列,每一个字符占用 1 列(一定要注意字符串的这种存储方式)。

用户可用 ischar(A)来测试 A 是否为字符串数据类型,还可用 class(A)得到 A 的数据类型(这里返回值为字符数组 char)。

2.3.2 直接创建二维字符型数组

直接创建一个二维字符型数组时,要求每行具有相同的长度。根据不同长度的字符串创建二维字符型数组时,短的那些字符串后面要用空格补齐,使所有字符串的长度相同。例如,在命令窗口中键入:

```
clear,clc,name=['bei jing';'shang hai';'nan jing'],whos
```

则运行结果为:

```
name =
bei jing
shang hai
nan jing
  Name       Size             Bytes     Class
  name       3x9                54     char array
```

2.3.3 聚合字符串

(1) 使用 MATLAB 聚合运算符([ ])聚合字符串。

例如,在命令窗口中键入:

```
clear,clc,A='China';B=[A,' ','Xuzhou'],C=[[A,' '];'Xuzhou']
```

则运行结果为:

```
B =
China Xuzhou
C =
China
Xuzhou
```

(2) 使用 sprintf 函数聚合字符串。

例如,在命令窗口中键入:

```
i=2;j=5;k=8;A=sprintf('i=%d,j=%d,k=%d.',i,j,k)
```

则运行结果为:

```
A =
i=2,j=5,k=8.
```

(3) 使用 strcat 函数聚合字符串。

例如,在命令窗口中键入:

```
A1='China';A2='Xuzhou';m='2013';B=strcat(A1,',',A2,',',m)
```

则运行结果为:

```
B =
China,Xuzhou,2013
```

(4) 使用 char 函数创建二维字符型数组。

使用 char 函数创建二维字符型数组比较简单,char 函数自动以最长的输入字符串的长度为标准,进行空格补齐工作。例如,在命令窗口中键入:

```
clear,clc,A='bei jing';B='shang hai';C='nan jing';name=char(A,B,C)
```

则运行结果为:

```
name =
```

```
bei jing
shang hai
nan jing
```

2.3.4 从字符型数组中获取元素

从字符型数组获取元素与从数值型数组获取元素类似，这里不再赘述。而从数组中提取字符串时，可用 deblank 函数删除后面的空格。例如，在命令窗口中键入：

```
name3 = deblank(name(3,:)),whos name name3
```

则运行结果为：

```
name3 =
nan jing
  Name        Size                 Bytes   Class
  name        3×9                    54   char array
  name3       1×8                    16   char array
```

2.3.5 类型转换

（1）用 char 函数把字符串单元数组转换为标准字符型数组。

例如，在命令窗口中键入：

```
clear,clc,A = {'beijing','shanghai','nanjing','Xuzhou'};B = char(A);whos
```

则运行结果为：

```
Name       Size                 Bytes     Class
  A         1×4                  296     cell array
  B         4×8                   64     char array
```

可见，将字符串单元数组 A 转换为标准字符型数组 B 节省了存储空间，通常使用的命令是“A = char(A)”。

（2）用 str2double 函数把一个字符串单元数组转换为字符串表示的双精度值。

例如，在命令窗口中键入：

```
clear,clc, A = {'3.7294e-3';'-583.75';'13.796'}; B = str2double(A),whos
```

则运行结果为：

```
B =
    0.0037
  -583.7500
   13.7960
  Name       Size                 Bytes     Class
   A         3×1                  224     cell array
   B         3×1                   24     double array
```

（3）用 int2str 函数将整型数据转换为字符串型数据。

例如，在命令窗口中键入：

```
clear,clc,A = ['China,Xuzhou',',',int2str(2013)],whos
```

则运行结果为：

```
A =
China,Xuzhou,2013
```

```
Name        Size                          Bytes    Class
 A          1×17                           34     char array
```

（4）用 num2str 函数对输出字符串的格式进行更多控制。num2str 函数的第 2 个变量是可选的，用于设置输出字符串的位数或指定一个实际格式。

例如，在命令窗口中键入：

```
clear,clc,P = num2str(pi,6),whos
```

则运行结果为：

```
P =
3.14159
  Name        Size                        Bytes    Class
  P           1×7                          14     char array
```

（5）用 mat2str 函数将数组转换为字符串。

例如，在命令窗口中键入：

```
clear,clc,A = [1,4,7;2,5,8];B = mat2str(A),whos
```

则运行结果为：

```
B =
  [1 4 7;2 5 8]
  Name        Size                        Bytes     Class
  A           2×3                          48     double array
  B           1×13                         26     char array
```

2.3.6 比较字符串

（1）利用 strcmp 函数比较两个字符串，用 strncmp 函数，比较两个字符串的前 m 个字符。它们也可用来解决两个尺寸相同的字符串单元数组有关比较问题。

例如，在 MATLAB 中，可以用命令：

```
clear,clc,str1 = 'hello';str2 = 'help';
```

创建两个字符串 str1 和 str2，则有：

由于 str1 和 str2 不相同，strcmp(str1,str2)返回 0(false)；

由于 str1 和 str2 的前 3 个字符均是 hel，strncmp(str1,str2,3)返回 1(true)；

由于 str1 和 str2 的前 4 个字符不相同，strncmp(str1,str2,4)返回 0。

又如，在 MATLAB 中，可以用命令：

```
A = {'hello','pen';'rule','nanjing'};B = {'help','pen';'pencilbox','beijing'};
```

创建两个均是 2 行 2 列字符串单元数组 ***A*** 和 ***B***，则有：

strcmp(A,B)返回逻辑型数组(logical array)$\begin{pmatrix}0 & 1\\0 & 0\end{pmatrix}$；

strncmp(A,B,3)返回逻辑型数组(logical array)$\begin{pmatrix}1 & 1\\0 & 0\end{pmatrix}$。

（2）对于两个尺寸相同的字符型数组，可以使用 MATLAB 的关系运算符（ >，>=，<，<=，==，~= ）进行比较。

例如，在命令窗口中键入：

```
clear,clc,A = ['bei jing';'shanghai'];B = ['nan jing';'tian jin'];
```

```
C1 = A == B,whos
```

则运行结果为:

```
C1 =
    0    0    0    1    1    1    1    1
    0    0    1    1    0    0    0    0
  Name      Size                Bytes  Class
    A       2×8                  32    char array
    B       2×8                  32    char array
    C1      2×8                  16    logical array
```

再在命令窗口中键入:

```
C2 = A ~ = B
```

则运行结果为:

```
C2 =
    1    1    1    0    0    0    0    0
    1    1    0    0    1    1    1    1
```

2.3.7 字符分类

利用 isletter 函数可判断字符是否为字母,isspace 函数可判断字符是否为空区(空格、空表间隔或空行等)。

例如,在命令窗口中键入:

```
clear,clc,A = 'China';m = 2013;B = strcat(A,',',int2str(m)),C = isletter(B)
```

运行结果为:

```
B =
China,2013
C =
   1    1    1    1    1    0    0    0    0    0
```

2.3.8 搜索和替换

例如,在命令窗口中键入:

```
A = 'Sample,2013 /02 /07';B = strrep(A,'07','10') % 把字符串中的 07 替换为 10
```

运行结果为:

```
B =
Sample,2013 /02 /10
```

再在命令窗口中键入:

```
k = findstr('am',A) % 搜索 am 的开始位置
```

运行结果为:

```
k =
   2
```

另外,strtok 函数可用于把句子分离成单词;strmatch 函数可在字符串或字符串单元数组的整个行中进行查找,查看有没有以给定字符序列打头的字符串,并返回以该字符串打头的行的行号。

2.4 结构数组

在现实生活中,有些数据关系紧密,但它们的尺寸不同,甚至所属的数据类型不同。例如,某校某毕业班的学生信息中:学生的姓名信息是字符串,学生的学号信息是整型的,学生的性别是逻辑型的,学生的身高和体重信息均是双精度数值型的,学生的在校成绩(包括选修课)信息是数值型数组。针对这样的数据信息,在 MATLAB 中可以用结构数组来表示。结构数组的字段可以包含任何类型的数据。

2.4.1 创建结构数组

1. 使用赋值语句创建结构数组

通过将数据赋给单独的字段来生成一个简单的 1×1 结构数组。

例如,语句

```
clear,clc
student.name='Zhang Qiang';
student.gender=logical(1);
student.test=[79,75,78,80;4,4,5,5]
```

的执行结果为:

```
student =
    name: 'Zhang Qiang'
  gender: 1
    test: [2×4 double]
```

其中,student 是一个包含有 3 个字段的结构数组,要扩展该结构数组,在结构名后面添加索引号即可。

又如,语句

```
student(2).name='Wang Jing';
student(2).gender=logical(0);
student(2).test=[85,79,82,91,65;5,4,5,5,5]
```

的执行结果为:

```
student =
1×2 struct array with fields:
    name
    gender
    test
```

说明

(1) 一旦结构数组包含一个以上的元素,键入数组名时 MATLAB 就不显示单独的字段内容,而是显示结构包含的信息类别的一个综述列表。

(2) MATLAB 不要求数组中每个元素的字段大小相同。例如,在上面的 student 结构中,test 字段是两个不同尺寸的数值型数组,也允许是不同类型的数组。

2. 使用 struct 函数创建结构数组

通过 struct 函数预分配一个结构数组，其基本形式为：

```
str_array = struct('field1',val1,'field2',val2,…)
```

例如，语句

```
clear,A = struct('type',{'big';'little'},'color','red','x',{3;4}),whos
```

的执行结果为：

```
A =
2×1 struct array with fields:
    type
    color
    x
  Name      Size                    Bytes    Class
   A        2×1                      598     struct array
Grand total is 23 elements using 598 bytes
```

可见，A 是 2 行 1 列的结构数组，它有 3 个字段，分别为 type，color 和 x，在赋予各字段值时用到了单元数组，具体内容下面再介绍。

★ 建议读者将上面用到的单元数组中的分号改为逗号或空格，查看运行结果，这样有助于对这部分内容的理解。

2.4.2 在结构数组中获取数据

使用结构数组索引，能获取结构数组中的任何字段值或字段元素。相似地，也可以给任何字段或字段单元赋值。在结构数组名后面添加索引范围，可以获取子数组。

例如，在命令窗口中键入：

```
B1 = A(2).type,whos B1% 获取 A 的第 2 个元素的 type 字段值
```

运行结果为：

```
B1 =
little
  Name      Size                    Bytes    Class
    B1      1×6                      12     char array
```

再在命令窗口中键入：

```
B2 = A(2).type(2:2:end),B3 = A(2).type([2,4,6])
```

运行结果为：

```
B2 =
ite
B3 =
ite
```

又如，语句

```
clear,clc,
N = {'Zhang Qiang','Wang Jing';'Wang Meng','Zhang Lei'};
G = {logical(1),logical(0);logical(1),logical(1)};
t11 = [79,75,78,80;4,4,5,5];
```

```
t12 =[85,79,82,91,65;5,4,5,5,5];
t21 =logical(1);
t22 ='China';
T ={t11,t12;t21,t22};
student =struct('name',N,'gender',G,'test',T)
```

的执行结果为：

```
student =
2 ×2 struct array with fields:
    name
    gender
    test
```

这时,T21 = student(2,1). test 返回 1。若接着在命令窗口中键入：

```
student(2,1).test ='Bei jing'; % 重新赋值
```

这时,T21 = student(2,1). test 返回字符串 Bei jing。

再在命令窗口中键入：

```
A ={student([1,2,4]).name}% 获取 student 某些元素的 name 字段
```

运行结果为：

```
A =
    'Zhang Qiang'    'Wang Meng'    'Zhang Lei'
```

说明

在获取结构数组某些元素的某一字段时,若其尺寸不同或数据类型不同,则需要用单元数组形式表示。

最后在命令窗口中键入：

```
B =student(1,2).test(:,[1:2:5])
```

运行结果为：

```
B =
    85    82    65
     5     5     5
```

说明

student(1,2)表示结构数组 student 的第 1 行第 2 列元素,student(1,2). test 表示 student(1,2)的 test 字段值。

2.4.3 结构数组的大小

使用 size 函数可以获取结构数组或任何结构字段的大小。

2.4.4 操作字段

(1) 通过给单一结构添加字段来给数组中的每个结构添加一个字段。例如,在命令窗口中键入：

```
student(1).hobby ='乒乓球'
```

运行结果为：

```
student =
2×2 struct array with fields:
    name
    gender
    test
    hobby
```

现在 student(1).hobby 具有指定的值，数组中的其他结构也有 hobby 字段，但这些字段在给它们赋值以前是空矩阵。

（2）利用 rmfield 函数从结构数据中的每个结构中删除给定的字段。例如，在命令窗口中键入：

```
students = rmfield(student,'test')
```

运行结果为：

```
students =
2×2 struct array with fields:
    name
    gender
    hobby
```

2.4.5 结构嵌套

一个结构字段能包含另一个结构，甚至一个结构数组，一旦创建了结构，就可以使用赋值语句或 struct 函数在已经存在的结构中嵌套结构。

1. 通过赋值语句生成嵌套的结构

例如，在命令窗口中键入：

```
clear,clc
A.data = [2,5,8;3,6,9];
A. nest. num = 'Test1';
A. nest. xdata = [1,2,6];
A. nest. ydata = [9,1,8]
```

则运行结果为：

```
A =
    data: [2×3 double]
    nest: [1×1 struct]
```

2. 用 struct 函数创建嵌套结构

例如，在命令窗口中键入：

```
A(2) = struct('data',[1,2],'nest',struct('num','Test2','xdata',2,'ydata',8))
```

则运行结果为：

```
A =
1×2 struct array with fields:
    data
    nest
```

3. 索引嵌套的结构

例如,A(1). nest 返回 A 的第 1 个元素的嵌套结构 nest;A(2). nest. xdata 返回 A 的第 2 个元素的嵌套结构 nest 的 xdata 字段值;A(1). nest. ydata(1)返回 A 的第 1 个元素的嵌套结构的 ydata 字段的第 1 个元素。

2.5 单元数组

单元数组是一种特殊的数组,这种数组的元素是单元,能包含其他 MATLAB 数组。结构数组和单元数组都为不同类型的数据提供了一种存储方式,它们主要在组织数据的方式上有所不同。在结构数组中,从命名字段访问数据;在单元数组中,通过索引操作访问数据。

2.5.1 创建单元数组

1. 通过赋值语句创建单元数组

通过给单元赋数据来生成单元数组,每次可给一个单元赋值,根据赋值情况,自动生成一定大小的数组。例如,执行语句

```
A = {};
A(1,1) = {[1 2 3;4 5 6;7 8 9]};
A(1,2) = {'Liu zhong'};
A(2,1) = {3 +7i};
A(2,2) = { -pi:pi/10:pi};
A
whos A
```

的结果为:

```
A =
          [3×3 double]      'Liu zhong'
      [3.0000 + 7.0000i]    [1×21 double]
  Name       Size                   Bytes        Class
    A        2×2                      514       cell array
Grand total is 44 elements using 514 bytes
```

说明

(1) "{}"表示一个空单元数组,就像"[ ]"表示其他空数组一样。如果工作空间中已有 A,但不是单元数组,想要将 A 重新赋值为单元数组,则需要在单元数组赋值前将 A 置为空的单元数组。

(2) 在 MATLAB 中,对所有类型数组 A,索引 A 中的元素的形式都是 A(…),而单元数组中的元素是单元,因此上面赋值语句中的右端用"{}"括起来。

(3) 在 MATLAB 中,除了可以对单元数组的单元索引(简称单元索引)外,还可以对单元数组的单元内容索引,形式为 A{…}。

例如,执行语句:

```
A = {};
A{1,1} = [1 2 3;4 5 6;7 8 9];
```

```
A{1,2} ='Liu zhong';
A{2,1} =3 +7i;
A{2,2} = -pi:pi/10:pi;
A
whos A
```

的结果为：

```
A =
        [3×3 double]      'Liu zhong'
    [3.0000 + 7.0000i]    [1×21 double]
  Name       Size              Bytes    Class
    A        2×2                 514    cell array
Grand total is 44 elements using 514 bytes
```

2. 用 cell 函数预分配单元数组

使用 cell 函数，可以预分配指定大小的空单元数组。例如，B = cell(3,5)。

2.5.2 从单元数组中获取数据

1. 用单元索引获取单元数组子集

例如，在命令窗口中键入：

```
B1 =A(1,:),C1 =A(1,2),whos B1 C1
```

运行结果为：

```
B1 =
    [3×3 double]    'Liu zhong'
C1 =
   'Liu zhong'
  Name       Size              Bytes     Class
  B1         1×2                 210    cell array
  C1         1×1                  78    cell array
```

2. 用内容索引获取单元内容

例如，在命令窗口中键入：

```
B2 ={A{1,:}},C2 =A{1,2},whos B2 C2
```

运行结果为：

```
B2 =
    [3×3 double]   'Liu zhong'
C2 =
Liu zhong
  Name       Size              Bytes     Class
  B2         1×2                 210    cell array
  C2         1×9                  18    char array
```

★ 建议：先比较 C1 和 C2 的数据类型和占用的存储空间，再注意 B2 的赋值格式（为什么用单元数组）。

2.5.3 删除单元和重塑单元数组

在 MATLAB 中，可以用单条语句删除单元的整个维，就像删除标准数组一样；删除单元的行或列时应使用向量索引号，将空矩阵赋给该维。例如，在命令窗口中键入：

```
A(2) = [] % 删除单元，不能用 A(2) = {}
```

运行结果为：

```
A =
    [3 x3 double]    'Liu zhong'    [1 x21 double]
```

在 MATLAB 中，可用 reshape 函数重塑各种类型的数组，但不能使用 reshape 函数添加或删除数组中的元素。重塑后的数组与原数组的线性索引相同。

例如，在命令窗口中键入：

```
clear,clc,A = cell(4,5,3);m = min(size(A));
B = reshape(A,m,numel(A)/m);whos
```

运行结果为：

```
Name        Size                        Bytes    Class
  A         4×5×3                         240   cell array
  B         3×20                          240   cell array
  m         1×1                             8   double array
Grand total is 121 elements using 488 bytes
```

实验二

数学软件 MATLAB 的数据类型

1. 实验目的与要求

（1）熟练掌握 MATLAB 的数值型数组、逻辑型数组、字符型数组、结构数组、单元数组的创建方法和使用方法；

（2）了解 MATLAB 的日期和时间型数组、函数句柄数组；

（3）了解所有的 MATLAB 数据类型分别能够处理什么样的数据信息。

2. 实验内容

（1）简述 MATLAB 变量名的命名规则。

（2）列表说明 MATLAB 提供的常用常数及返回值。

（3）简述函数 iskeyword 的功能，并给出 iskeyword 的返回结果。

（4）在 MATLAB 中，可以使用 format 函数规划输出格式，为了使输出的变量名与变量值之间不留空行，具体命令是什么？为了使 MATLAB 常数 pi 输出为 3.1416，具体命令是什么？

（5）在 MATLAB 中，使用增量法构建行向量 $\boldsymbol{A}=(1,3,5,\cdots,99)$ 且不输出变量 $\boldsymbol{A}$ 的语句是什么？使用 linspace 函数构建行向量 $\boldsymbol{B}=(2,4,6,\cdots,100)$ 且不输出的语句是什么？

（6）在 MATLAB 中，按以下要求构建下列数值型数组：

① 给出构建但不输出 $\boldsymbol{A}=\begin{pmatrix}11 & 12 & 13\\ 21 & 22 & 23\end{pmatrix}$ 的语句；

② 给出用 ones 函数构建但不输出 $\boldsymbol{B}=\begin{pmatrix}5 & 5 & 5\\ 5 & 5 & 5\end{pmatrix}$ 的语句；

③ 给出在水平方向上聚合 $\boldsymbol{A}$ 和 $\boldsymbol{B}$（$\boldsymbol{A}$ 在左）产生数组 $\boldsymbol{C}$ 并输出的语句；

④ 给出在垂直方向上聚合 $\boldsymbol{A}$ 和 $\boldsymbol{B}$（$\boldsymbol{A}$ 在上）产生数组 $\boldsymbol{D}$ 并输出的语句；

⑤ 由 $\boldsymbol{A}$ 和 $\boldsymbol{B}$，可用赋值语句构建一个三维数组 $\boldsymbol{E}_{2\times3\times2}$，给出构建 $\boldsymbol{E}$ 并输出 $\boldsymbol{E}$ 的语句；

（7）说明下列语句的功能（包括是否输出）。

① `clear,clc ,A = repmat(2,[4,5]);`

② `B = 3 * ones(size(A))`

③ `C = zeros(size(A));`

④ `D = cat(3,A,B,C)`

⑤ `E = repmat(8,size(D));`

⑥ `F = reshape(D, [length(D), numel(D)/length(D)]);`

（8）给出语句

```
A = {'hello';'pen';'rule'};B = {'help';'pen';'pencilbox'};
x1 = strcmp(A,B)
x2 = strncmp(A,B,3)
```

的运行结果，并解释运行结果。

(9) 在 MATLAB 中,有时需要进行数据类型的转换,请完成下表。

数组 A	数组 B 的类型	将 A 转化为 B 的语句
A = {'beijing','nanjing'}	char	
A = {'3.729e-2';'12.798'}	double	
A = 2013	char	
A = 3.1416	char	
A = [1,3,5;2,4,6]	char	
A = [pi/4,sin(pi/4)]	single	
A = [3.1416;exp(1)]	int64	

(10) 在 MTLAB 中,下表中的数据比较适合用一个结构数组表示。

工号 (Gh)	姓名 (Xm)	性别 (Xb)	配偶情况(Peiou)			子女情况(Zinv)			月工资 (Ygz)
			姓名 (PXm)	性别 (PXb)	年龄 (PNl)	姓名 (ZXm)	性别 (ZXb)	年龄 (ZNl)	
016	张建设	男	王兰	女	51	张强	男	26	6000
156	李立	男	张翠翠	女	38	李静	女	12	5000
058	王婷	女	李文斌	男	49	李芳芳	女	23	4500

在没有"子女情况"信息的情况下,把它存放在结构数组 ZhiGong 中,具体操作语句为:

```
clear,clc,
Gh = {'016';'156';'058'};
Xm = {'张建设';'李立';'王婷'};
PXm = {'王兰';'张翠翠';'李文斌'};
Xb = {'男';'男';'女'};
PXb = {'女';'女';'男'};
PNL = {31;38;49};
Ygz = {6000;5000;4500};
Peiou = cell(size(Gh));
Peiou{1} = struct('PXm',PXm{1},'PXb',PXb{1},'PNL',PNL{1});
Peiou{2} = struct('PXm',PXm{2},'PXb',PXb{2},'PNL',PNL{2});
Peiou{3} = struct('PXm',PXm{3},'PXb',PXb{3},'PNL',PNL{3});
ZhiGong = struct('Gh',Gh,'Xm',Xm,'Xb',Xb,'Peiou',Peiou,'Ygz',Ygz);
```

请在上面语句的基础上,先扩展结构数组 ZhiGong,使其能够表示表中的数据,然后将其保存在数据文件 shiyan2_8_1.mat 中,并将数据文件保存在"MATLAB 实验"子目录下。

(11) 接上题,先用命令"clear,clc"清空工作空间和命令窗口,再将"MATLAB 实验"子目录下的数据文件 shiyan2_8_1.mat 导入工作空间,然后分别给出构建并输出以下数组的语句及执行结果:

① 由结构数组 ZhiGong 的 Xm 字段构成的单元数组 *A*;

② 由结构数组 ZhiGong 的 Peiou 字段构成的单元数组 ***B***；

③ 由结构数组 ZhiGong 的第 2 个元素的 Peiou 字段构成的结构数组 ***C***；

④ 由结构数组 ZhiGong 的第 3 个元素的 Zinv 字段构成的结构数组 ***D***。

阅读材料

MATLAB 中随机数生成方法

1. 用 random 语句生成随机数

用 random 语句生成随机数的一般形式为：

```
y = random('name',A1,…,Am,N1,…,Nn)
```

或

```
y = random('name',A1,…,Am,N1,…,Nn)
```

其中，$A_1,\cdots,A_m$ 表示'name' 分布（'name'取值参见 9.1 节）的参数；$N_1,\cdots,N_n$ 用来表示 $\boldsymbol{y}$ 是 $N_1\times\cdots\times N_n$ 数组，返回由 $N_1\times\cdots\times N_n$ 个'name'分布随机数构成的 $N_1\times\cdots\times N_n$ 数组。

在 $A_1,\cdots,A_m$ 中，不为 1×1 数值的所有数组均是 $N_1\times\cdots\times N_n$ 数值数组。$A_1,\cdots,A_m$ 中的数值（1×1）均看成每个元素相同的 $N_1\times\cdots\times N_n$ 数值数组。

当 $A_1,\cdots,A_m$ 不全为 1×1 数组时，可省略后面参数，即

```
y=random('name',A1,…,Am)
```

当 $A_1,\cdots,A_m$ 形式上均为 1×1 数组，且 $N_1,\cdots,N_n$ 全是 1 时，也可省略 $N_1,\cdots,N_n$，表示生成一个随机数。

当 $A_1,\cdots,A_m$ 形式上均为 1×1 数组，且 $N_1=N_2=N$ 不等于 1（$n=2$）时，N_1,N_2 可简写为 N，表示生成 N 阶方阵。

例如：

◆ R=random('Normal',0,1,2,4)：返回由 2×4 个标准正态分布随机数构成的 2×4 数组 ***R***；

◆ R=random('Poisson',1:8)：返回由参数分别 1，2，…，8 的 8 个 Poisson 分布随机数构成的 1×8 数组 ***R***。

◆ R=random('Normal',[-1,1;-2,2;-3,3],2)：返回 3×2 数组 ***R***，其中，***R*** 的第 1 行第 1 列为 $N(-1,2^2)$ 随机数，***R*** 的第 2 行第 1 列为 $N(-2,2^2)$ 随机数，***R*** 的其余元素类似。

2. 用相应分布的语句生成随机数

(1) 几何分布随机数

◆ R=geornd(P)：***R*** 与 ***P*** 同型，***R*** 中的每个元素是 ***P*** 中相应位置的元素为参数的几何分布随机数；

◆ R=geornd(p,m)：参数 p 为一个数值（1×1），返回由参数 p 的几何分布随机数构成的 m 阶方阵；

◆ R=geornd(p,[N1,…,Nn])（或 R=geornd(p,N1,…,Nn)）：参数 p 为一个数值

(1×1),返回由参数为 p 的几何分布随机数构成的 $N_1 \times \cdots \times N_n$ 数组;

例如:

① R = geornd(1./ 2.^(1:5)):**R** 是 1 行 5 列数组,它的元素依次是参数为 1/2,1/4,1/8,1/16,1/32 的几何分布随机数。

② R = geornd(0.1,[3,5]):**R** 是 3 行 5 列数组,它的元素均是参数为 0.1 的几何分布随机数。

(2) Beta 分布随机数

◆ R = betarnd(A,B):当 A 和 B 均不是数值(1×1)时,要求 A 和 B 同型,这时,R 与 A,B 同型,R 中的每个元素是 A 与 B 相应位置的元素作为参数的 Beta 分布随机数;当 A 和 B 中一个是数值(1×1),而另一个不是数值时,可以将数值看成是每个元素相同且与另一个非数值数组同型的数组即可。

◆ R = betarnd(a,b,m):**R** 是一个 m 阶方阵,它的每个元素均是参数为 a,b 的 Beta 分布随机数。

◆ R = betarnd(a,b,[N1,…,Nn]):**R** 是 $N_1 \times \cdots \times N_n$ 数组,它的每个元素均是参数为 a,b 的 Beta 分布随机数。

(3) 正态分布随机数

R = normrnd(MU,SIGMA):当 MU 和 SIGMA 均不是数值(1×1)时,要求 MU 和 SIGMA 同型,这时,R 与 MU,SIGMA 同型,R 中的每个元素是 MU 与 SIGMA 相应位置的元素作为参数的正态分布随机数;当 MU 和 SIGMA 中一个是数值(1×1),而另一个不是数值时,可以将数值看成是每个元素相同且与另一个非数值数组同型的数组即可。

◆ R = normrnd(mu,sigma,m):**R** 是一个 m 阶方阵,它的每个元素均是参数为 mu,sigma 的正态分布随机数;

◆ R = normrnd(mu,sigma,[N1,…,Nn]):**R** 是 $N_1 \times \cdots \times N_n$ 数组,它的每个元素均是参数为 mu,sigma 的正态分布随机数。

例如:

① R = normrnd(0,1,[3,5]):**R** 是 3×5 数组,它的每个元素均是标准正态分布随机数;

② R = normrnd([1 2 3;4 5 6],0.1):**R** 与[1 2 3;4 5 6]同型,是 2×3 数组,**R** 的第 1 行第 1 列元素是 $N(1,0.1^2)$ 随机数,其余元素类似。

(4) 二项分布随机数

```
R = binornd(N,P)
R = binornd(n,p,m)
R = binornd(n,p,[N1,…,Nn])
```

例如:

n = 10:10:50;R = binornd(n,1./n): **R** 的元素是参数分别取 10 与 1/10,20 与 1/20,30 与 1/30,40 与 1/40,50 与 1/50 的二项分布随机数。

(5) χ^2 分布随机数

```
R = chi2rnd(V)
R = chi2rnd(v,m)
R = chi2rnd(v,[N1,…,Nn])
```

（6）期望为 *MU*（或 *mu*）的指数分布随机数

```
R = exprnd(MU)
R = exprnd(mu,m)
R = exprnd(mu,[N1,…,Nn])
```

（7）*F* 分布随机数

```
R = frnd(V1,V2)
R = frnd(v1,v2,m)
R = frnd(v1,v2,[N1,…,Nn])
```

（8）*Γ* 分布随机数

```
R = gamrnd(A,LAMBDA)
R = gamrnd(a,lambda,m)
R = gamrnd(a,lambda,[N1,…,Nn])
```

（9）超几何分布随机数

```
R = hygernd(N,K,M)
R = hygernd(n,k,m,a)
R = hygernd(n,k,m,[N1,…,Nn])
```

（10）对数正态分布随机数

```
R = lognrnd(MU,SIGMA)
R = lognrnd(mu,sigma,m)
R = lognrnd(mu,sigma,[N1,…,Nn])
```

（11）负二项分布随机数

```
R = nbinrnd(K,P)
R = nbinrnd(k,p,m)
R = nbinrnd(r,p,[N1,…,Nn])
```

（12）Poisson 分布随机数

```
R = poissrnd(LAMBDA)
R = poissrnd(lambda,m)
R = poissrnd(lambda,[N1,…,Nn])
```

（13）Rayleigh（瑞利）分布随机数

```
R = raylrnd(B)
R = raylrnd(b,m)
R = raylrnd(b,[N1,…,Nn])
```

（14）*t* 分布的随机数

```
R = trnd(V)
R = trnd(v,m)
R = trnd(v,[N1,…,Nn])
```

（15）离散的均匀分布随机数

```
R = unidrnd(N)
R = unidrnd(n,m)
R = unidrnd(n,[N1,…,Nn])
```

（16）连续的均匀分布随机数

```
R = unifrnd(A,B)
R = unifrnd(a,b,m)
R = unifrnd(a,b,[N1,…,Nn])
```

（17）Weibull 分布随机数

```
R = weibrnd(A,B)
R = weibrnd(a,b,m)
R = weibrnd(a,b,[N1,…,Nn])
```

第 3 章 M 文件设计

前面两章所涉及的各种操作，都是通过在 MATLAB 命令窗口中输入命令行实现的，这种使用方式比较简便。但是，当命令行比较多或者需要重复调用这些命令行时，就需要采用 M 文件函数的运行方式。M 文件函数是 MATLAB 中功能语句的集合。使用 M 文件，可以以程序的形式重复处理数据，从而提高工作效率。

3.1 编辑器

创建、编辑和调试 M 文件的工作需要在编辑器中完成。单击 MATLAB 主界面左上角的工具图标“ ”，即可打开编辑器（如图 3-1-1 所示）；也可以通过依次选择“File | New | M-File”菜单项将它打开。

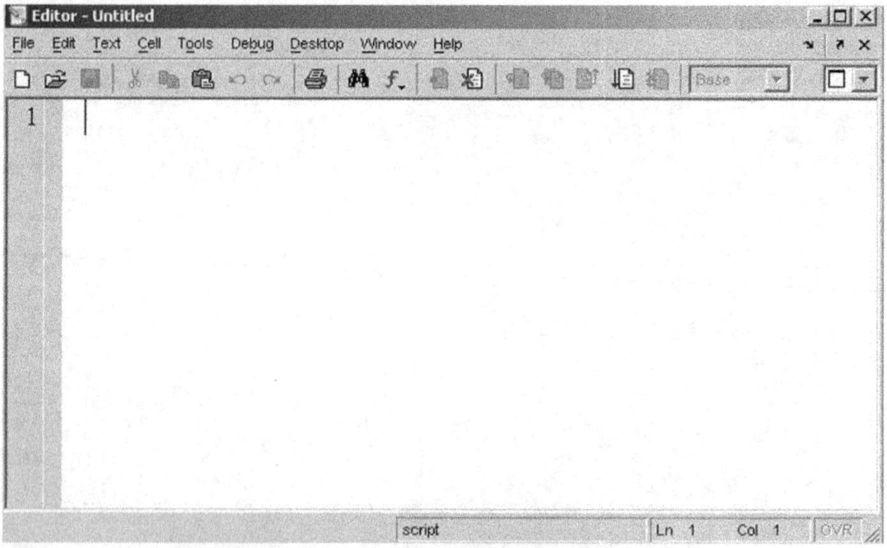

图 3-1-1 一个 M 文件编辑窗口的编辑器

在编辑器中，有下拉式菜单和工具栏，它功能强大且操作简便。

◆ 选择“File | New | M-File”菜单项，可以在编辑器中创建一个新的 M 文件编辑窗口，也可以单击按钮“ ”打开它。在编辑器中，可以打开多个 M 文件编辑窗口，分别用于创建、编辑和调试不同的 M 文件。

◆ 选择“File | Open”菜单项可以打开“Open”对话框，以打开需要打开的 M 文件。

◆ 选择“File | Save As ...”菜单项可以打开“Save file as”对话框（如图 3-1-2 所示）。保存需要保存的 M 文件时，为了下次使用时容易找到它，需要规划好存放的路径并命以合

适的文件名。在 MATLAB 中,文件名的命名规则和变量名的命名规则相同,即文件名只能由字母、数字和下划线组成,而且文件名的第一个字符必须是字母。

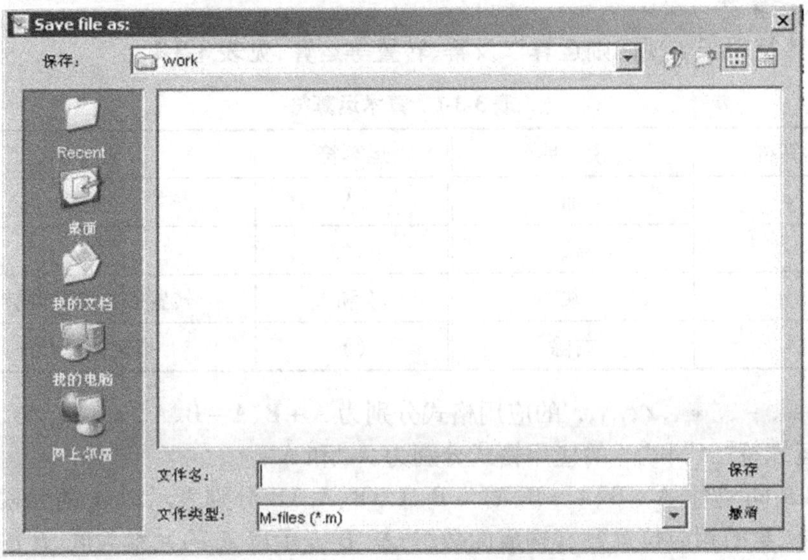

图 3-1-2 “Save file as:”对话框窗口

选择“Debug|Run”菜单项可以“保存”并“运行”活动的 M 文件编辑窗口中的 M 文件,也可以通过单击按钮“ ”实现。

3.2 局部变量和全局变量

局部变量的作用范围仅限于 M 文件中的一段程序,一旦运行超出该段程序,变量的值将不再保留。

全局变量用 global 关键字进行声明,其作用范围为整个 M 文件。

说明

如果希望扩展变量的作用范围,可以采用两种方法:一种是将该变量作为函数参数进行传递,另一种是将该变量声明作为全局变量。但将变量作为函数参数进行传递的方法更保险,因为声明为全局变量时,可能会在无意中更改该变量的值。此时,程序往往可以运行,但结果可能不正确,而且错误较难排查。

3.3 表达式

MATLAB 提供了数学表达式功能,但是,与大多数程序语言不同的是,这些表达式主要是针对数组进行操作的。

3.3.1 数值表示

MATLAB 使用传统的数值表示方法。对于比较长的数,使用科学计数法,用字母 e 指定以 10 为底的幂次。虚数单位用 i 或 j 表示。下面是一些合法的数值表示方法:

```
8   -66  8.518718  1.5022e-18  7.0218e23  8i  4-3.14159j  6e8i
```

其中,1.5022e-18 表示 1.5022×10^{-18},6e8i 表示虚数 $6\times10^{8}i$。

所有数值在内部保存的精度为 16 个小数位，范围大约为 $10^{-308} \sim 10^{308}$。

3.3.2 运算符

1. 算术运算符

算术运算符用于实现四则运算以及幂、转置等运算，见表 3-3-1。

表 3-3-1 算术运算符

运算符	说 明	运算符	说 明
+	加	.\	左除
-	减	.^	幂
.*	乘	.'和'	转置和复数共轭转置
./	右除	()	指定计算顺序

运算符 +，-，.*，./，.\，.^的应用格式分别为 A+B、A-B、A.*B、A./B、A.\B、A.^B，运算符“.'”和“'”的应用格式分别为 A.'和 A'。

当 ***A*** 和 ***B*** 同型时，A+B、A-B、A.*B、A./B、A.\B 分别表示以 ***A*** 的元素加上、减去、乘以、除以、除 ***B*** 的相应位置元素构成的数组；A.^B 表示以 ***A*** 的元素为底，***B*** 的相应位置元素为指数的幂构成的数组。

当 ***A*** 和 ***B*** 不同型时，其中必须有一个是 1×1 数组，而另一个不是 1×1 数组，这时，将 1×1数组看成每个元素相同且与另一个同型的数组即可。

A.'表示 ***A*** 的转置，而 A'表示将 ***A*** 的每个元素换成其共轭复数后再转置得到的数组。

2. 比较运算符

比较运算符用于比较两个数据的大小，见表 3-3-2。

表 3-3-2 比较运算符

运算符	描 述	运算符	描 述
<	小于	>=	大于或等于
<=	小于或等于	==	等于
>	大于	~=	不等于

比较运算符 <，<=，>，>=，==，~= 的应用格式分别为 A<B，A<=B，A>B，A>=B，A==B，A~=B。

当 ***A*** 和 ***B*** 同型时，A<B，A<=B，A>B，A>=B，A==B，A~=B 返回与 ***A*** 和 ***B*** 同型的逻辑型(Logical)数组，其中的每个逻辑值分别为相应位置的 ***A*** 的元素与 ***B*** 的元素比较的结果。

当 ***A*** 和 ***B*** 不同型时，其中必须有一个是 1×1 数组，而另一个不是 1×1 数组，这时，将 1×1 数组看成每个元素相同且与另一个同型的数组即可。

3. 逻辑运算符

逻辑运算符用于判断对象或对象之间的某种逻辑关系，见表 3-3-3。

表 3-3-3 逻辑运算符

运算符	函数	调用格式	返回逻辑型数组的元素取值描述
&	and	A&B 或 and(A,B)	***A*** 和 ***B*** 相同位置都非0时返回1,否则返回0
|	or	A|B 或 or(A,B)	***A*** 和 ***B*** 相同位置都为0时返回0,否则返回1
~	not	~A 或 not(A)	***A*** 的元素非0值时返回0, 否则返回1
	xor	xor(A,B)	***A*** 的 ***B*** 相同位置的元素只有一个非0时返回1,否则返回0
	any	any(A)	若 ***A*** 为向量,***A*** 为零向量时返回0,否则返回1; 若 ***A*** 是矩阵,对 ***A*** 的每个列向量进行 any 运算
	all	all(A)	若 ***A*** 为向量,***A*** 的所有元素非0时返回1,否则返回0; 若 ***A*** 为矩阵,对 ***A*** 的每个列向量进行 all 运算
&&		A&&B	符号两端的表达式均为真时,返回1;否则返回0
||		A || B	符号两端的表达式均为假时,返回0;否则返回1

例如,在编辑器中打开一个 M 文件编辑窗口,并在此窗口中录入以下内容:

```
clear,clc,format compact
a=[1,0,0,1.5,-2];
b=[1,-2,0,2.5,5];
A=[a;b]
and_ab=and(a,b)
xor_ab=xor(a,b)
any_a=any(a)
all_a=all(a)
any_A=any(A)
all_A=all(A)
```

并将其保存为文件名为 example3_3_2a.m 的 M 文件,放在 MATLAB 实验目录下(以后的 M 文件均认为放在此目录下,不再说明)。

运行 M 文件 example3_3_2a.m 的结果为:

```
A =
    1.0000          0         0    1.5000   -2.0000
    1.0000    -2.0000         0    2.5000    5.0000
and_ab =
    1    0    0    1    1
xor_ab =
    0    1    0    0    0
any_a =
    1
all_a =
    0
any_A =
    1    1    0    1    1
```

```
all_A =
    1    0    0    1    1
```

说明

在 M 文件编辑窗口中编写 M 文件时，可以从 MATLAB 的命令窗口和历史命令窗口拷贝需要的内容，也可以从其他地方拷贝需要的内容。例如，可以从 Word 电子文档中拷贝需要的内容。

另外，也可以将 MATLAB 各个窗口中的内容拷贝至 Word 电子文档中。例如，将 M 文件编辑窗口中的程序代码、命令窗口中的内容等拷贝至 Word 电子文档中。

4. 运算符的优先级

按照优先级别，各种运算符有下面的先后次序：

① 小括号()；

② 转置(.')、幂(.^)、复数共轭转置(')、矩阵的幂(^)；

③ 一元的加(+)、一元的减(-)、逻辑否(~)；

④ 乘(.*)、右除(./)、左除(.\)、矩阵乘(*)、矩阵右除(/)、矩阵左除(\)；

⑤ 加(+)、减(-)；

⑥ 冒号操作符(:)；

⑦ 比较运算符：<，<=，>，>=，==，~=；

⑧ & (and)；

⑨ |(or)；

⑩ &&；

⑪ ||。

3.3.3 处理字符串表达式

MATLAB 可以处理字符串表达式，并且使用起来方便灵活。MATLAB 处理字符串表达式的函数为 eval 和 feval。

◆ eval 函数用来处理包含 MATLAB 表达式、语句或函数调用的字符串。使用该函数的最简单的语法格式为：

```
eval('string')
```

其功能是将字符串 string 表示的命令转换成命令执行。

例如，在 M 文件编辑窗口中键入：

```
% 说明 eval 函数应用的例子
clear,clc,format compact
n = input('请键盘输入幻方阶数:');
magic_str = ['M',int2str(n),' = magic(n)']
eval(magic_str)
```

并将其保存为 example3_3_3a.m。

运行 example3_3_3a.m，则在命令窗口中显示：

```
请键盘输入幻方阶数:
```

若输入 5，并按【Enter】键，则命令窗口中显示的内容如下：

```
请键盘输入幻方阶数:5
magic_str =
M5 =magic(n)
M5 =
    17    24     1     8    15
    23     5     7    14    16
     4     6    13    20    22
    10    12    19    21     3
    11    18    25     2     9
```

◆ feval 函数与 eval 函数的区别在于,该函数执行函数而不是 MATLAB 表达式,要执行的函数通过函数句柄或包含函数名称的字符串在第一个参数中指定。

例如,M 文件 example3_3_3b. m 的程序代码为:

```
% 说明 feval 函数应用的例子
clear,clc,format compact
n = input('正弦请输入 1,余弦请输入 2,对数请输入 3. n =');
x = input('键盘输入自变量值:');
fun = {@ sin;@ cos;@ log};% 构建了一个函数句柄数组
y = feval(fun{n},x)
```

运行 example3_3_3b. m,则在命令窗口中显示:

```
正弦请输入 1,余弦请输入 2,对数请输入 3. n =
```

若输入 3,并按"Enter"键,则命令窗口中显示的内容如下:

```
正弦请输入 1,余弦请输入 2,对数请输入 3. n =3
键盘输入自变量值:
```

若再键盘输入 10,则命令窗口中显示的内容如下:

```
正弦请输入 1,余弦请输入 2,对数请输入 3. n =3
键盘输入自变量值:10
y =
    2.3026
```

3.4　程序控制语句

程序控制语句包括条件控制语句、循环控制语句、错误控制语句和终止运行控制语句等。

3.4.1　条件控制

条件控制使得用户可以有选择地运行程序块。当条件可以用"是"或"否"来回答时,使用 if 语句即可;当条件根据表达式值的不同而有多个选项时,使用 switch/case 语句为好。

1. if/elseif 语句

◆ 最简单的 if/elseif 语句如下所示:

```
if expression
    statements;
end
```

功能:如果表达式 expression 的值为真,则执行 if 与 end 语句之间的代码后跳出;否则,直接跳过。

◆ 如果有两个选择,使用下面的 if/elseif 语句:

```
if expression
    statements1;
else
    statements2;
end
```

功能:如果表达式 expression 的值为真,则执行 if 与 else 语句之间的代码后跳出;否则执行 else 与 end 语句之间的代码后跳出。

◆ 如果有多个选择,使用下面的 if/elseif 语句:

```
if expression1
    statements1
elseif expression2
    statements2
elseif expression3
    statements3
…
else
    statements
end
```

功能:若表达式 expression1 为真,则执行代码 statements1;若表达式 expression2 为真,则执行代码 statements2;若表达式 expression3 为真,则执行代码 statements3……否则,执行代码 statements。

2. switch/case 语句

switch/case 语句的通用格式为:

```
switch switch-expressin
case case-expressin1,
  statements1;
case case-expressin2,
  statements2;
case case-expressin3,
  statements3;
…
otherwise
  statements;
end
```

其中,switch-expressin 给出开关条件,当有 case-expressin 与之匹配时,就执行其后的 statements,如果没有 case-expressin 与之匹配,就执行 otherwise 后面的 statements。在执行过程中,只有一个 statements 命令被执行,当执行完命令后,程序就跳出分支结构,执行 end 下面的语句。

3.4.2 循环控制

使用循环控制语句,可以重复执行代码块。for 语句适合于执行指定次数的循环;while 语句适合于循环一直执行,直到满足条件为止的情况;continue 命令和 break 命令可以对退出循环给予更多控制。

1. for 循环语句

for 循环语句的一般形式如下:

```
for v = expression
    statement;
end
```

说明

在 MATLAB 中,执行到 for v = expression 这一句时,就确定了循环起始点、步长和终点,不再改变。也就是说,在循环体内循环变量的改变不能改变循环起始点、步长和终点。

2. while 循环语句

while 循环语句的一般形式如下:

```
while expression
    statements;
end
```

功能:只要表达式 expression 中的元素为真,就执行 while 和 end 语句之间的命令。

3. continue 命令

continue 命令经常与 for 或 while 语句一起使用,其作用是结束本次循环,即跳过循环体下面尚未执行的语句,接着进行下一次循环(如果有的话)。

4. break 命令

break 命令也经常与 for 或 while 等语句一起使用,其作用是终止循环,即退出本循环。使用 break 命令可以不必等到循环自然结束,根据条件即可退出循环。

3.4.3 错误控制

try-catch 语句可以进行错误捕获,它把有可能引起异常的语句放在 try 控制块中。这样当 try 控制块中 statement 语句引起异常时,catch 控制块就可以捕获它,并针对不同的错误类型,进行不同的处理。try-catch 命令的调用格式为:

```
try
  statement
  …
  statement
catch
  statement
  …
  statement
end
```

3.4.4 程序终止控制

return 命令能使当前正在运行的函数正常退出，并返回调用它的函数，继续运行。这个语句经常用于函数的末尾，以正常结束函数的运行。

break，continue 和 return 函数比较容易混淆，表 3-4-1 对它们进行了比较详细的比较。

表 3-4-1 break，continue 和 return 函数的区别

函数	用在何处	描 述
break	for 或 while 循环	它出现时，退出循环，在嵌套的循环中进入相邻的外层循环
continue	for 或 while 循环	在本循环中跳过剩余的语句，进入本循环的下一次迭代
return	任意位置	它出现时，立即结束函数运行，转回到调用该函数的位置

3.4.5 应用实例

［**例 3.4.1**］ 19 世纪中期的比利时通才凯特勒最先提出了“成人的身高体重指数 BMI“这一概念。它的计算公式为：

$$\text{成人的身高体重指数 BMI} = \frac{\text{体重(kg)}}{\text{身高(m)的平方}}$$

专家指出最理想的成人的身高体重指数 BMI 是 22，且有表 3-4-2 所示的分类。

表 3-4-2 基于 BMI 的体重分类

男性 BMI	女性 BMI	分类
低于 20	低于 19	过轻
20 ~ 25	19 ~ 24	适中
25 ~ 30	24 ~ 29	偏重
30 ~ 35	29 ~ 34	肥胖
高于 35	高于 34	非常肥胖

基于上面的背景资料，编写一个文件名为 example3_4_5a. m 的 M 文件，其程序代码为：

```
% 说明 if/elseif 语句应用的例子
clear,clc,format compact
XB = input('男性请输入 1、女性请输入整数 0:');
SH = input('您的身高是多少厘米:');
TW = input('您的体重是多少千克:');
BMI = TW/(SH/100)^2;
if BMI <19 + XB
    disp '体重过轻'
elseif BMI <=24 + XB
    disp '体重适中'
elseif BMI <=29 + XB
    disp '体重偏重,能减少 5 千克为好!'
elseif BMI <=34 + XB
    disp '肥胖,能减少 10 千克为好!'
```

```
else
    disp '非常肥胖,一定要减肥啊!'
end
```

运行 example3_4_5a. m,按命令窗口中的提示分别键盘输入性别、身高和体重信息后,就可以看到你的体重情况。

[**例 3.4.2**] 下面是某校某班的《抽样调查》课程考试的卷面成绩:

45	46	77	81	53	64	90	78	62	71	74	80	57
81	88	71	68	82	94	88	58	46	78	62	94	72
70	80	92	63	59	65	76	75	67	91	79	71	100

基于以上数据,编写一个 M 文件 example3_4_5b. m,其程序代码为:

```
% 说明 for 循环语句应用的例子
clear,clc,format compact
x1 =[45;46;77;81;53;64;90;78;62;71;74;80;57];
x2 =[81;88;71;68;82;94;88;58;46;78;62;94;72];
x3 =[70;80;92;63;59;65;76;75;67;91;79;71;100];
x =[x1;x2;x3];
% 为计算组数和作图做准备
l = fix(min(x)/10) *10 +5;% min 为取最小值函数;fix 为取整函数
if max(x) ==100
    m = fix(max(x)/10) *10 -5;
else
    m = fix(max(x)/10) *10 +5;
end
n =(m -l)/10 +1;% 计算组数
% 对非 100 分的分数分段计数
y = zeros(n,1);
for i =1:n
    for j =1:numel(x)
        if x(j) >=l -5 +10 *(i -1)&&x(j) <l +5 +10 *(i -1)
            y(i) =y(i) +1;
        end
    end
end
% 对有 100 分的分数分段计数修正
for j =1:numel(x)
    if x(j) ==100
        y(n) =y(n) +1;
    end
end
y =100 *y/numel(x);% 计算百分比
bar(l:10:m,y)% 作条形图
```

运行 example3_4_5b. m,得到如图 3-4-1 所示的界面。

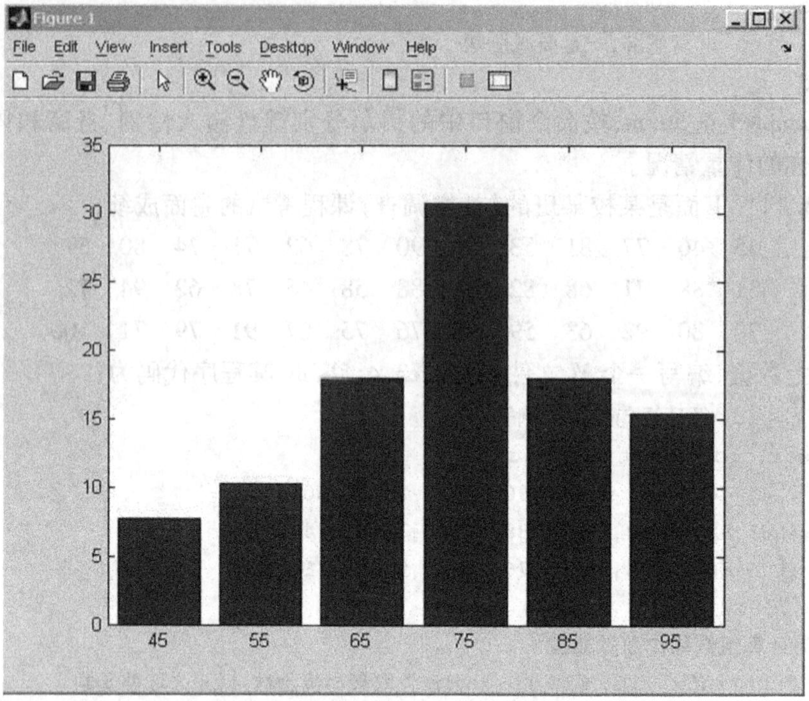

图 3-4-1　卷面成绩条形图的图形编辑窗口

在图 3-4-1 所示的图形编辑窗口中,执行简单的操作(有关操作方法在第 4 章介绍),便可得如图 3-4-2 所示的条形图。

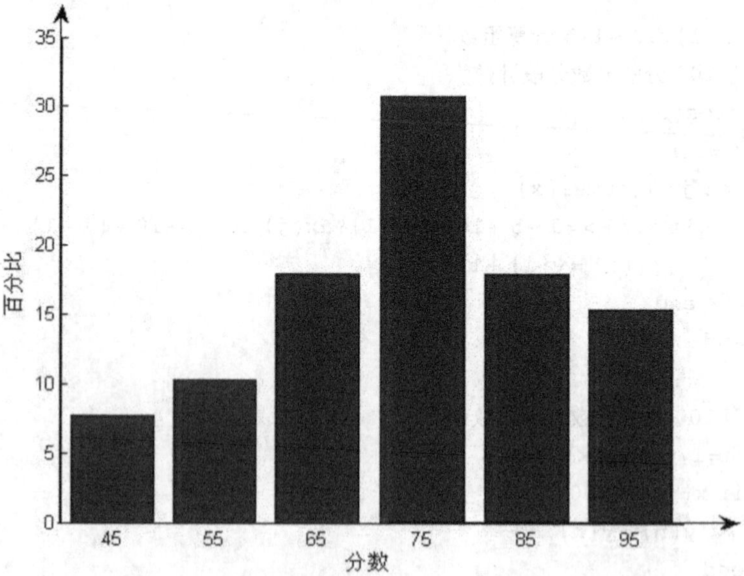

图 3-4-2　卷面成绩条形图

[例 3. 4. 3]　在字符串单元数组中寻找"具有某种特定性质"的单元问题。

M 文件 example3_4_5c. m 的程序代码为:

```
% 在字符串单元数组中寻找"具有某性质"的单元问题
% 用来说明 break,continue 命令应用
clear,clc,format compact

% 输入字符串单元数组和指定字符串
x{1} ='FORMAT does not affect how MATLAB computations are done';
x{2} ='Computations on float variables';
x{3} ='namely single or double,are done in appropriate';
x{4} ='floating point precision';
x{5} ='no matter how those variables are displayed';
x{6} ='Computations on integer variables are done natively in integer';
s ='es';

% 寻找并输出
n =1;
for i =1:numel(x)
    if numel(s) >numel(x{i})
        continue
    end
    for j =numel(s):numel(x{i})
        m =x{i};
        if m(j -numel(s) +1:j) ==s
            y{n} =sprintf('x(%d)',i);
            n =n +1;
            break
        end
    end
end
y
```

运行 example3_4_5c.m 的结果如下:

```
y =
    'x(1)' 'x(2)' 'x(5)' 'x(6)'
```

3.5 函 数

MATLAB 提供了很多基本数学函数,例如,前面使用过的 abs,log10,log,exp,sin,fix 等。在命令窗口键入命令"help elfun",可以查看此类函数的列表;键入命令"help specfun",可以查看更多的特殊数学函数;键入命令"help elmat",可以查看关于矩阵和矩阵操作的函数。

除此以外,MATLAB 提供的函数还有很多,感兴趣的读者可以上网搜寻。

MATLAB 提供的函数可以分为"内部函数"和"其他函数"两类。内部函数是 MATLAB 内核的一部分,因此它们的计算效率较高,但计算细节无法获取(无法看到程序代码),例如,builtin 函数的代码是看不到的。其他函数的计算效率不如内部函数高,它们是用 M 文

件实现的,可以看到程序代码,甚至可以修改代码。例如,可用 edit weekday 查看 weekday 函数的代码。

为了满足初学者的需求,表 3-5-1 列出了一些最常用的 MATLAB 函数,并分别作了简要说明。更详细的功能请查看帮助信息,也可以上网查询。

表 3-5-1　常用的 MATLAB 函数

函数	简单说明	函数	简单说明
sin	正弦	asin	反正弦
cos	余弦	acos	反余弦
tan	正切	atan	反正切
cot	余切	acot	反余切
sec	正割	asec	反正割
csc	余割	acsc	反余割
sinh	双曲正弦	asinh	反双曲正弦
cosh	双曲余弦	acosh	反双曲余弦
tanh	双曲正切	atanh	反双曲正切
coth	双曲余切	acoth	反双曲余切
sech	双曲正割	asech	反双曲正割
csch	双曲余割	acsch	反双曲余割
exp	e 为底的指数	log	自然对数
pow2	2 的幂	log10	10 为底的对数
sqrt	平方根	log2	2 为底的对数
abs	复数的模	angle	相角
real	复数实部	imag	复数虚部
conj	复数共轭		
mod	模除求余	rem	求余数
fix	向 0 圆整	round	向靠近整数圆整
floor	向 $-\infty$ 圆整	ceil	向 $+\infty$ 圆整
sign	符号函数		
fiplr	矩阵左右翻转	fipud	矩阵上下翻转
fipdim	矩阵特定维翻转	Rot90	矩阵逆时针 90°旋转
tril	产生下三角	triu	产生上三角
diag	产生或提取对角阵		
min	最小值	max	最大值
mean	平均值	median	中位数
std	标准差	diff	相邻元素的差
sort	排序	length	个数
norm	欧氏长度	sum	总和
prod	总乘积	dot	内积
cumsum	累计元素总和	cumprod	累计元素总乘积
cross	向量积		

3.5.1 主函数与子函数

利用函数 edit 可以查看 MATLAB 函数相应的 M 文件。例如，在命令窗口中键入并执行"edit edit"后，MATLAB 就会打开一个 M 文件编辑窗口并显示 edit 函数的 M 文件。

在 edit 函数的 M 文件中，第一行开头就有关键词"function"，以 function 作为开头的语句共十多处。而以 function 作为语句的开头是 MATLAB 函数的标记，也就是说，在 edit 函数的 M 文件中有十多个函数。M 文件中第一次出现 function 时相应的函数称为主函数，除主函数以外的其他函数（如果有的话）均称为子函数。将主函数置于最上面，子函数置于下面，主函数后可以有多个子函数，各子函数不分先后顺序。

3.5.2 嵌套函数

在一个函数中可以嵌套定义一个或多个函数。嵌套函数具有类似下面的形式：

```
function [⋯] = A(⋯)
⋯
function [⋯] = B(⋯)
⋯
end
⋯
end
```

M 文件中的函数一般不需要以 end 语句作为结束标识，但是，如果 M 文件中包含嵌套函数，则 M 文件中的所有函数必须均用 end 语句终止，不管它们是否包含嵌套函数。

3.5.3 私有函数

在 MATLAB 主界面上，选择"File|Set Path ..."菜单项，打开如图 3-5-1 所示的对话框。

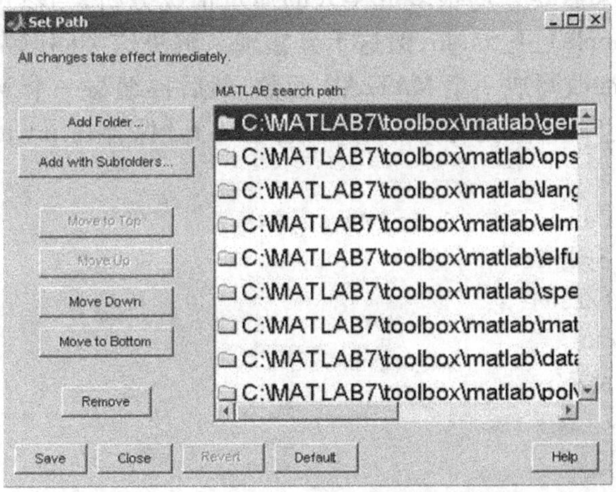

图 3-5-1 设置 MATLAB 搜索路径对话框

在图 3-5-1 所示的对话框中，可以通过添加和移出等操作来设置 MATLAB 搜索路径。在 MATLAB 环境下，MATLAB 搜索路径上所有目录中的 MATLAB 函数，均可直接被调用，称之为"全局可见"。

在 MATLAB 中，子目录 private 是专用文件夹，所在的路径不能添加到 MATLAB 搜索路径上。子目录 private 中的 MATLAB 函数称为私有函数。不同的目录下均可创建子目录 private，而私有函数只能被其所在的子目录 private 的父目录中的函数调用。例如，如果目录

NewPath 下有子目录 private，则子目录 private 下的函数只能被父目录 NewPath 中的 MATLAB 函数调用。也就是说，private 中的 MATLAB 函数在父目录 NewPath 外是不可见的。因此，对私有函数来说，在其他目录中可以使用与之相同的名称。

★ 建议将“MATLAB 实验”子目录所在的路径添加到 MATLAB 搜索路径上，并在“MATLAB 实验”目录下创建“private”子目录，用于放置自编的函数(函数式 M 文件)。

3.5.4 重载函数

在 MATLAB 中有些函数可以用于多种情况，对应地有不同的输入参数或不同的输出参数，这类函数就是重载函数。例如 mle 函数就有多种重载形式，以下是其中两种：

```
phat =mle(data)
[phat, pci] =mle(data,…, 'name1', value1, 'name2', value2,…)
```

它们具有相同的函数名 mle、不同的输入参数和不同的输出参数。调用 mle 函数时，MATLAB 会根据函数的参数自动选择使用。

3.6 M 文件编程

在 3.4.5 段中编写了 3 个 M 文件(example3_4_5a.m、example3_4_5b.m 和 example3_4_5c.m)，它们都使用较多的 MATLAB 命令行来解决相应的问题，这样的 M 文件称之为“脚本式 M 文件”，当脚本式 M 文件需要多次重复使用时，常常将它们改写成 MATLAB 函数的 M 文件形式，这类 M 文件称为“函数式 M 文件”。

3.6.1 脚本式 M 文件和函数式 M 文件

运行 M 文件 example3_4_5a.m(在 3.4.5 段的例 3.4.1 中)一次，可以处理一个成年人的体重情况分析。如果需要处理很多成年人的体重情况分析，当然可以逐一处理，也就是反复运行 M 文件 example3_4_5a.m，但这十分繁琐。解决这类问题常用的方法是：先将 M 文件 example3_4_5a.m 改写成一个 MATLAB 函数，然后再编写一个 M 文件调用它。为此，可先打开 example3_4_5a.m 并另存为 example3_6_1a.m(保存在 private 子目录中)，再将程序代码改写为：

```
function y =example3_6_1a(XB,SH,TW)
clc,format compact
BMI =TW/(SH/100)^2;
if BMI <19 +XB
    y ='体重过轻';
elseif BMI <=24 +XB
    y ='体重适中'
elseif BMI <=29 +XB
    y ='体重偏重,能减少 5 千克为好!';
elseif BMI <=34 +XB
    y ='肥胖,能减少 10 千克为好!';
else
    y ='非常肥胖,一定要减肥啊!';
end
```

保存程序代码(注意不能直接执行运行命令)，然后，再编写一个 M 文件调用它，问题就可以解决了。

M 文件 example3_6_1a. m 称为函数式 M 文件，它含有关键词 function；而脚本式 M 文件 example3-4-5a. m 中没有关键词 function，也没有输入参数。

脚本式 M 文件可直接运行，在执行“运行命令”前先“保存”；函数式 M 文件不能直接运行，只能被调用。

脚本式 M 文件和函数式 M 文件的区别可归纳如表 3-6-1 所示。

表 3-6-1　脚本式 M 文件和函数式 M 文件的区别

脚本式 M 文件	函数式 M 文件
可以直接执行运行命令	不能直接执行运行命令
不接受输入参数，没有返回值	可以接受输入参数，可以有返回值
基于工作空间中数据进行操作	默认时，文件中参数的作用范围只限于函数内部

3.6.2　函数式 M 文件的基本结构

函数式 M 文件比较标准的格式如下所示，其中加粗的文字表示 M 文件的基本组成部分：

```
function [x,y] =myfun(a,b,c) % 函数定义行
    % H1 行——用一行文字来综述函数的功能
    % 帮助文本——用一行或多行文本来解释如何使用函数
    % 在命令行中键入“help <functionname>”时可以显示以上注释，了解函数功能及如何使用函数
    % 函数体——一般从第一个空白行开始
    % 注释—— 描述函数的行为、输入输出的类型等
    % 在命令行中键入“help <functionname>”时不会显示这部分注释文本
    X =prod(a,b)              % 开始编写函数代码
    …
```

因此，一个完整的函数式 M 文件应该包括函数定义行、H1 行、帮助文本、函数体、注释和函数代码等方面的内容，其中函数定义行和函数代码是必需的。

★　*建议：在命令窗口中键入并执行命令“edit edit”，察看 edit 函数的 M 文件。*

在 MATLAB 中，以 function 开头的一行称为 MATLAB 函数定义行。定义行中的“myfun”称为函数名，函数名的命名规则与变量名和文件名命名规则相同；输入形式参数简称为“输入参数”，输入参数多于一个时，要在定义行中用圆括号“( )”括起来；输出形式参数简称为“输出参数”，输出参数多于一个时，应该用方括号“[ ]”括起来。

MATLAB 函数文件名通常由主函数的函数名加上扩展名“. m”组成，不过函数文件名与主函数的函数名也可以不相同。当两者不同时，MATLAB 将忽略主函数的函数名而确认函数文件名，因此，调用函数式 M 文件时使用函数文件名。

3.6.3　函数的参数

在 MATLAB 中，nargin 函数表示输入参数的个数；nargout 函数表示输出参数的个数；varargin 函数表示由函数输入参数构成的一个单元数组，简称为“输入参数列表”；varargout 函数表示由输出参数构成的一个单元数组，简称为“输出参数列表”。

[例 3.6.1] 计算正方形或矩形的周长和面积(要求编写一个简单的重载函数)。

函数式 M 文件 example3_6_3a.m(保存在 private 子目录中)的程序代码为:

```
function [L,S] =example3_5_3a(a,b)
% nargin 和 nargout 函数的应用

    if (nargin ==1)&&(nargout <=1)
        L =4.*a;
    elseif (nargin ==1)&&(nargout ==2)
        L =4.*a;
        S =a.*a;
    elseif (nargin ==2)&&(nargout <=1)
        L =2.*(a +b);
    elseif (nargin ==2)&&(nargout ==2)
        L =2.*(a +b);
        S =a.*b;
    end
```

若输入参数表示一个正方形或矩形的边长,则上述函数的功能是:

▲ 当输入参数为 1 个,输出参数不超过 1 个时,函数计算正方形的周长;

▲ 当输入参数为 1 个,输出参数为 2 个时,函数计算正方形的周长和面积;

▲ 当输入参数为 2 个,输出参数不超过 1 个时,函数计算矩形的周长;

▲ 当输入参数为 2 个,输出参数为 2 个时,函数计算矩形的周长和面积。

例如,将 private 作为 MATLAB 的当前目录,在命令窗口中键入命令:

```
[L,S] =example3_6_3a(2.5,4.8) % 调用函数
```

则调用结果为:

```
L =
    14.6000
S =
    12
```

[例 3.6.2] 拆分字符串。给定一个输入参数时,函数假设默认的间隔符为英文状态的空格;给定两个输入参数时,第 2 个输入参数作为分隔符,必须是单个字符构成的字符串,并给出可能的输出参数列表。

函数式 M 文件 example3_6_3b.m(保存在 private 子目录中)的程序代码为:

```
function [M,later,ahead] =example3_6_3b(string,delimiters)
% 至少需要一个输入参数的函数

if nargin <1
    error('Not enough input arguments.');
end
% 如果有一个输入参数,使用英文状态下空格作为分隔符
if (nargin ==1)
    delimiters =' ';
```

```
end
% 说明函数调用的要求
ls = length(string);ld = length(delimiters);
if ld >1
    disp '分隔符不是单个字符';
    return
end
if ls <=1
    disp '不需拆分';
    return
end
if all(string ~ =repmat(delimiters,size(string)))
    disp '不含分隔符字符';
    return
end
% 查找非分隔符字符开始的位置
i =1;
while string(i) ==delimiters
    i =i +1;
    if (i >ls)
        disp '不含非分隔符字符';
        return
    end
end
% 查找连续非分隔符字符结束的位置
start =i;% i 表示非分隔符字符开始的位置
while ~(string(i) ==delimiters)
    i =i +1;
    if (i >ls)
        break
    end
end
finish =i -1;% i 表示非分隔符字符结束的位置
M =[];ahead =[]; later =[];
M =string(start:finish);
% 对于有 2 个输出参数的情况
if (nargout ==2)
    if finish <ls
        later =string(finish +1:end);
    else
        later =[];
    end
end
```

```
% 对于有 3 个输出参数的情况
if (nargout ==3)
    if start >1
        ahead = string(1:start -1);
    else
        ahead = [];
    end
    if finish < ls
        later = string(finish +1:end);
    else
        later = [];
    end
end
```

为了了解这个函数的功能,在命令窗口中键入命令:

```
[M,R,L] = example3_6_3b('nnchina jiang','n') % 调用函数
```

则调用结果(MATLAB 的当前目录是 private)为:

```
M =
    chi
R =
    na jiang
L =
    nn
```

若在命令窗口中键入命令:

```
[M,R] = example3_6_3b('nnchina jiang','n')
```

则调用结果为:

```
M =
   chi
R =
   na jiang
```

若在命令窗口中键入命令:

```
[M,R,L] = example3_6_3b('您所编写的 M 文件所在的目录在 MATLAB 搜索上','的')
```

则调用结果为:

```
M =
您所编写
R =
的 M 文件所在的目录在 MATLAB 搜索上
L =
    []
```

若再在命令窗口中键入命令:

```
[M,R,L] = example3_6_3b(R,'的')
```

则调用结果为：

```
M =
M文件所在
R =
的目录在MATLAB搜索上
L =
的
```

[例3.6.3] 输入参数不确定问题。对于任意多个点，用直线段连接它们。

函数式M文件example3_6_3c.m（保存在private子目录中）的程序代码为：

```
function example3_6_3c(varargin)
% 用直线段连接任意多个点，用来说明如何解包 varargin
for k =1:length(varargin)
    x(k) =varargin{k}(1);% varargin是单元数组
    y(k) =varargin{k}(2);
end
xmin =min(0,min(x));
ymin =min(0,min(y));
axis([xmin fix(max(x) +1) ymin fix(max(y) +1)]);
plot(x,y)
```

在命令窗口中键入命令（调用函数）：

```
example3_6_3c([2, -3.5],[1, -5],[4, -8.5],[6.6 -5],[ -3, -8],[4, -5])
```

其执行结果如图3-6-1所示。

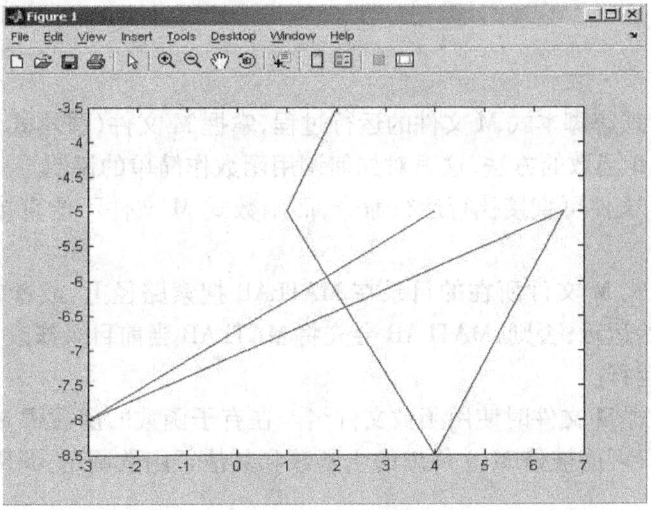

图3-6-1 折线图

[例3.6.4] 输出参数不确定问题。将 n 行2列数组拆分为 n 个点（n 不确定）。

函数式M文件example3_6_3d.m（保存在private子目录中）的程序代码为：

```
function [varargout] =example3_6_3d(arrayin)
% 输出参数不确定问题，至少有一个输出参数
```

```
if nargout <1
    disp '没有输出参数';
end
for k =1:nargout
    varargout{k} =arrayin(k,:); % 单元数组赋值
end
```

为了解这个函数的功能,在命令窗口中键入命令:

```
[P1,P2] =example3_6_3d([1,2;3,4;5,6;7,8]) % 调用函数
```

则调用结果(MATLAB 的当前目录是 private)为:

```
P1 =
    1    2
P2 =
    3    4
```

再在命令窗口中键入命令:

```
[P1,P2,P3,P4] = example3_6_3d([1,2;3,4;5,6;7,8])
```

则调用结果为:

```
P1 =
    1    2
P2 =
    3    4
P3 =
    5    6
P4 =
    7    8
```

3.6.4 函数调用

为了方便读者理解脚本式 M 文件的运行过程,掌握 M 文件(脚本式 M 文件和函数式 M 文件)调用 MATLAB 函数的方法,这里对如何调用函数作简单的说明。

◆ 脚本式 M 文件可直接执行运行命令,而函数式 M 文件不能直接执行运行命令,只能被调用。

◆ 如果脚本式 M 文件所在的目录在 MATLAB 搜索路径上,或者就是 MATLAB 当前目录,则可直接开始运行;否则,MATLAB 会先将 MATLAB 当前目录修改为脚本式 M 文件所在的目录,再开始运行。

◆ 调用函数式 M 文件时使用函数文件名。在有子函数的函数式 M 文件中,子函数没有文件名,子函数只可能被该 M 文件内的主函数和其他子函数调用,调用时,使用子函数的函数名。

◆ 在脚本式 M 文件中,既可以调用自身所在目录(MATLAB 当前目录)中的 MATLAB 函数,又可以调用 MATLAB 搜索路径上的所有目录中的 MATLAB 函数和内部函数,但其他目录(包括所有子目录 private)中的 MATLAB 函数都不能调用。在具体调用函数时,首先应调用自身所在目录中的同文件名函数,如果没有,再看搜索路径上的目录中是否存在调用函数。因此,可以在常用目录下创建相同文件名的函数覆盖 MATLAB 中已经存在的函数。

◆ 在函数式 M 文件中,可以调用自身所在的目录(MATLAB 当前目录)及其子目录 private 中的 MATLAB 函数,也可以调用 MATLAB 搜索路径上的所有目录中的 MATLAB 函数和内部函数,而其他目录(包括其他子目录 private)中的 MATLAB 函数是不能调用的。

◆ 在嵌套函数中,父级函数可以调用下一层嵌套函数,相同父级的同级嵌套函数可以相互调用,处于低层的嵌套函数可以调用任意父级函数。例如,在下面的嵌套函数中,函数 A 可以调用函数 B1 或 B2,但不能调用 C11 或 C21;函数 B1 可以调用函数 B2,函数 B2 可以调用函数 B1;函数 C11 可以调用函数 B1 或 B2,但不能调用函数 C21。

```
function A(x,y) % 主函数
B1(x,y); % 调用 B1 的函数名
B2(y); % 调用 B2 的函数名
    function B1(x,y) % 嵌套在 A 函数中
    C11(x); % 调用 C11 的函数名
    B2 (y); % 调用 B2 的函数名
        function C11(x) % 嵌套在 B1 函数中
        B2 (x); % 调用 B2 的函数名
        end
end
function B2 (x) % 嵌套在 A 函数中
C21(x); % 调用 C21 的函数名
    function C21(x) % 嵌套在 B2 函数中
        …
        end
    end
end
```

◆ 在函数式 M 文件中,具体调用函数时,优先考虑调用的是子函数(用函数名);如果子函数中没有,再考虑调用自身所在目录中的函数(用文件名);如果自身所在目录中也没有,再考虑调用自身所在目录的子目录 private 中的函数;最后考虑调用搜索路径上的目录中的函数或内部函数;如果都没有,将会出错。

3.6.5 函数句柄

在 MATLAB 中,变量还可以用来表示函数。将前面提到的函数直接塞到一个变量里面似乎太大,但可以"提纲挈领"抓住函数的句柄。函数句柄可用于间接调用一个函数。

1. 创建一个函数句柄

在 MATLAB 中,可以在函数的文件名(没有文件名的函数用函数名)前面用@符号创建一个函数句柄,具体格式为:

变量名 =@函数文件名(没有文件名的函数用函数名)

例如,为 sin 函数创建一个函数句柄并将它指定给变量 y 的语句为:

```
y=@sin;
```

在区间[2,5]上求 y = sin x 的最小值点及最小值的语句为:

```
y=@sin; [x,y]=fminbnd(y,2,5)
```

其运行结果为:

```
x =
    4.7124
y =
    -1.0000
```

在 MATLAB 中,还可以使用 str2func 函数创建函数句柄。例如,例 3.6.4 中 example3_6_3d 是函数 example3_6_3d.m 的文件名,可以用语句

```
y = @ example3_6_3d
```

创建一个函数句柄变量 y,也可以用语句

```
y = str2func('example3_6_3d')
```

创建一个函数句柄变量 y。它是将字符串转换为函数句柄变量的,因而就要求字符串中的字符组合可以表示一个文件名和函数名。

用户还可以基于函数文件名(或函数名)字符串单元数组调用 str2func 函数,返回一个函数句柄数组。例如:

```
clear,clc,fh_array = str2func({'sin';'cos';'tan'}),whos
```

其运行结果为:

```
fh_array =
    @ sin
    @ cos
    @ tan
Name        Size        Bytes      Class
fh_array    3 ×1          48      function_handle array
Grand total is 3 elements using 48 bytes
```

在 MATLAB 中,可以使用 functions 函数查看函数句柄的有关信息。

函数 str2func 是将函数文件名(或函数名)字符串转换为函数句柄,而函数 func2str 则可以以字符串格式获取函数的文件名(或函数名)。例如:

```
clear,clc,y = func2str(@ sin),whos
```

其运行结果为:

```
y =
sin
Name        Size              Bytes    Class
y           1×3                 6      char array
Grand total is 3 elements using 6 bytes
```

2. 使用句柄

在 MATLAB 中,用函数句柄使用 feval 函数的语句为:

```
feval(fhandle,arg1,arg2,…,argn)
```

其中,arg1,arg2,…,arg*n* 是函数句柄 fhandle 对应函数的输入参数的取值。

函数句柄使用起来与直接调用句柄所代表的函数效果差不多,主要差别在于:函数句柄能在参数传递的目标函数中进行处理。

例如,M 文件 example3_6_5a.m 的程序代码为:

```
clear,clc,
```

```
x = linspace (0,2 * pi,1000);
y = feval(@ sin,x);
plot(x,y)
```

其运行结果如图 3-6-2 所示。

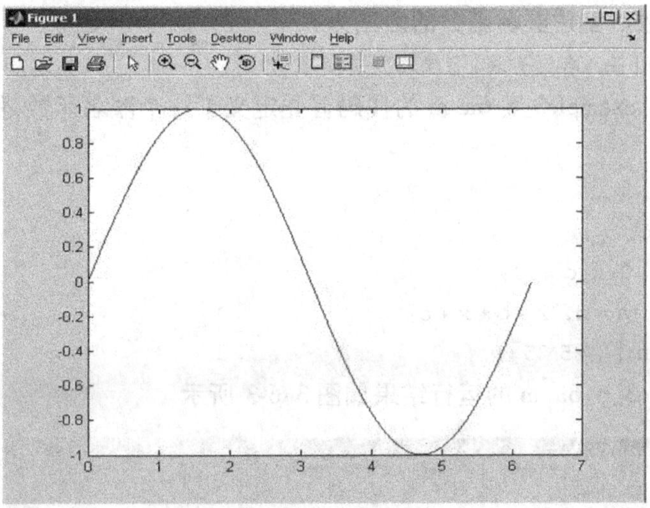

图 3-6-2 正弦曲线

3. 测试数据类型

函数句柄的标记为 function_handle,一个变量 Fun 在使用前可以用 isa 函数察看它是否是函数句柄。具体格式为:

```
isa(Fun, 'function_handle')
```

若返回 1,说明 Fun 是函数句柄,就可以按函数句柄进行操作;否则,就不能按函数句柄进行操作。

利用 isequal 函数可以比较两个函数句柄数组,察看它们是否相等。具体格式为:

```
isequal(Fun1,Fun2)
```

4. 保存和装载函数句柄

在 MATLAB 中,函数句柄和其他变量一样,可以保存,也可以载入工作空间。

5. 函数句柄的优点及注意事项

使用函数句柄可以提高运行速度,这是因为 MATLAB 对函数的调用牵扯到搜索路径问题,从“Set Path”对话框中可以看到非常多的路径,如果一个函数在某个程序中需要不连续多次调用,那么使用函数句柄,会让程序运行速度有所提高。使用函数句柄可以与使用变量一样方便,这是因为当用户成功地为某个函数创建一个函数句柄后,这个函数句柄变量就存在于工作空间中,在任何目录下,可以直接使用这个函数句柄变量,而不需要考虑对应函数的路径问题。

在 MATLAB 中,对一个函数而言,只有在能够调用这个函数的位置下才能成功创建该函数的函数句柄。因此,创建一个函数的函数句柄时,一定要注意判断创建这个函数句柄的位置能否调用这个函数,当这个函数是独立存在的函数式 M 文件时,更要考虑在什么位置能够调用这个函数。

3.6.6 匿名函数

匿名函数是函数句柄的一种特殊用法,这里所得到的函数句柄变量不指向特定的函数(即不指向函数 M 文件中的函数名或函数式 M 文件的文件名),而是指向一个函数表达式(具体表达式)。用户可以在 MATLAB 命令行或任何 M 文件(脚本式 M 文件或函数式 M 文件)中创建匿名函数。创建匿名函数的语法为:

变量名 = @(输入参数列表)运算表达式

下面的 M 文件 example3_6_6a. m 的代码首先定义了一个匿名函数,然后用 fplot 函数绘制该函数的图形。

```
% 匿名函数
clear,clc
a =1.3;b =0.2;c =30;
Fun =@(x)a*x.^2 +b*x +c;
fplot(Fun,[ -25 25])
```

M 文件 example3_6_6a. m 的运行结果如图 3-6-3 所示。

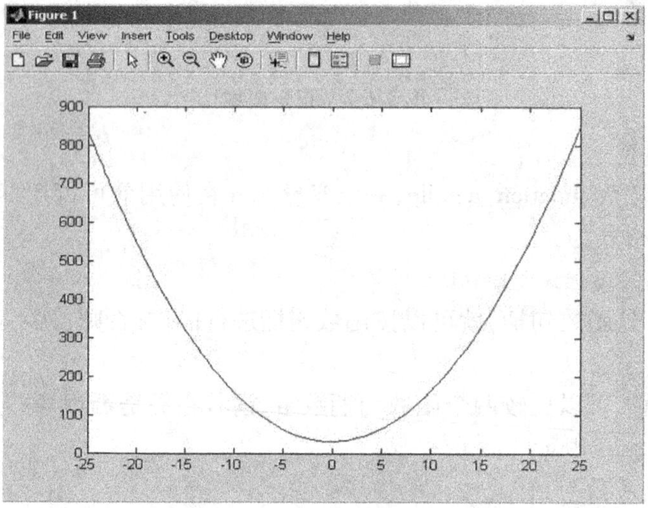

图 3-6-3 抛物线

3.6.7 内联函数

内联函数(inline 函数)和普通的函数句柄,准确地说是与匿名函数比较类似,在 MATLAB 命令窗口、程序或函数中创建局部函数时,可用 inline 函数。内联函数的优点是不必将其储存为一个独立的 M 文件;缺点是只能由一个 MATLAB 表达式组成,并且只能返回一个变量(不允许返回[u,v]这种形式)。创建 inline 函数的一般形式为:

变量名 = inline('函数表达式', '变量名 1','变量名 2',…,'变量名 n')

如果是常见变量名, 如 x,y 等,后面那些变量名列表可以省略。inline 语句得到的变量类型比较特别,是'inline object'。例如,$F(x) = x^2\cos(ax) - b$,其中(a,b 是标量,$\boldsymbol{x}$ 是向量。)求解该函数值的 M 文件 example3_6_7a. m 的程序代码为:

```
% inline 函数
clear,clc
```

```
F = inline('x.^2.*cos(a.*x) - b','x','a','b');
g = F(linspace(0,2*pi,5),4,1)
whos
```

M 文件 example3_6_7a. m 的运行结果为：

```
g =
   -1.0000   1.4674   8.8696   21.2066   38.4784
  Name      Size                Bytes   Class
    F       1x1                  946    inline object
    g       1x5                   40    double array
Grand total is 103 elements using 986 bytes
```

3.7 程序调试和错误处理

编写程序的过程中难免出现错误，使得程序无法继续运行或者结果不正确。MATLAB 提供了多种调试手段和错误处理方法。程序调试技巧在很大程度上是经验性的，需要不断积累。

3.7.1 用 try-catch 语句检查错误

在编写程序时，有时会遇到没有把握的语句，可以用 3.4.3 段介绍的 try-catch 语句作调试尝试，使用该语句可以捕获未知错误。例如，函数式 M 文件 example3_7_1a. m（保存在 private 子目录中）的代码为：

```
function C = example3_7_1a(A,B)
% try - catch 语句的使用
try
    X = A*B;
catch
    disp('**Error multiplying A*B')
end
C = X'*X;
```

如果 try 块中的语句（X = A * B）可以正常执行，则接着执行 end 后面的语句；否则，catch 块抛出"出错信息"。例如，在 MATLAB 的当前目录是 private 的情况下，在命令窗口中键入命令：

```
clear,clc,A = [1 2;3 4;5 6]; B = [2 3;4 5]; C = example3_7_1a(A,B)
```

则运行结果为：

```
C =
        1740        2298
        2298        3035
```

再在命令窗口中键入命令：

```
C = example3_7_1a(B,A)
```

则运行结果的第一行为：

```
**Error multiplying A*B
```

这说明调试尝试失败。

3.7.2 错误和警告信息

使用 MATLAB 的 error 和 warning 函数可以报告错误和警告信息并延迟程序的运行。例如，M 文件 example3_7_2a.m 的程序代码为：

```
% error 和 warning 函数的使用
clear,clc
A=[2 3;4 5];B=[1 2;3 4;5 6];
sA=size(A);sB=size(B);
if numel(sA)>2
    warning('A 不能是多维数组');
elseif numel(sB)>2
    warning('B 不能是多维数组');
end
if sA(2)~=sB(1)
    error('A 的列数与 B 的行数不等');
end
C=A*B
```

则运行结果为：

```
??? Error using ==> example3_7_2a
A 的列数与 B 的行数不等
Error in ==> example3_7_2a at 11
    error('A 的列数与 B 的行数不等');
```

这说明，程序执行至第 11 行，即提示错误，不再继续往下运行了。

3.7.3 用"Debug"菜单进行调试

在 M 文件编辑器中，使用"Debug"菜单可以很方便地进行程序调试。调试手段大体上可以分为 3 种，即定点调试、断点调试以及错误和警告调试等。

1. Debug 菜单的子菜单

Debug 菜单的子菜单及功能介绍如下。

Open M-Files when Debugging：调试时打开文件；

Step：不进入子函数，单步运行；

Step in：进入子函数，单步运行；

Step Out：在函数中的则跳出函数，否则直接跳入下个断点处；

Run：运行；

Continue：继续运行；

Go Until Cursor：运行到光标处；

Set/Clear Breakpoint：设置(或清除)断点；

Set/Modify Conditional Breakpoint …：设置(或修改)条件断点，条件断点可以使程序满足一定条件时停止；

Enable/Disable Breakpoint：使断点有效(或无效)；

Clear Breakpoints in all Files：清除所有断点；

Stop if Errors/Warnings …：程序出现错误或警告时停止运行并进入调试，但不包括

try/catch中的错误；

Exit Debug Mode：退出调试模式。

2. 调试手段

利用"Step"、"Step in"、"Step Out"和"Go Until Cursor"等子菜单进行定点调试，使程序可以逐语句、逐函数调试或直接运行到光标处；利用"Continue"子菜单进行断点调试，进行断点调试时，程序运行到断点处会停下来，这样有利于快速找到出错的位置（需要先设置断点）；利用"Stop if Errors/Warnings …"子菜单，可在确定错误或警告出现时，停止运行。

3. 使用说明

（1）在需要调试的M文件中如果没有设置断点，执行"运行命令"时运行整个M文件。

（2）在M文件编辑窗口中的M文件如果没有设置任何断点，可以用子菜单"Set/Clear Breakpoint"设置光标附近处的语句为断点，也可以单击M文件中行标记右边的"-"号设置断点，这时"-"变为红色圆点（断点标记），表示一个断点，再单击红色圆点，红色圆点又变为"-"，即取消断点。

（3）根据需要设置断点后，执行M文件编辑窗口中的运行命令（建议用工具中的按钮）后，如果第一个断点之前的部分（不包括断点所在语句）没有错误，则（请仔细比较）：

▲ MATLAB的命令窗口中出现"K≫"；

▲ MATLAB工作空间可能会增加一些变量（建议在"运行前"清空工作空间）；

▲ M文件编辑窗口中会出现绿色箭头（调试标记）；

▲ MATLAB主界面上的Debug菜单的子菜单会有变化；

▲ M文件编辑窗口中的Debug菜单的子菜单和工具栏也会有变化。

▲ 如果第一个断点之前的部分有错误，则MATLAB的命令窗口会有出错提示，Debug菜单的子菜单不会变化，说明第一个断点设置有问题，应往前设置。

（4）可以用Debug菜单的子菜单和工具按钮，对M文件进行定点调试、断点调试以及错误和警告调试等。

★ 建议读者多在MATLAB的主界面上进行运行操作，这样不用切换窗口，就可以直接看到运行状况，发现运行过程中出错并分析出出错的原因和位置后，再切换到该M文件编辑窗口，对M文件进行相应的修改。

（5）M文件一经修改，红色圆点（断点标记）将变成灰暗圆点，绿色箭头（调试标记）不变，修改完成后一定要保存（建议用保存按钮）。

（6）保存后，灰暗圆点又变为红色圆点（断点可用），绿色箭头（调试标记）消失，如果不需要重新设置断点，可直接执行运行命令（建议使用按钮）。

（7）完成排除错误工作后，可先用"Clear Breakpoints in all Files"菜单项清除所有断点，再打开M文件编辑窗口中的stack列表，选择"base"，绿色箭头（调试）变为白色，最后执行"Continue"命令，白色箭头消失，调试完成。

（8）如果没有完成程序的调试工作而中断调试，可用Debug菜单的子菜单"Exit Debug Mode"退出调试模式。

（9）使用表3-7-1中的常用程序调试命令对程序进行调试。

表 3-7-1 常用的程序调试命令及简单说明

程序调试命令	简单说明
dbstop	断点设置
dbclear	清除断点
dbcont	继续
dbdown/dbup	修改工作空间的上下文关系
dbquit	退出调试
dbstack	显示当前堆栈的状态
dbstatus	显示所有已设置的断点
dbstep	执行一行或多行代码
dbtype	显示 M 文件代码和相应的行号

3.8 编程技巧

MATLAB 是解释型语言，计算速度比较慢，因此在编程时如何提高程序的运行速度常常是需要重点考虑的问题。本节主要介绍向量化和预分配内存空间两种方法。

3.8.1 向量化

使程序运行更快的方法之一是将构造程序的算法进行向量化，尽可能使用向量或矩阵操作。例如，对于下面的程序：

```
x=0.01;
for k=1:1000
    y(k)=log10(x);x=x+0.01;
end
```

将其进行向量化以后为：

```
x=0.01:0.01:10;
y=log10(x);
```

3.8.2 预分配内存空间

如果不能向量化某段代码，可以通过预分配保存输出的任何向量或数组的内存空间来加速 for 循环。例如，下面的代码用函数 zeros 预分配 for 循环中创建的向量的内存空间，使得这个 for 循环的运行速度显著加快。

```
R=zeros(20,1);
for n=1:20
    R(n)=rank(magic(n)); % n 阶幻方的秩
end
```

上面的例子，如果没有使用内存预分配，每循环一次，MATLAB 解释器就会给向量 $\boldsymbol{R}$ 增加一个元素，而内存分配以后，就取消了这个步骤，从而使运行加速。

3.8.3 程序运行情况监测——Profiler

通过 Profiler 工具或 profile 函数，可以获取每行代码的运行情况，包括运行时间和调用次数等，因而可以知道哪些语句行花费的时间最多，并集中精力进行改进，从而改善整个程序的性能。具体使用方法请查看有关参考书或上网查询。

3.9 文件操作

文件操作是编程时必不可少的一个环节，MATLAB 提供了文本、二进制、电子表格、XML、图像、声音以及视频流等多种格式数据文件的导入导出功能，这里只介绍其中的部分功能。

3.9.1 文件的打开、保存和关闭

在 MATLAB 中，打开、保存和关闭文件是最基本的文件操作，除了用相应的菜单和工具栏进行操作外，MATLAB 还提供了进行这些基本操作的函数。

1. 打开文件

(1) 使用 open 函数，可以根据扩展名打开文件。open 函数的语法格式如下。

open('name')或 open name：打开字符串 name 指定的对象。

打开方式根据 name 指定的对象类型确定。不同类型文件及其打开方式见表 3-9-1。

表 3-9-1 不同类型文件及其打开方式

名称	打开方式
M 文件(name.m)	在 M 文件编辑器中打开 M 文件 name.m
模型(name.mdl)	在 Simulink 中打开模型 name.mdl
MAT 文件(name.mat)	在工作空间中打开 MAT 文件并把变量保存到一个结构中
图形文件(*.fig)	在图形窗口打开图形
P 文件(name.p)	在 M 文件编辑器中打开对应的 M 文件 name.m(如果它存在)
HTML 文件(*.html)	在帮助浏览器中打开 HTML 文档
PDF 文件(*.pdf)	在 Adobe Acrobat 中打开 PDF 文档
其他扩展名(name.xxx)	通过调用帮助器函数 openxxx 打开 name.xxx，这里 openxxx 是一个自定义函数
无扩展名(name)	试图在数组编辑器中打开变量 name，如果工作空间中没有变量 name，检查 name.mdl 或 name.m 是否在当前目录或搜索路径上的目录中，如果是，打开它

如果一个文件所在的目录是 MATLAB 当前目录或在 MATLAB 的搜索路径上，则可以直接用 open 函数打开它。例如：

```
open('example3_7_2a') 或 open example3_7_2a
```

如果一个文件所在的目录不是 MATLAB 当前目录，也不在 MATLAB 的搜索路径上，那么打开它就需要指明路径。例如：

```
open E:\《MATLAB 实用教程》\MATLAB 实验\example3_7_2a
```

(2) 使用 fopen 函数也可以打开文件，fopen 函数的语法格式如下。

◆ fid = fopen(filename)：试图打开文件 filename 进行读取。如果打开成功，返回一个大于等于 3 的整数；如果打开失败，返回 -1。

◆ fid = fopen(filename, mode)：试图用指定模式 mode 打开文件 filename。参数 mode

可以是表 3-9-2 中的任意一种。

表 3-9-2　打开文件的模式

mode 取值	打开文件的模式
'r'	只读方式打开文件(默认的方式),该文件必须存在
'w'	打开后写入数据。该文件已存在则更新,不存在则创建
'a'	在打开的文件末端添加数据。该文件不存在则创建
'r+'	读写方式打开文件,打开后先读后写。该文件必须已存在
'w+'	读写方式打开文件;打开后先读后写。该文件已存在则更新,不存在则创建
'a+'	打开文件后,先读入数据再添加数据。该文件不存在则创建
'A'	在文件原有内容后面进行添加
'W'	写入但不删除原有内容

◆ [fid,message] = fopen(filename,mode):试图用指定模式 mode 打开文件 filename。如果 fopen 函数成功打开文件,则 message 的值为空;如果打开失败,返回的 fid 值为 -1,message 包含一个与系统有关的错误信息。

◆ [fid,message] = fopen(filename,mode,machineformat):与上一个语法相同,但可以用 machineformat 参数指定格式。

◆ fids = fopen('all'):返回一个包含所有打开文件的标识符的行向量,不包括 1 和 2。1 和 2 表示标准输出和标准错误。向量中元素的个数等于打开的文件的个数。

◆ [filename,mode,machineformat] = fopen(fid):返回 filename 和 mode 字符串,以及与指定文件有关的 machineformat 字符串。如果 fid 非法,则所有输出变量均为空。

另外,如果这些字符串后添加一个't',如'rt'或'wt+',则将该文件以文本方式打开;如果添加的是 b,则以二进制格式打开,这也是 fopen 函数默认的打开方式。

2. 保存数据到文件

save 函数可将工作空间中的变量保存到磁盘文件中。save 函数的简单语法格式如下。

◆ save:将工作空间中的所有变量以二进制格式保存到当前目录下的文件 matlab.mat 中;如果当前目录中已有文件 matlab.mat,则替换之。MAT 文件是双精度的二进制 MATLAB 格式文件。

◆ save('filename'):将工作空间中的所有变量以二进制格式保存到当前目录下的文件 filename.mat 中。如果当前目录中已有文件 filename.mat,则替换之。

◆ save('filename', 'var1', 'var2',…):将指定的变量以二进制格式保存到当前目录下的文件 filename.mat 中。如果当前目录中已有文件 filename.mat,则替换之。

◆ save(…,'format'):允许使用其他数据格式保存。其他数据格式见表 3-9-3。

◆ save filename var1 var2 …:语法的命令行格式。

表 3-9-3 其他数据格式及数据保存方式

数据格式	数据保存方式
– append	添加到已经存在的 MAT 文件的末尾
– ascii	8 位 ASCII 格式
– ascii – double	16 位 ASCII 格式
– ascii – tabs	用表格键间隔
– ascii – double – tabs	16 位 ASCII 格式,用表格键间隔
– mat	二进制 MAT 格式(默认格式)
– v4	MATLAB 版本 4 可以打开的一种格式
– v6	MATLAB 版本 6 可以打开的一种格式

若要将工作空间中的变量保存到指定目录(如 C:\MATLAB7\work,但非当前目录)下的 filename. mat 文件中,则需要指明路径。具体语句为:

```
save('C:\MATLAB7\work\filename')
```

3. 关闭文件

文件在读、写等操作完成后,应及时关闭,以免数据丢失。利用 fclose 函数可关闭一个或更多已经打开的文件。fclose 函数的语法格式如下。

◆ status = fclose(fid):关闭已经打开的指定文件,成功则返回 0,否则返回 –1。变量 fid 是一个与已经打开的文件相连的文件标识符。如果 fid 不表示一个打开的文件,或者等于 1 或 2,则 fclose 函数抛出一个错误。

◆ status = fclose('all'):关闭所有已经打开的文件,成功则返回 0,否则返回 –1。

[例 3.9.1] M 文件 example3_9_1a. m 的程序代码为:

```
% 保存、打开、关闭数据文件的例子
clear,clc
a=[1,0,0;0,1,0];
b=[0,0,1];
save data1
clear
S=open('data1.mat');
A=[S.a;S.b]
status=fclose('all')
whos
```

其运行结果为:

```
A =
   1   0   0
   0   1   0
   0   0   1
status =
   0
```

```
Name        Size       Bytes        Class
  A         3×3         72          double array
  S         1×1         320         struct array
status      1×1         8           double array
Grand total is 21 elements using 400 bytes
```

3.9.2 读写文本文件

利用文本文件进行数据传输是一种很常见的传输方式,MATLAB 提供了多种方式来实现文本文件的读、写。

1. 使用 load 函数

使用 load 函数,可以将“处在当前目录或搜索路径上的目录中的文件”中的数据导入工作空间。load 函数的语法格式如下。

◆ load:如果在当前目录或搜索路径上的目录中 matlab.mat 存在,则载入该文件中的所有变量;否则,返回一个错误。

◆ load('filename'):在 filename 中没有指定扩展名的情况下,如果在当前目录或搜索路径上的目录中 filename.mat 存在,则载入该文件中的所有变量;否则,返回一个错误;在 filename 中指定扩展名为“.mat”时,扩展名可省略,等同于没有扩展名的情况;在 filename 中有.mat 以外的扩展名的情况下,load 函数把文件内容作为 ASCII 数据。

◆ load('filename','x','y','z'):只载入 MAT 文件中指定的变量。

◆ load('filename','-regexp',exprlist):载入那些与 exprlist 参数中任何正则表达式匹配的变量,这里 exprlist 是用逗号间隔,并用引号括起来的正则表达式。

◆ load('-mat','filename'):不管文件扩展名是什么,强迫 load 函数把文件内容作为 MAT 文件导入。如果 filename 不是 MAT 文件,返回一个错误。

◆ load('-ascii','filename'):不管文件扩展名是什么,强迫 load 函数把文件内容作为文本文件导入。如果文件内容不是数字文本,返回一个错误。

◆ S = load(…):把 MAT 文件中的内容返回到 S 中。

◆ load filename —regexp exp1 exp2 …:语法的命令行格式。

如果一个数据文件所在的目录既不是当前目录,也不在 MATLAB 搜索路径上,要使用 load 函数将该数据文件中的变量导入工作空间,则需要在 filename 中添加数据文件的路径。例如:

```
load E:\《MATLAB 实用教程》\MATLAB 实验\data1
```

[例 3.9.2] 假设有如图 3-9-1 所示的文本文件 example3_9_2-1.txt,保存在某个目录下。在当前目录窗口中将该目录设置为当前目录后,在命令窗口中键入命令:

```
clear,clc,A = load('-ascii','example3_9_2-1.txt');
```

即可将 example3_9_2-1.txt 的数据导入工作空间变量 A 中。

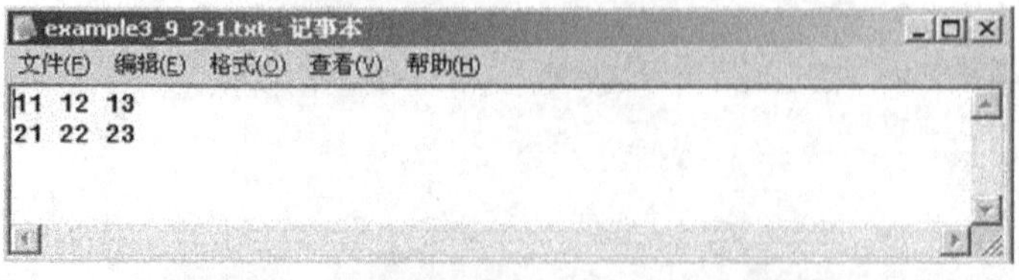

图 3-9-1 example3_9_2-1.txt-记事本

2. 使用 csvread 和 csvwrite 函数实现逗号间隔的文本文件的读写

(1) 用 csvread 函数读取值用逗号(英文状态下)间隔的文件。csvread 函数的语法格式如下。

◆ M = csvread('filename'):读取值用逗号间隔的文件 filename,结果返回到 M 中。该文件只能包含数值值。

◆ M = csvread('filename',row,col):在 filename 指定的文件中从 row 和 col 确定的位置处开始读入数据。row 和 col 变量以 0 为基数,因此 row = 0 和 col = 0 为指定文件中的第一个值。

◆ M = csvread('filename',row,col,range):只读取指定范围内的数据。用[R1 C1 R2 C2]指定 range 参数,其中,(R1,C1) 为范围的左上角数据,(R2,C2)为范围的右下角数据;也可以用电子表格符号指定范围,如 range = 'A1…B7'。

(2) 用 csvwrite 函数将数据写入文件,数据之间用逗号间隔。csvwrite 函数的语法格式如下。

◆ csvwrite('filename',M):将矩阵 **M** 中的数据写入文件 filename 中,用逗号间隔值。

◆ csvwrite('filename',M,row,col):将矩阵 **M** 中的数据从指定的行和列处写入文件 filename 中。行和列变量的基数为 0。

3. 使用 dlmread 函数将指定间隔方式的文本文件读入矩阵

dlmread 函数的语法格式如下。

◆ M = dlmread('filename'):将文本文件 filename 中的数据读入矩阵 **M** 中。分隔数据元素的分隔符与文件的格式有关,默认时使用逗号。

◆ M = dlmread('filename',delimiter):用指定的分隔符从文本文件 filename 中读取数值数据,用\t 指定表格键分隔符。

◆ M = dlmread('filename',delimiter,R,C):用值 R 和 C 指定数据范围左上角的行和列。

◆ M = dlmread('filename',delimiter,range):用变量 range 指定读取范围,range 的形式为[R1 C1 R2 C2]。

4. 用 dlmwrite 函数将一个矩阵写入指定间隔方式的文本文件中

dlmwrite 函数的语法格式如下。

◆ dlmwrite ('filename',M):用默认的逗号分隔矩阵元素,将矩阵 **M** 中的数据写入 ASCII 格式的文件中。数据从 filename 文件的第一行第一列开始写入。

◆ dlmwrite ('filename',M,'D'):用分隔符 D 分隔矩阵元素,将矩阵 **M** 中的数据写入 ASCII 格式的文件。数据从 filename 文件的第一行第一列开始写入,逗号是默认的分隔符。

◆ dlmwrite ('filename',M,'D',R,C):用分隔符 D 分隔矩阵元素,将矩阵 **M** 中的数据写入 ASCII 格式的文件中。数据从目标文件 filename 的第 *R* 行第 *C* 列开始写入。

◆ dlmwrite ('filename',M,'-append'):将矩阵 **M** 中的数据添加到文件中。如果不指定'-append',dlmwrite 函数会覆盖文件中所有已经存在的数据。

3.9.3 读写二进制数据文件

MAT 文件是二进制数据文件，MATLAB 中提供了很多 MAT 格式的数据，并利用它们进行功能演示。

1. 以二进制读取数据

除了使用 load 函数外，还可以用 fread 函数从文件中读取二进制数据。fread 函数的语法格式如下。

◆ A = fread(fid)：从 fid 指定的文件中将数据以二进制格式读取到矩阵 ***A*** 中。调用 fread 函数之前需用 fopen 函数打开文件。fid 变量是表示文件的标识符。MATLAB 从头到尾读取文件，然后指向文件尾。

2. 将二进制数据写入文件

使用 fwrite 函数可将二进制数据写入文件，该函数的简单语法格式如下。

count = fwrite(fid, A, precision)：将数组 ***A*** 的元素写入 fid 指定的文件，将 MATLAB 值转换到 precision 指定的精度。数据按列序写入，count 为成功写入的元素个数。fid 是 fopen 函数返回的文件标识符，或为 1，或为 2。precision 控制结果的格式和大小。

说明

在用 fclose 函数关闭文件之前，不能查看或键入写入的文件内容。

3.9.4 读取 Excel 文件中数据

使用 xlsread 函数可以读取 Excel 文件中的数值型数据。xlsread 函数的简单语法格式如下。

◆ N = xlsread('filename')：如果 filename 中没有标明路径，则试图从当前目录或 MATLAB 搜索程序上的目录中读取 Excel 文件 filename 中的数据，从 A1 单元格开始读取（如果第一行或第一列是文本将被忽略），把数据返回给 N（非数值用 NaN 作标记）；如果 filename 中有路径，则从指定路径的文件中读取。

◆ N = xlsread('filename', -1)：用户可以使用鼠标选择单元格范围。

◆ N = xlsread('filename', 'range')：表示所在的单元格范围，例如 range 可取 A1:B4。

◆ N = xlsread('filename', sheet, 'range', 'basic')：如果电脑上没有安装 Excel，可以使用此方法。

[**例 3.9.3**] 假设有如图 3-9-2 所示的 Excel 文件 example3_9_4 - 1.xls，保存在某个目录下。将该目录设置为当前目录以后，在命令窗口中键入命令：

```
clear,clc,A=xlsread('example3_9_4 -1.xls')
```

即可将 Excel 文件 example3_9_4 - 1.xls 中的数值型数据导入工作空间变量 A 中。

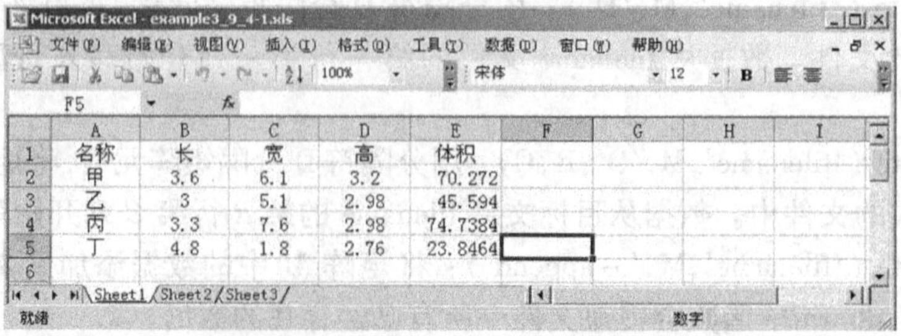

图 3-9-2 example3_9_4 - 1.xls 文件

上述语句行执行的结果为：

```
A =
    3.6000    6.1000    3.2000    70.2720
    3.0000    5.1000    2.9800    45.5940
    3.3000    7.6000    2.9800    74.7384
    4.8000    1.8000    2.7600    23.8464
```

[例 3.9.4](续例 3.9.3) 若图 3-9-3 所示的 Excel 文件 example3_9_4 -2.xls 和 example3_9_4 -1.xls 保存在同一目录下，则在命令窗口中再键入命令：

```
clear,clc,B=xlsread('example3_9_4 -2.xls')
```

即可将 Excel 文件 example3_9_4 -2.xls 中的数值型数据导入工作空间变量 B 中。

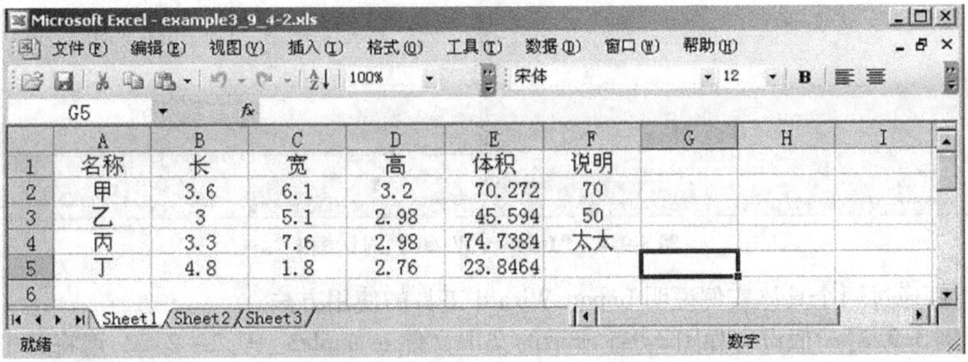

	A	B	C	D	E	F
1	名称	长	宽	高	体积	说明
2	甲	3.6	6.1	3.2	70.272	70
3	乙	3	5.1	2.98	45.594	50
4	丙	3.3	7.6	2.98	74.7384	太大
5	丁	4.8	1.8	2.76	23.8464	

图 3-9-3 example3_9_4 -2.xls 文件

上述语句行执行的结果为：

```
B =
    3.6000    6.1000    3.2000    70.2720    70.0000
    3.0000    5.1000    2.9800    45.5940    50.0000
    3.3000    7.6000    2.9800    74.7384    NaN
    4.8000    1.8000    2.7600    23.8464    NaN
```

若再执行命令

```
clear,clc,C=xlsread('example3_9_4 -2.xls','B3:E4')
```

结果为：

```
C =
    3.0000    5.1000    2.9800    45.5940
    3.3000    7.6000    2.9800    74.7384
```

3.9.5 Import Wizard 工具

Import Wizard 是 MATLAB 提供的一个导入数据工具。利用该工具，可以将 MAT 文件数据、Excel 数据、文本数据、图像数据、声音数据甚至 AVI 数据导入 MATLAB 中。

在 MATLAB 的主界面上，选择“Start|MATLAB|Import Wizard”菜单项，即可打开“Import Wizard”对话框，如图 3-9-4 所示。

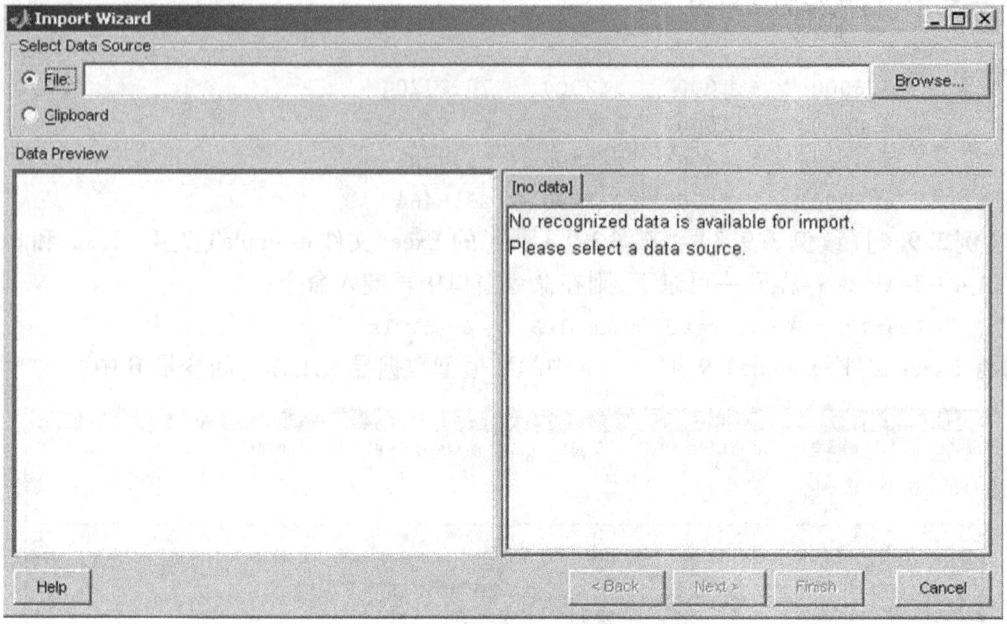

图 3-9-4 "Import Wizard"对话框 1

下面通过两个具体实例说明 Import Wizard 工具的使用方法。

[**例 3.9.5**] 假设有如图 3-9-5 所示的文本文件 example3_ 9_ 2 – 2. txt,请将其中的数据信息导入工作空间。

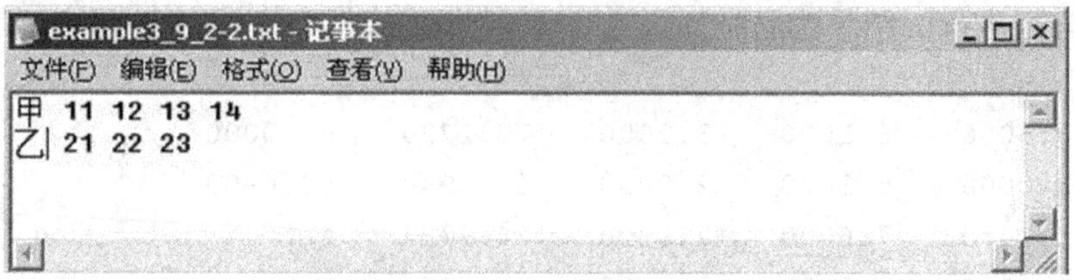

图 3-9-5 example3_ 9_ 2 – 2. txt – 记事本

具体操作步骤如下:

第 1 步:打开"Import Wizard"对话框,在"Import Wizard"对话框中选中单选按钮"File",再单击后面的"Browse …"按钮,从而打开"Open"对话框。

第 2 步:在"Open"对话框中查找要打开的文件 example3_ 9_ 2 – 2. txt,选择"打开",则在"File"的右边显示带路径的文件(当然也可以在"File"右边直接输入带路径的文件并确认),这时,"Import Wizard"对话框会变成与图 3-9-6 类似的界面。

第 3 步:在如图 3-9-6 所示的界面中,单击"Next"按钮,会出现类似图 3-9-7 所示的界面。

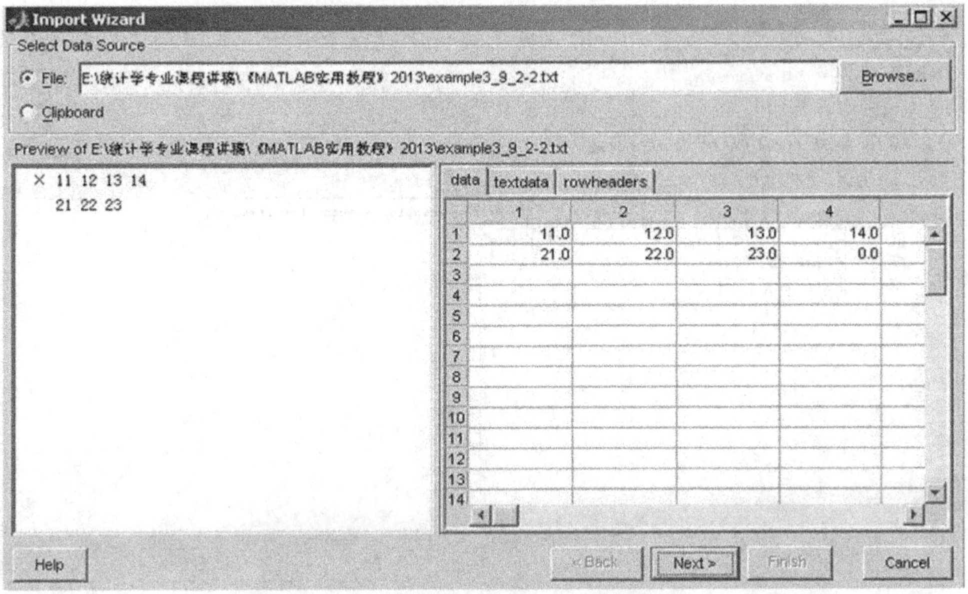

图 3-9-6 "Import Wizard"对话框 2

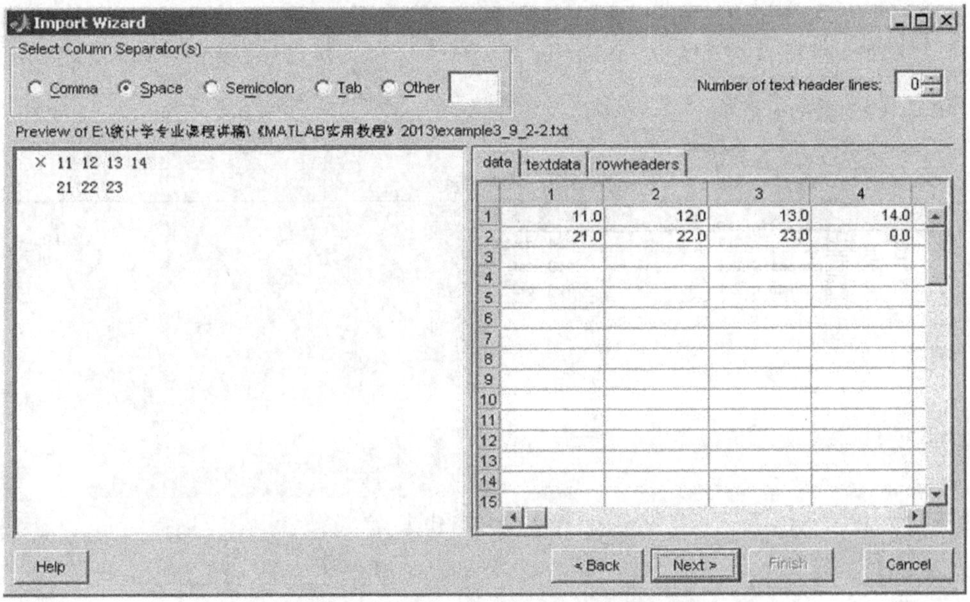

图 3-9-7 "Import Wizard"对话框 3

第4步:在如图3-9-7所示的界面中,单击"Next"按钮,会出现类似图3-9-8所示的界面。

第5步:在如图3-9-8所示的界面中,右击变量名"data"将其重命名为"A",再分别单击下面两个"✓",出现如图3-9-9所示的界面。

第6步:在如图3-9-9所示的界面中,单击"Finish"按钮即可将文本文件example3_9_2－2.txt中的数据导入工作空间变量A中。

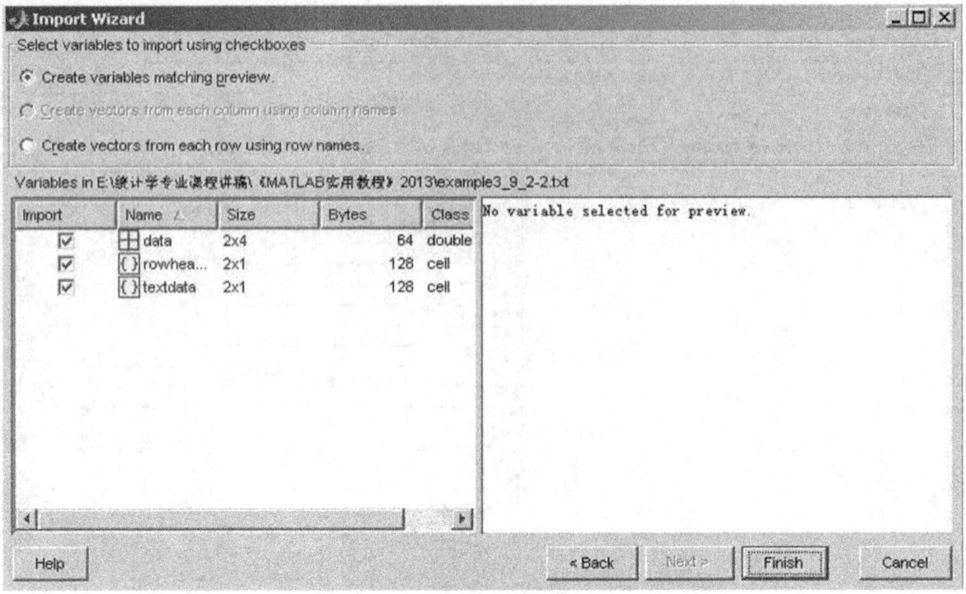

图 3-9-8 “Import Wizard”对话框 4

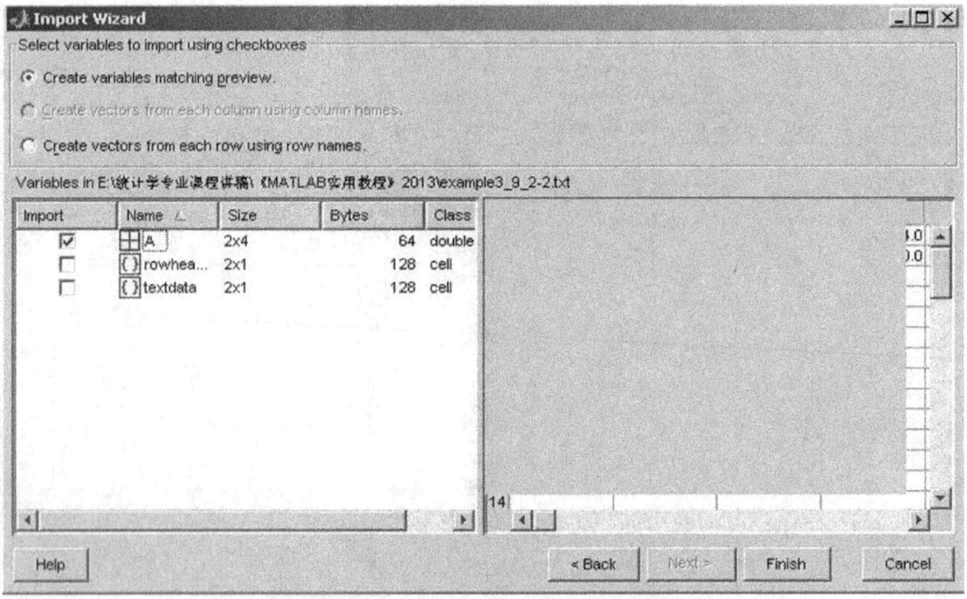

图 3-9-9 “Import Wizard”对话框 5

[**例 3.9.6**] 请将图 3-9-3 所示的 Excel 文件 example3_9_4 - 2. xls 中的数据导入工作空间中。

具体操作步骤如下:

第 1 步:在“Import Wizard”对话框中,单击“Browse …”按钮打开“Open”对话框,在“Open”对话框中查找要打开的文件 example3_9_4 - 2. xls,选择“打开”。这时,“Import Wizard”对话框会变成与图 3-9-10 类似的界面。

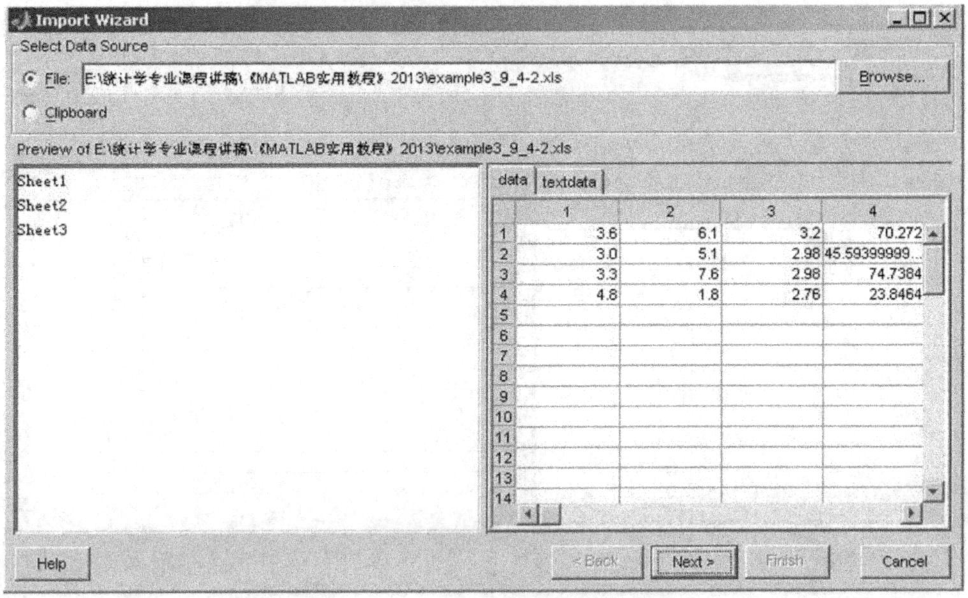

图 3-9-10　"Import Wizard"对话框 6

第 2 步：在如图 3-9-10 所示的界面中，单击"Next"按钮，会出现类似图 3-9-11 所示的界面。

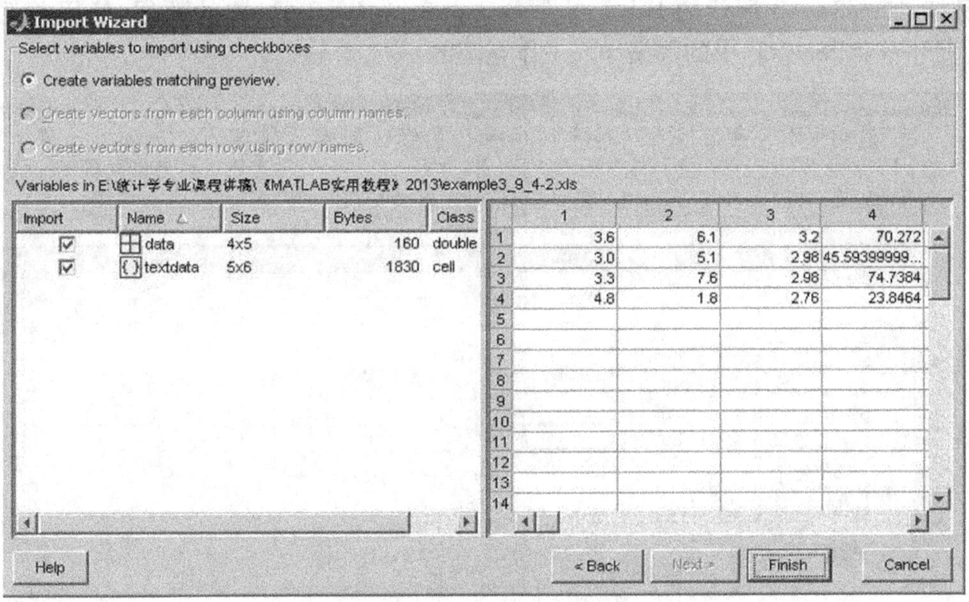

图 3-9-11　"Import Wizard"对话框 7

第 3 步：在如图 3-9-11 所示的界面中，右击变量名"data"将其重命名为"A"，右击"textdata"将其重命名为"textA"，出现如图 3-9-12 所示的界面。

第 4 步：在如图 3-9-12 所示的界面中，单击"Finish"按钮即可将 Excel 文件 example3_9_4-2.xls 中的数据信息导入工作空间中。

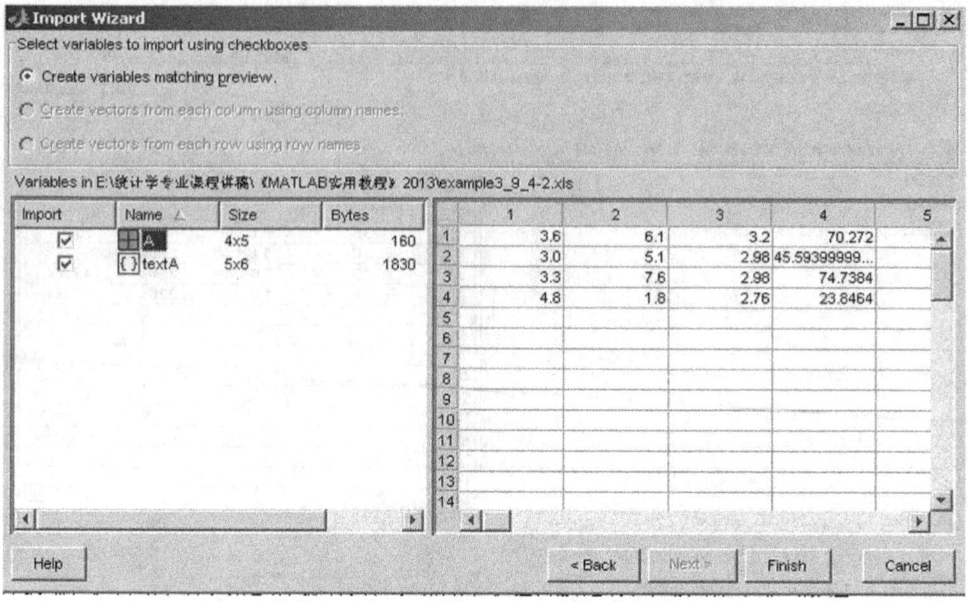

图 3-9-12 "Import Wizard"对话框 8

在"Import Wizard"对话框中还有单选按钮"Clipboard",如果要将当前剪贴板上的数据信息导入 MATLAB 工作空间中,可选中"Clipboard",其余的操作同上。

例如,如图 3-9-13 所示的 Excel 文件 example3_9_4 - 3. xls 中的数据,使用单选按钮"File"是不能将"Sheet3"中的数据导入工作空间的。

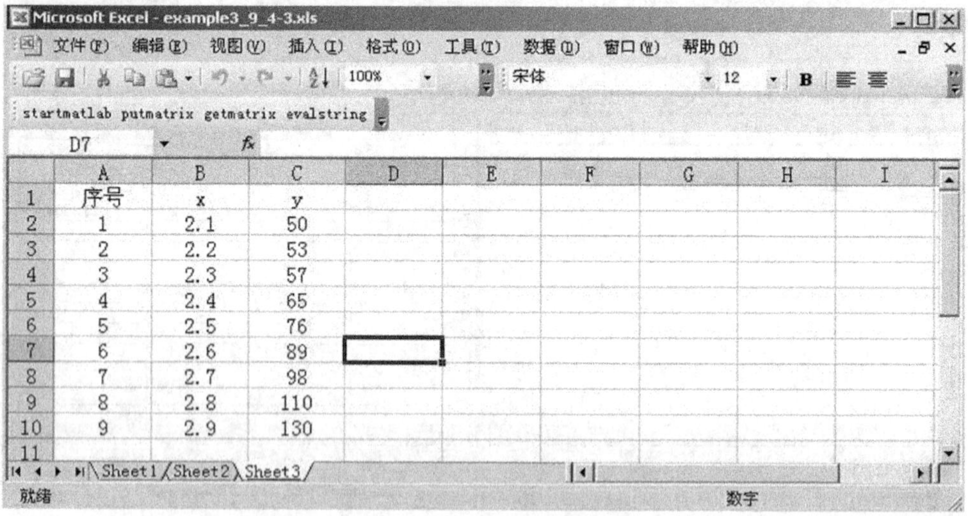

图 3-9-13 example3_9_4 - 3. xls 数据

这时可以先将"Sheet3"中的数据信息复制到剪贴板中,然后打开"Import Wizard"对话框并选中"Clipboard",则出现如图 3-9-14 所示的界面。

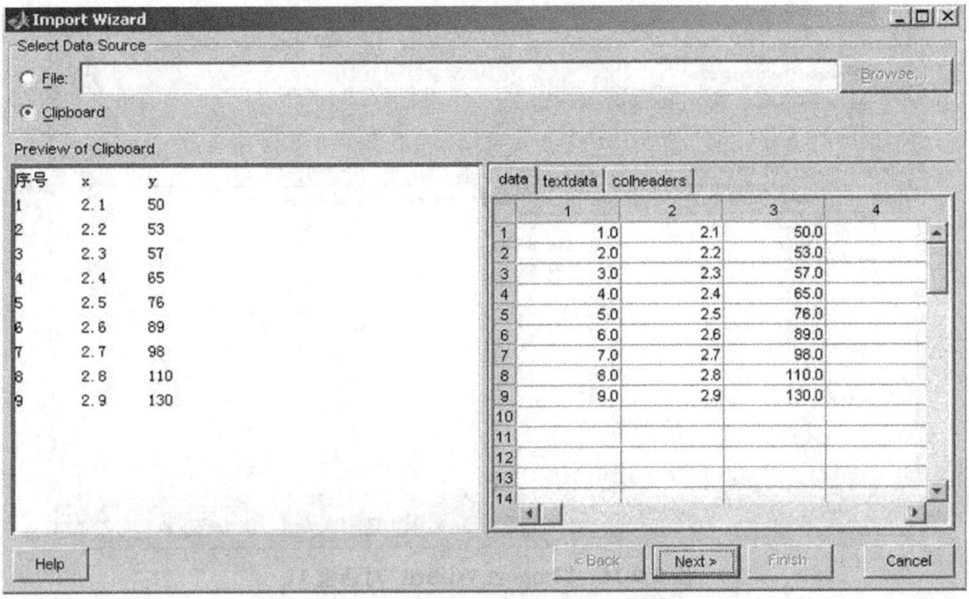

图 3-9-14　**"Import Wizard"对话框 9**

在如图 3-9-14 所示的界面中，单击"Next"按钮，会出现类似图 3-9-15 所示的界面。

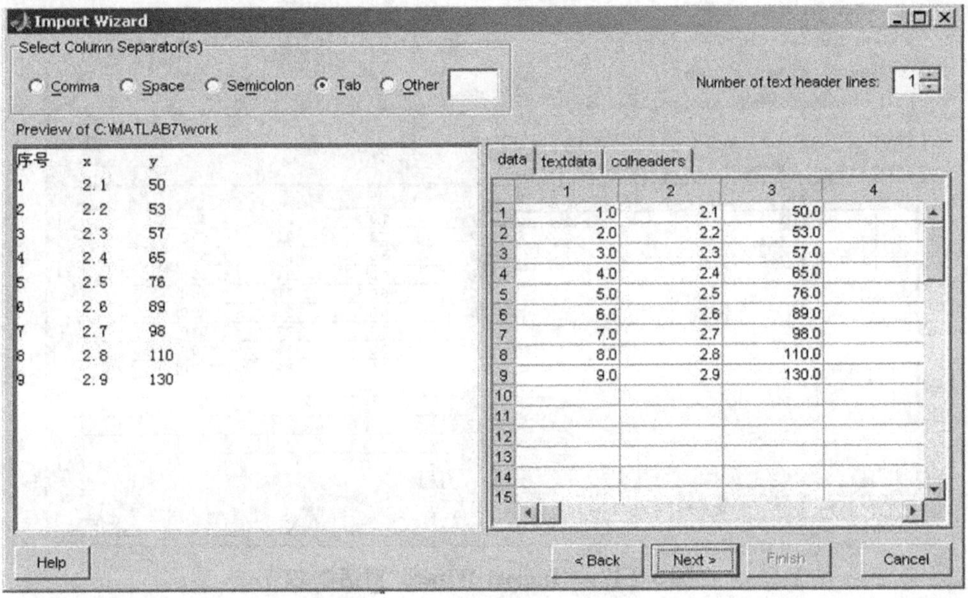

图 3-9-15　**"Import Wizard"对话框 10**

在如图 3-9-15 所示的界面中，单击"Next"按钮，会出现类似图 3-9-16 所示的界面。

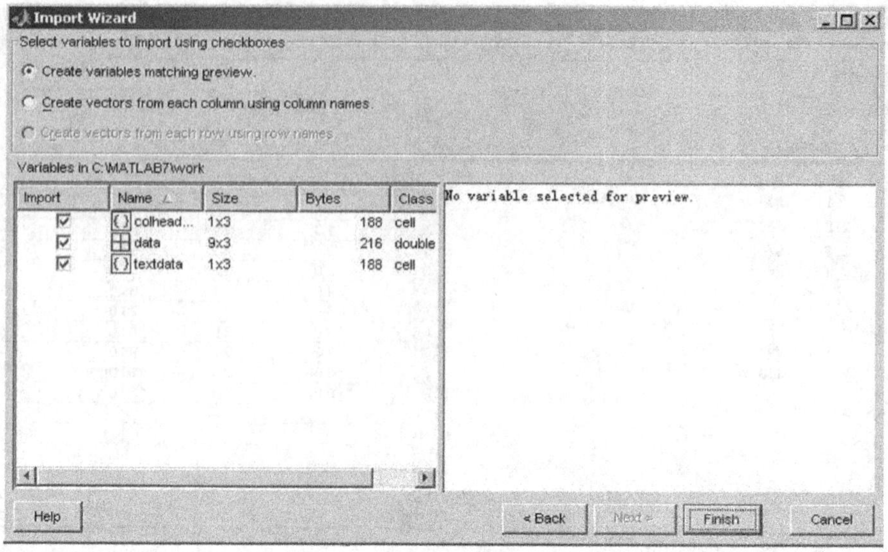

图 3-9-16 “Import Wizard”对话框 11

在如图 3-9-16 所示的界面中，单击“✓”，将变量名“data”重命名为“B”，将“textdata”重命名为“textB”，即有如图 3-9-17 所示的界面。

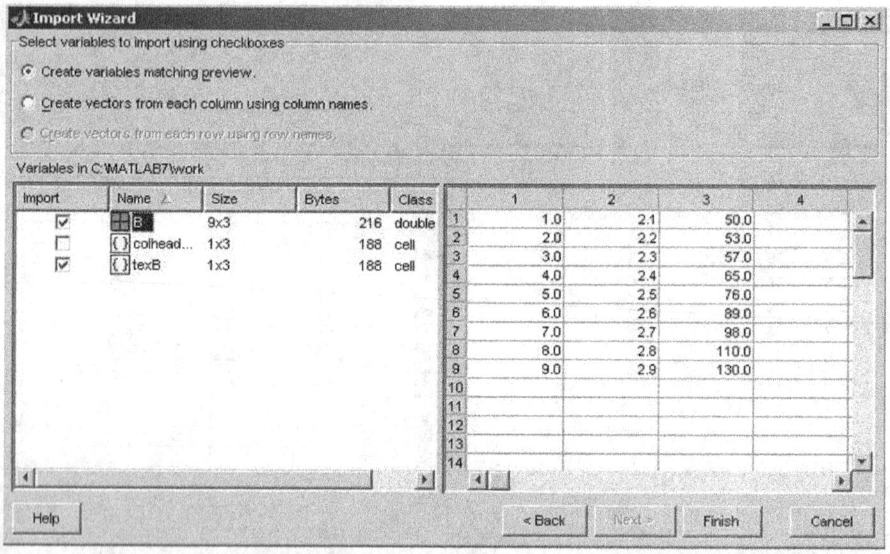

图 3-9-17 “Import Wizard”对话框 12

在如图 3-9-17 所示的界面中，单击“Finish”按钮，即可将 Excel 文件 example3_9_4 - 3. xls 工作表 3 中的数据信息导入工作空间。

说明

对于比较规范的数值数组也可以直接复制至数组编辑器中。具体实施方法是：先在命令窗口中键入：变量名 = [ ]（如 A = [ ]），再双击变量名打开数组编辑器，将数值数组复制至其中即可。

实验三

数学软件MATLAB的M文件设计

1. 实验目的与要求

（1）熟练掌握MATLAB的M文件设计的相关知识，包括变量、表达式、程序控制、函数的语法结构、函数的调用、文件操作等；

（2）掌握M文件的类型、结构、帮助创建和编程技巧等内容。

2. 实验内容

（1）现有行向量 $X = [10\ 14\ 1\ 3\ 4\ -23\ 7\ 8\ 9\ -10\ -8\ -4\ -2\ -1\ 0\ 5\ 19\ 34\ -4\ -2]$，请编写一个M文件（文件名shiyan3_1_1.m）完成以下任务：将小于-10的数存放在变量A中，将大于15的数存放在变量B中，其余的存放在变量C中。

（2）下表给出了8次试验的水平组合，在做统计分析时需要标识每次试验的水平组合，下面的M文件（文件名shiyan3_2_1.m）标识了水平组合中因子A,B和D的水平，请完善之（标识水平组合中的因子C的水平）。

试验序号(m)	因子A	因子B	因子C	因子D
1	a0	b0	c0	d0
2	a0	b0	c0	d1
3	a0	b1	c1	d0
4	a0	b1	c1	d1
5	a1	b0	c1	d0
6	a1	b0	c1	d1
7	a1	b1	c0	d0
8	a1	b1	c0	d1

M文件shiyan3_2_1.m的程序代码为：

```
clear,clc
A=cell(8,1);B=cell(8,1);C=cell(8,1);D=cell(8,1);
for i=0:1
    for j=0:1
        for k=0:1
            m=i*4+j*2+k+1;
            A{m}=sprintf('a%d',i);
            B{m}=strcat('b',int2str(j));
            D{m}=sprintf('d%d',k);
        end
    end
end
```

```
[A,B,C,D]
```

（3）录入例 3. 4. 1 中 M 文件 example3_4_5a. m，运行 example3_4_5a. m，按命令窗口中的提示分别键盘输入你的性别、身高和体重信息，将运行结果（你的体重情况）拷贝至此。

（4）理解例 3. 6. 1 中 M 文件 example3_6_3a. m，并练习调用此函数。

（5）理解例 3. 6. 2 中 M 文件 example3_6_3b. m，并练习调用此函数。

（6）理解例 3. 6. 4 中 M 文件 example3_6_3d. m，并练习调用此函数。

（7）理解例 3. 9. 1 中 M 文件 example3_9_1a. m，并给出运行结果。

（8）请先创建如图 3-9-3 所示的 Excel 文件 example3_9_4 - 2. xls，然后再利用Import Wizard 工具，将 example3_9_4 - 2. xls 中的数据导入工作空间中，并将其保存为 shiyan3_8_1. mat，最后再练习将 shiyan3_8_1. mat 的数据导入工作空间。

第 4 章
绘制图形

MATLAB 具有强大的绘图能力，它比较完美地将科学计算与科学图形绘制结合起来。本章主要介绍如何利用 MATLAB 提供的绘图函数绘制基本二维图形和三维图形。

4.1　绘制二维图形

MATLAB 提供了很多绘制二维图形的函数，利用它们，可以绘制线形图、条形图和面积图等基本图形，也可以绘制不同坐标系下的图形（如对数坐标图、极坐标图等）。

4.1.1　线形图、条形图和面积图

绘制线形图、条形图、面积图分别使用 plot 函数、bar 函数和 area 函数。下面举例加以说明。

[例 4.1.1]　作函数 $y=\frac{1}{\sqrt{2\pi}}e^{-\frac{x^2}{2}}$ 的图形。

M 文件 example 4_1_ 1a. m 的程序代码为：

```
x = linspace( -4,4,1000);y = exp( -x.^2./2)./sqrt(2 * pi);
plot(x,y)
```

其运行结果如图 4-1-1 所示。

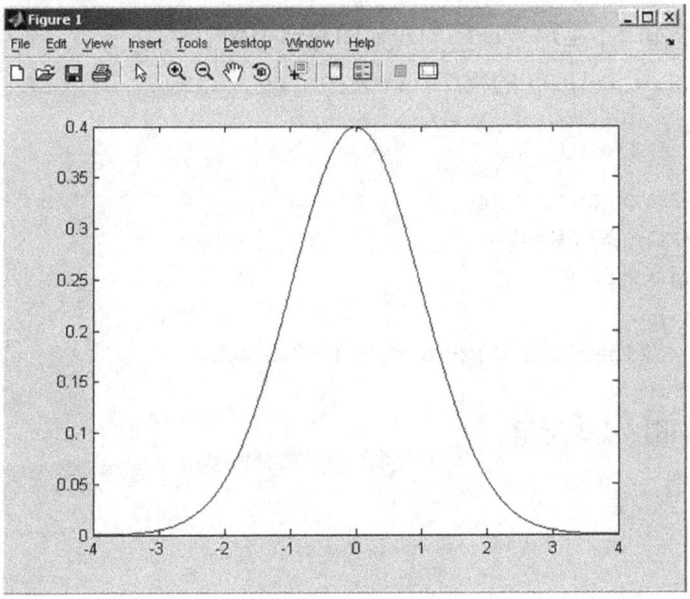

图 4-1-1　线形图

图 4-1-1 所示的界面是 MATLAB 的一个图形窗口。在 MATLAB 图形窗口上有菜单和工具条,其中除了包括通用的文件操作命令和编辑命令外,还包括对图形的坐标轴、线型进行设置的专用工具。另外,在图形窗口中还可以为图形添加标注。单击工具条最右边的"Show Plot Tools"按钮,即可打开绘图工具窗口(如图 4-1-2 所示)。绘图工具的具体使用方法将在 4.1.11 中进行介绍。

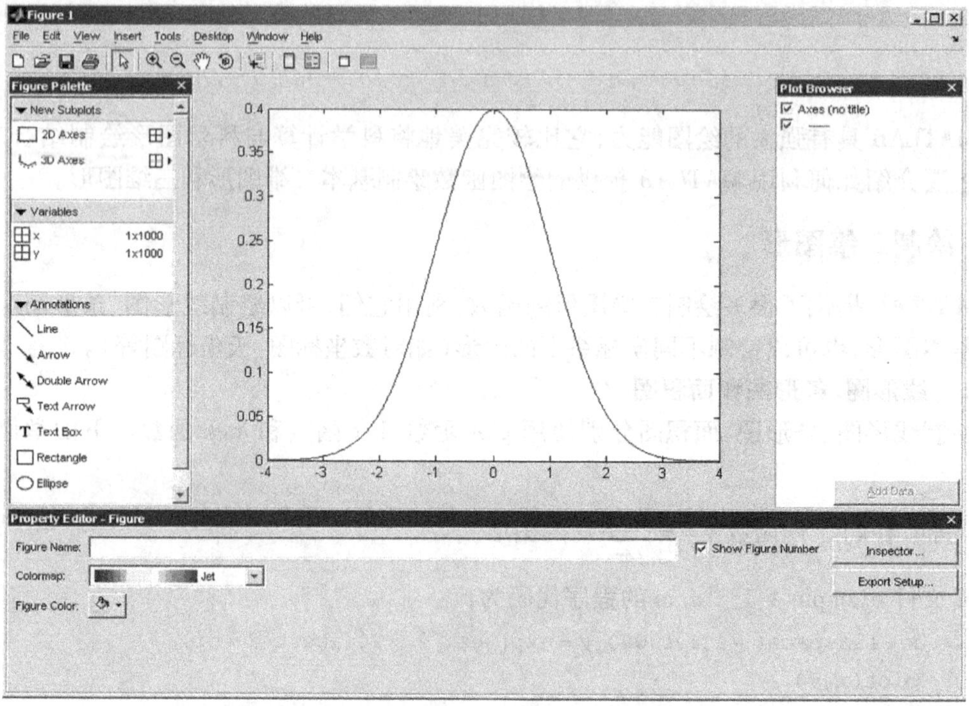

图 4-1-2　绘图工具的 MATLAB 图形窗口

[**例 4.1.2**]　在一个坐标系中绘制线形图和条形图。

M 文件 example 4_1_1b.m 的程序代码为:

```
clear,clc
x =1:2:15;
y =[10 9 18 20 25 32 25 40];
bar(x,y)% 作条形图
colormap cool
hold on
plot(x,y,'linewidth',2,'color','r')% 作线形图
hold off
```

其运行结果如图 4-1-3 所示。

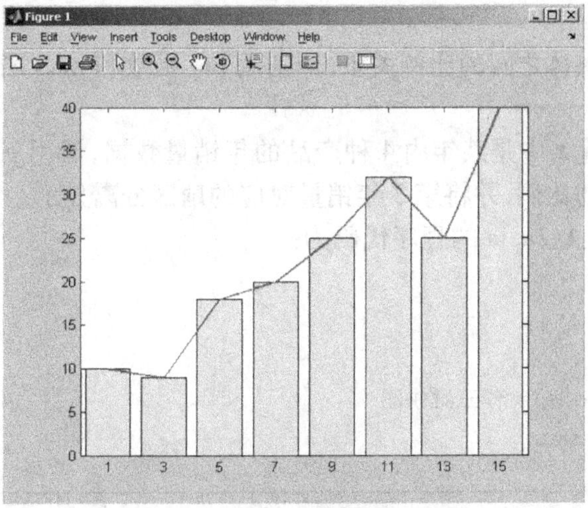

图 4-1-3　线形图和条形图的组合

说明

使用 hold on 命令，可以在原有的图形上面叠加其他图形，使用 hold off 命令可取消叠加。colormap 命令可指定颜色查找表，确定图形使用哪些颜色进行绘制。cool 是 MATLAB 已经确定好的一组颜色。

[例 4.1.3]　作函数 $y=\frac{1}{\sqrt{2\pi}}e^{-\frac{x^2}{2}}$ 面积图。

M 文件 example 4_1_1c.m 的程序代码为：

```
clear,clc
x = linspace( -4,4,1000);
y = exp( -x.^2./2)./sqrt(2 * pi);
area(x,y)
```

其运行结果如图 4-1-4 所示。

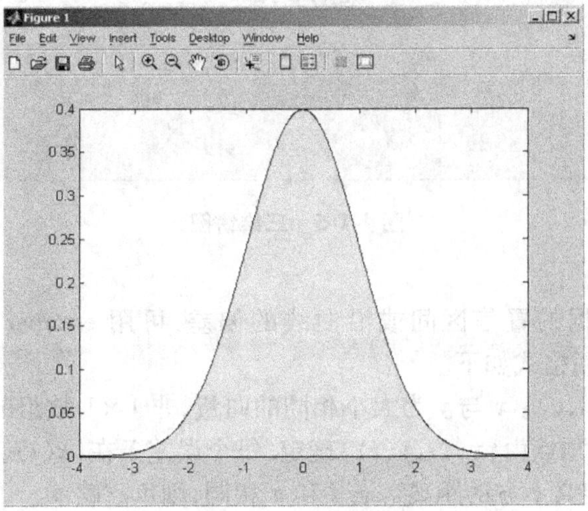

图 4-1-4　面积图

4.1.2 饼图

饼图显示部分与整体之间的比例关系，分别用 pie 函数和 pie3 函数绘制二维饼图和三维饼图。

[例 4.1.4] 向量 $\boldsymbol{x}$ 中是某年内 4 种产品的年销量数据，请用三维饼图显示 4 种产品的销量分别占总销量的比例，并将第 2 年销量对应的扇区分离显示。

M 文件 example 4_1_2a. m 的程序代码为：

```
clear,clc
x=[10 33 55 15];
explode=[0 1 0 0];
pie3(x,explode)% 作三维饼图
colormap summer
```

> **说明**
>
> 其中变量 explode 指定进行分离显示的扇区，要分离的扇区用 1 表示，否则用 0 表示。

其运行结果如图 4-1-5 所示。

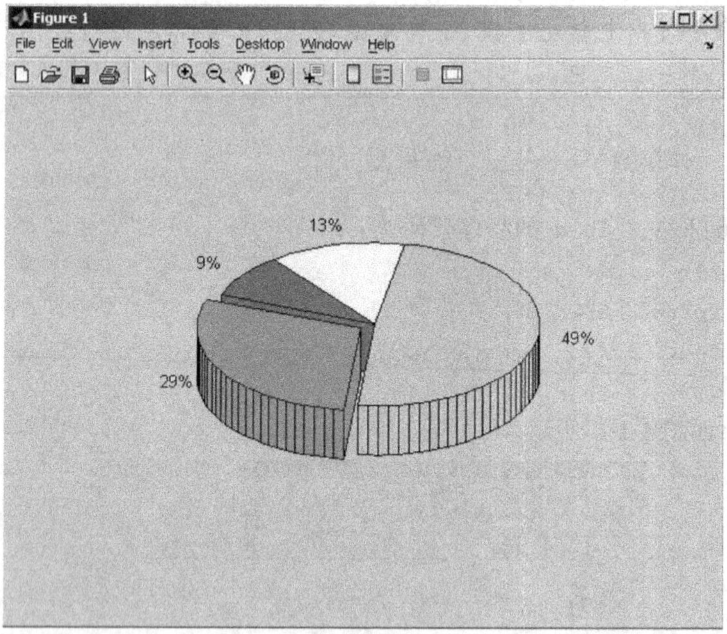

图 4-1-5 三维饼图

4.1.3 误差条图

误差条图显示数据的置信区间或沿曲线的偏差，可用 errorbar 函数绘制误差条图。errorbar函数的简单调用格式如下。

◆ errorbar(x,y,l,u)：$\boldsymbol{x}$ 与 $\boldsymbol{y}$ 为大小相同的向量，非 1×1 数组的 $\boldsymbol{l}$ 或 $\boldsymbol{u}$ 必须与 $\boldsymbol{x}$ 和 $\boldsymbol{y}$ 同型，误差条图的折线顶点由 ($\boldsymbol{x}(i)$,$\boldsymbol{y}(i)$) 确定，每个误差条在 ($\boldsymbol{x}(i)$,$\boldsymbol{y}(i)$) 处，用 $\boldsymbol{l}(i)$ 定义下方的距离，用 $\boldsymbol{u}(i)$ 定义上方的距离。若 $\boldsymbol{l}$ 和 $\boldsymbol{u}$ 相同，则可省略 $\boldsymbol{u}$。

◆ errorbar(X,Y,L,U)：$\boldsymbol{X}$ 与 $\boldsymbol{Y}$ 为同型二维数组，$\boldsymbol{L}$ 和 $\boldsymbol{U}$ 必须与 $\boldsymbol{X}$ 和 $\boldsymbol{Y}$ 同型，返回多

条误差条图,其中每条误差条图由 ***X***,***Y***,***L*** 和 ***U*** 相同位置的列向量确定。

◆ errorbar(y,l,u):误差条图的折线顶点由(i,$\boldsymbol{y}(i)$)确定。

◆ errorbar(…,LineSpec):用 LineSpec 指定线型、标记和颜色,绘制误差条图。

[**例 4.1.5**] 用 errorbar 函数绘制误差条图。

M 文件 example 4_1_3a. m 的程序代码为:

```
clear,clc
x=[1 2;3 4;5 6;7 8];
y=[10 6;17 13;20 15;38 30];
e=[0.5 1;0.8 0.6;1 1.2;0.5 1.1];
errorbar(x,y,e)% 作误差条图
```

其运行结果如图 4-1- 6 所示。

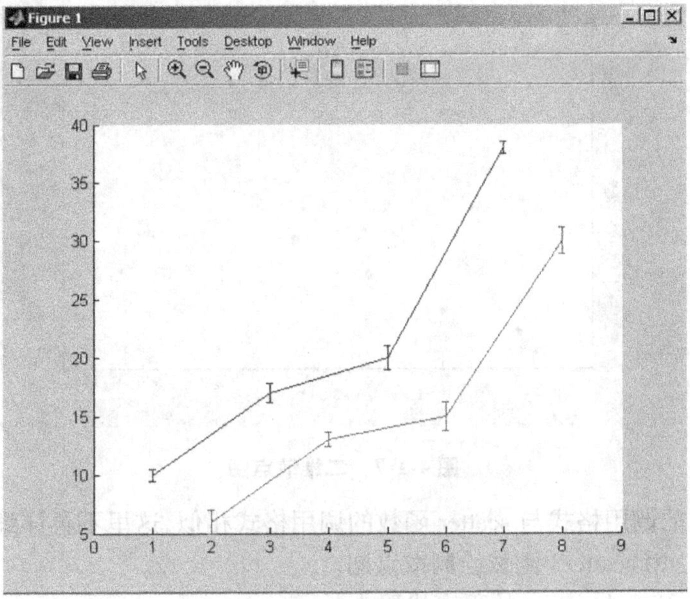

图 4-1-6 误差条图

4.1.4 散点图

在 MATLAB 中,分别用 scatter 函数和 scatter3 函数绘制二维和三维散点图。scatter 函数的简单调用格式如下。

◆ scatter(x,y,s,c):***x*** 和 ***y*** 必须是同型向量,在($\boldsymbol{x}(i)$,$\boldsymbol{y}(i)$)的位置上显示彩色圆圈。*s* 用来确定标记的大小,若 *s* 为标量,则 *MATLAB* 将所有的标记绘成相同大小;若 ***s*** 是向量,要求 ***s*** 与 ***x*** 和 ***y*** 同型。c 用来确定每个标记的颜色,当 ***c*** 为与 ***x*** 和 ***y*** 同型的向量时,将根据 ***c*** 中的值进行线性着色;当 ***c*** 为 length(x) ×3 的矩阵时,用 RGB 值指定标记的颜色。c 也可以是一个颜色字符串。散点标记为圆圈"○"。

◆ scatter(x,y):用大小和颜色的默认设值绘标记。

◆ scatter(x,y,s):使用一种颜色及指定的大小绘标记。

◆ scatter(…,markertype):用指定的标记类型替代"○"。

◆ scatter(…,'filled'):填充标记。

[**例 4.1.6**]　用 scatter 函数绘制散点图。

M 文件 example 4_1_4a. m 的程序代码为：

```
clear,clc
x=1:8;
y=[6,8,10,13,16,25,30,38];
scatter(x,y,50,'filled','b')% 绘散点图
```

其运行结果如图 4-1-7 所示。

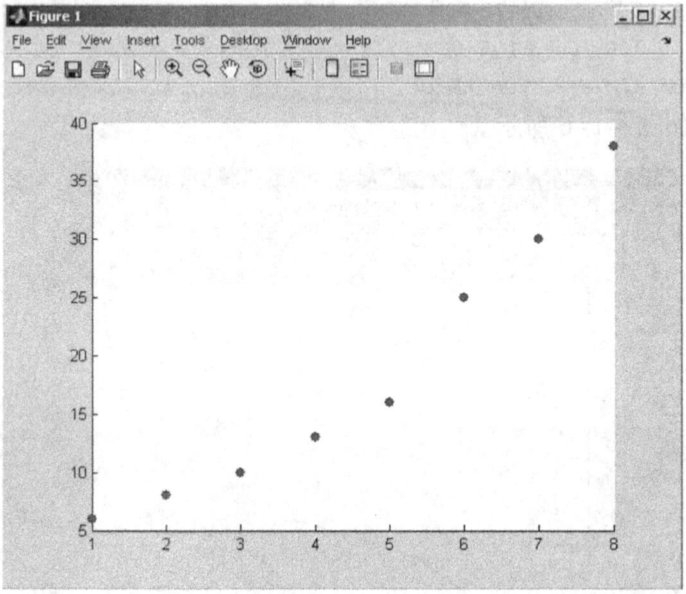

图 4-1-7　二维散点图

scatter3 函数的调用格式与 scatter 函数的调用格式相似，这里不再详细介绍。

[**例 4.1.7**]　用 scatter3 函数绘制散点图。

M 文件 example 4_1_4b. m 的程序代码为：

```
clear,clc
m=1;
for k=1:2:10
for i=-k:0.1:k
x(m)=i;x(m+1)=i;
y(m)=(k^2-x(m)^2)^0.5;y(m+1)=-(k^2-x(m)^2)^0.5;
z(m)=k;z(m+1)=k;
m=m+2;
end
end
scatter3(x,y,z,5)% 绘散点图
```

其运行结果如图 4-1-8 所示。

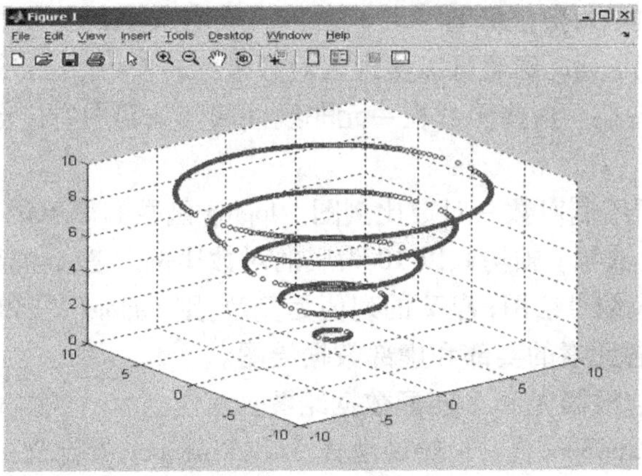

图 4-1-8 三维散点图

4.1.5 直方图

在 MATLAB 中,用 hist 函数绘直方图,该函数的简单调用格式如下。

◆ n = hist(Y):若 ***Y*** 是向量,将 ***Y*** 中的元素分成 10 组,然后用间隔相同的条形表示,返回每个条形中元素的个数;若 ***Y*** 是矩阵,则将每一列的元素分成 10 份,然后用间隔相同的条形表示,返回每个条形中元素的个数。

◆ n = hist(Y,nbins):nbins 为标量,分为 nbins 组条形。

◆ [n,xout] = hist(…):返回频数 n 和条形位置 xout,可以使用 bar(xout,n)来绘直方图。

◆ hist(…):创建一个符合描述的直方图。hist 函数在 Y 的最小值和最大值之间沿 x 轴分配条形。

[例 4.1.8] 绘制服从标准正态分布随机数的直方图。

M 文件 example 4_1_5a. m 的程序代码为:

```
clear,clc
y = randn(800,2);
hist(y,16)% 绘直方图
```

其运行结果类似于图 4-1-9。

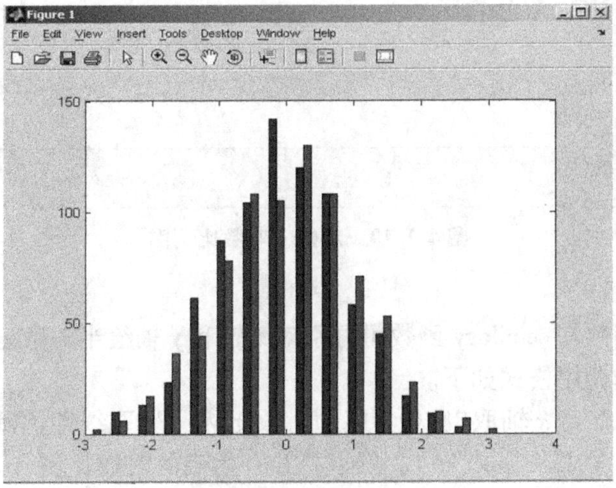

图 4-1-9 复合直方图

4.1.6 对数坐标图和半对数坐标图

在 MATLAB 中，用 loglog 函数可以实现双对数坐标转换，用 semilogx 和 semilogy 函数可以实现单轴对数坐标转换。这些函数在一元非线性回归问题中有广泛的应用。

1. 对数坐标图

使用 loglog 函数可绘制对数 - 对数比例图。loglog 函数的简单调用格式如下。

◆ loglog(Y)：x 轴与 y 轴均取以 10 为底的对数比例。若 Y 的列值均为实数，则根据 Y 的列值和它们的对应编号绘图；若 Y 的列值为复数，则 loglog(Y)和 loglog(real(Y),imag(Y))等价，即根据 Y 各元素的实部和虚部数据绘图。

◆ loglog(X,Y)：根据 X 和 Y 匹配数据绘图。

◆ loglog(X,Y,LineSpec,…)：绘制由 X,Y 和 LineSpec 等定义的线条。其中，LineSpec 决定线型、标记和图中线形的颜色。

[例 4.1.9] 绘制对数 - 对数比例图。

M 文件 example 4_1_6a. m 的程序代码为：

```
clear,clc
x = (2:2:100)';y = [2./x,5.*x.^8];
loglog([x,x],y)% 绘对数 - 对数比例图
```

其运行结果如图 4-1-10 所示。

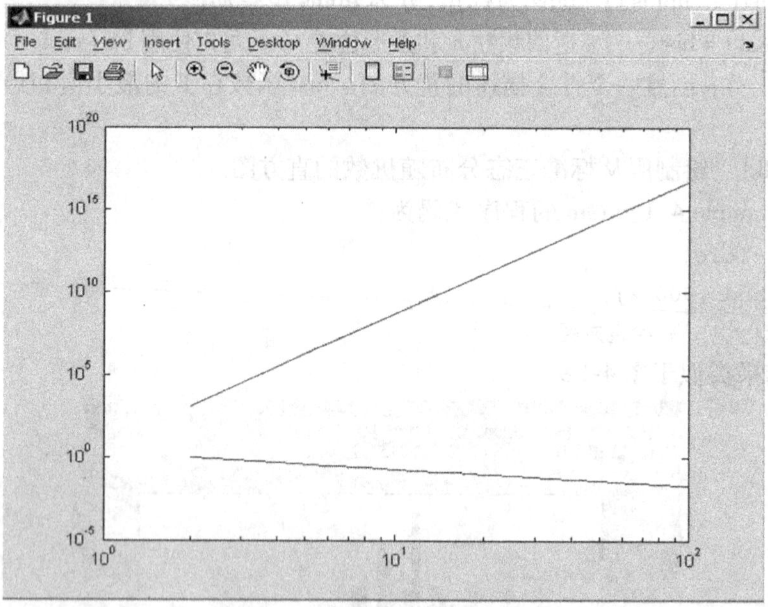

图 4-1-10 对数 - 对数比例图

2. 半对数坐标图

使用 semilogx 函数和 semilogy 函数可分别对 x 轴和 y 轴绘半对数坐标数据图。semilogx 和 semilogy 的简单的调用格式如下。

◆ semilogx(X,Y)：x 轴取以 10 为底的对数比例，y 轴取线性比例。

◆ semilogx(X,Y,LineSpec,…)：x 轴取以 10 为底的对数比例，y 轴取线性比例。

◆ semilogy (X,Y)：x 轴取线性比例，y 轴取以 10 为底的对数比例。

［例 4.1.10］　绘半对数坐标图。

M 文件 example4_1_6b.m 的程序代码为：

```
clear,clc
x=(1:2:99);y=5.*3.^x;
semilogy(x,y)% 绘半对数比例图
```

其运行结果如图 4-1-11 所示。

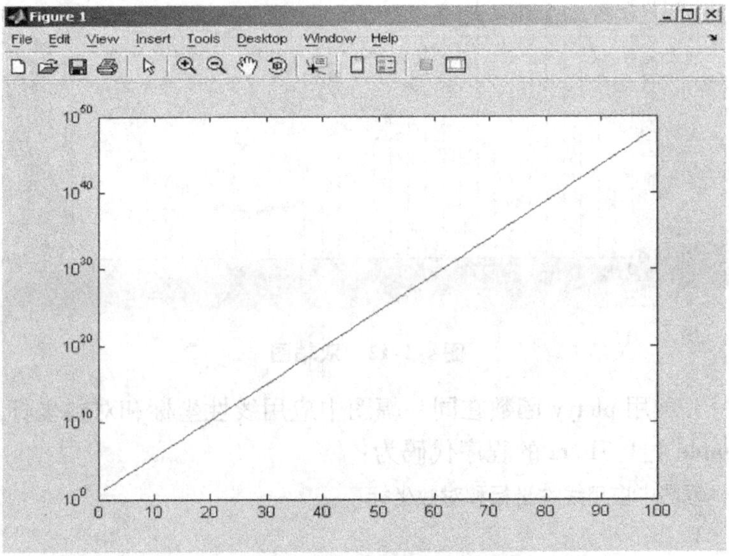

图 4-1-11　半对数比例图

4.1.7　多轴图

在同一幅图中绘制坐标度量单位不同的图形，可以使图形表达更加简练。

利用 plotyy 函数可以绘制双轴图。plotyy 函数的简单调用格式如下。

◆　plotyy(x1,y1,x2,y2)：用标注在图形左侧的 y 轴单位绘 x_1 和 y_1 的图形，用标注在图形右侧的 y 轴单位绘 x_2 和 y_2 的图形。

◆　plotyy(x1,y1,x2,y2,'function')：用字符串"function"指定的函数绘制每个图形。"function"可以是 plot,semilogx,semilogy,loglog,stem。

◆　plotyy(x1,y1,x2,y2,'function1',' function2')：对于图形左侧的坐标轴用 function1 (x1,y1)绘数据图，对于右侧的坐标轴用 function2 (x2,y2)绘数据图。

［例 4.1.11］　利用 plotyy 函数在同一幅图中组合线形图和火柴杆图。

M 文件 example 4_1_7a.m 的程序代码为：

```
clear,clc
x=linspace(0,2*pi,30);
y=exp(sin(x));
plotyy(x,y,x,y,'plot','stem')% 在同一幅图中组合线形图和火柴杆图
```

其运行结果如图 4-1-12 所示。

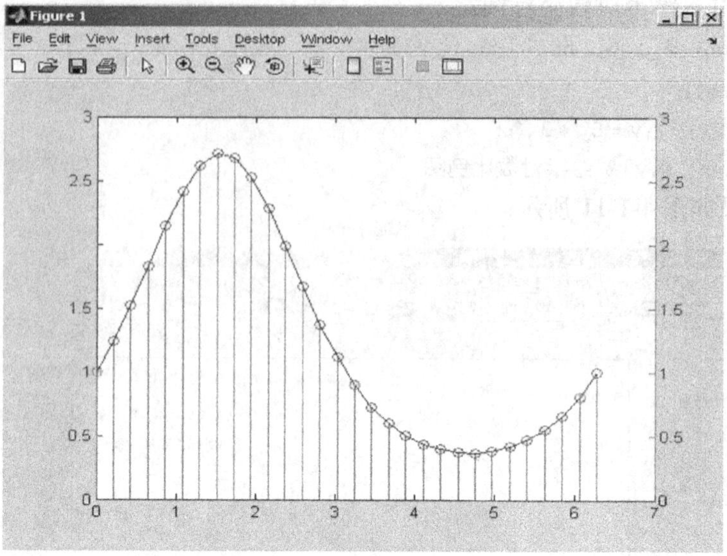

图 4-1-12　双轴图

[例 4.1.12]　利用 plotyy 函数在同一幅图中应用线性坐标和对数坐标。

M 文件 example 4_1_7b. m 的程序代码为：

```
% 在同一幅图中应用线性坐标和对数坐标
clear,clc
x = linspace(0,200 * pi,500);A = 100;a = 0.05;b = 0.01;
z1 = A * exp( - a * x);
z2 = sin(b * x);
plotyy(x,z1,x,z2,'semilogy','plot');
```

其运行结果如图 4-1-13 所示。

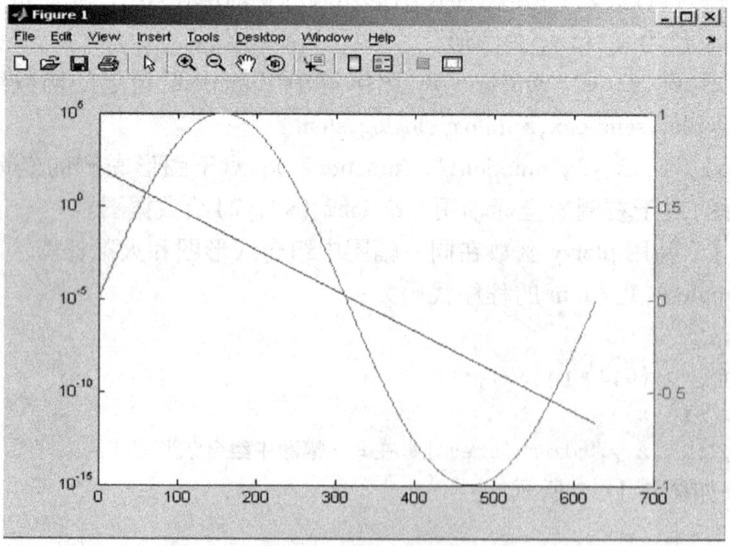

图 4-1-13　在双轴图中应用对数坐标

4.1.8 极坐标图

利用 polar 函数可绘极坐标图,其简单调用格式如下。

- polar(theta,rho):根据角度 theta 和半径 rho 创建极坐标图。
- polar(theta,rho,LineSpec):LineSpec 指定极坐标图中直线的线型、标记和颜色。

[例 **4.1.13**] 利用 polar 函数作 $\rho = 5\sin 2\theta$ 的图形。

M 文件 example 4_1_8a.m 的程序代码为:

```
clear,clc
theta = linspace(0,2 * pi,100);
rho = 5 * sin(2 * theta);
polar(theta,rho)
```

其运行结果如图 4-1-14 所示。

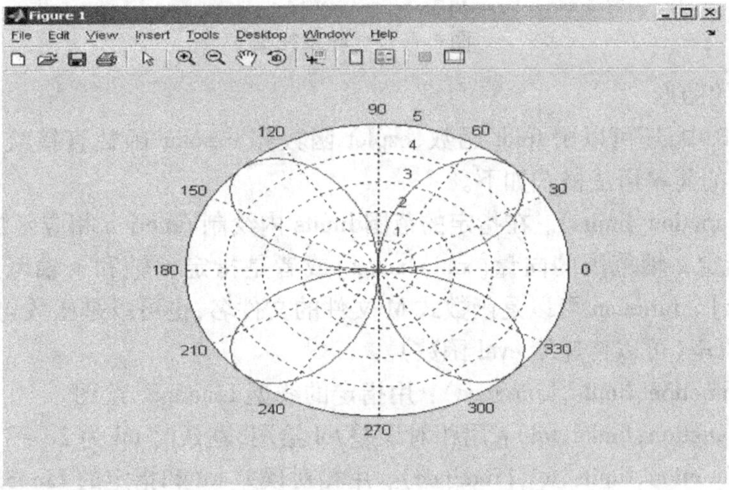

图 4-1-14 利用 Polar 函数作四叶玫瑰线

4.1.9 帕累托图

帕累托图按降序用条形表示向量中的值,利用 pareto 函数可绘帕累托图。pareto 函数的简单语法格式如下。

- pareto(Y):根据 Y 中的数据绘帕累托图,用 Y 中的元素编号标注每个条形。
- pareto(Y,names):用字符串矩阵或单元数组 names 中的相关名称标注每个条形。
- pareto(Y,X):用 X 中的相关值标注每个条形。

[例 **4.1.14**] 绘帕累托图。

M 文件 example 4_1_9a.m 的程序代码为:

```
clear,clc
y = [25 50 20 10 60 30];
names = {'1 月';'2 月';'3 月';'4 月';'5 月';'6 月'};
pareto(y,names)% 绘帕累托图
```

其运行结果如图 4-1-15 所示。

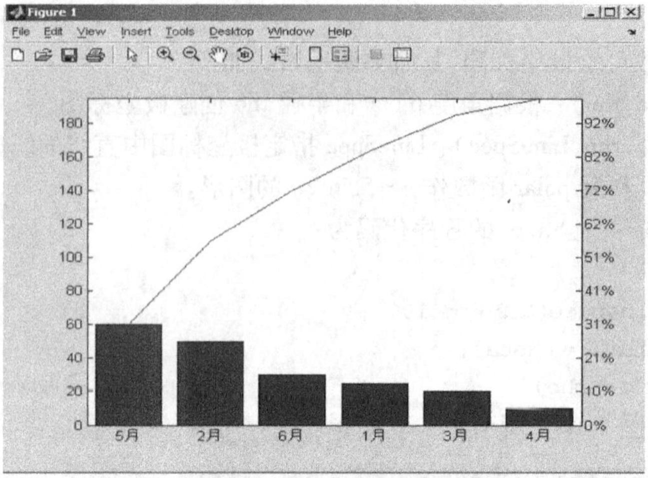

图 4-1-15　帕累托图

4.1.10　函数的图形

在 MATLAB 中,还可以用 fplot 函数、ezplot 函数和 ezpolar 函数直接绘制函数的图形。其中,fplot 函数的简单语法格式如下。

◆ fplot(function,limits):在指定的范围 limits 内绘制 function 相应函数的图形。其中 Limits 是一个指定 x 轴范围的向量[xmin xmax]或者是指定 x 轴和 y 轴范围的向量[xmin xmax ymin ymax]。function 可以是函数式 M 文件的文件名,也可以是函数句柄,还可以是含有自变量的字符串(可以传递给 eval 函数)。

◆ fplot(function,limits,LineSpec):用指定的线型 LineSpec 绘图。

◆ fplot(function,limits,tol):用相对误差 tol 绘图,默认时 tol 为 2e−3(0.2%)。

◆ fplot(function,limits,tol,LineSpec):用相对误差 tol 和指定的 LineSpec 绘图。

◆ fplot(function,limits,n):用最少 $n+1$ 个点绘函数的图形,默认时 n 为 1,最大步长限制为"(1/n) * (xmax − xmin)"。

◆ fplot(function,limits,…):允许可选参数 tol,n 和 LineSpec 以任意组合方式输入。

◆ fplot(axes_handle,…):将图形绘制到 axes_handle 指定的坐标系中。

◆ [X,Y] = fplot(function,limits,…):将横坐标和纵坐标返回到 X 和 Y 中,此时,fplot 不给出图形,若想画出图形,可用命令 plot(X,Y)实现。

[例 4.1.15]　创建一个函数式 M 文件,它返回一个函数向量,再创建一个函数句柄,并作图。

函数式 M 文件 example 4_1_10a.m 的程序代码为:

```
function y = example4_1_10a(x)
% 创建一个函数式 M 文件,它返回一个函数向量
y(:,1) = 200 * sin(x(:))./x(:);
y(:,2) = x(:)^2;
y(:,3) = 0;
```

调用 fplot 函数作图的命令为(要注意 MATALB 的当前目录和搜索路径):

```
fplot('example4_1_10a',[-20 20])
```

或

```
fplot(@example4_1_10a,[-20 20])
```

其运行结果如图 4-1-16 所示。

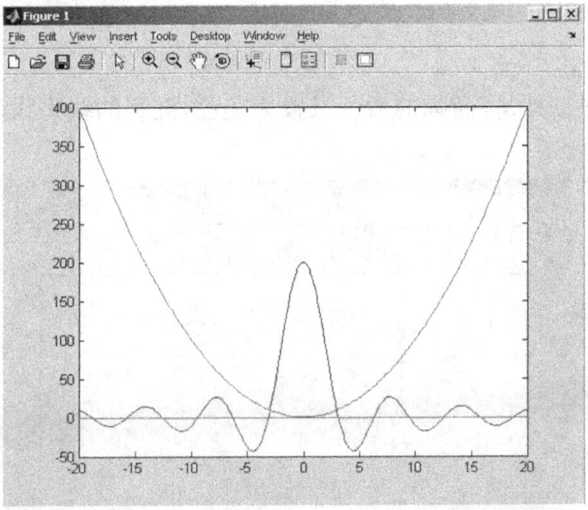

图 4-1-16 在一个坐标系中绘制 3 个函数的图形

ezplot 函数的简单调用格式如下。

◆ ezplot(f,[xmin,xmax,ymin,ymax]):f 表示函数表达式;[xmin,xmax]表示 x 的取值范围;[ymin,ymax]表示 y 的取值范围。

◆ ezplot(x,y,[tmin,tmax]):x 和 y 参数为 x 和 y 的参数表达式,[tmin,tmax]表示参数 t 的取值范围。如果不指定范围,默认时范围为 $0\sim 2\pi$。

[例 4.1.16] 作函数 $y=f(x)=\dfrac{100\sin x}{x}$的图形。

函数式 M 文件 example 4_1_10b.m 的程序代码为:

```
clear,clc
ezplot('100*sin(x)/x',[-20,20,-30,110])
```

运行结果如图 4-1-17 所示。

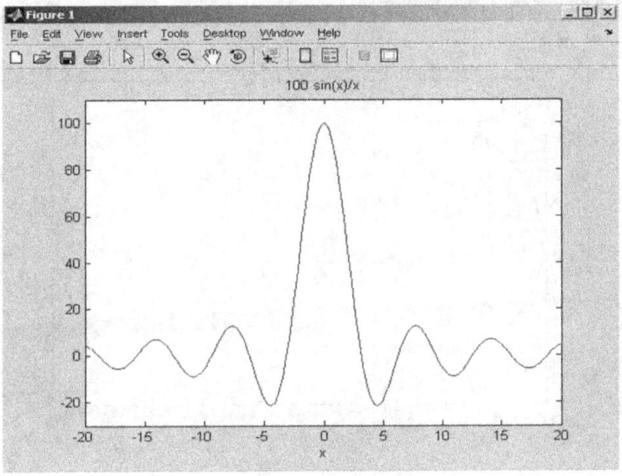

图 4-1-17 函数的图形

[**例 4.1.17**]　作 $f(x,y)=\frac{x^2}{25}+\frac{y^2}{16}-1=0$ 的图形。

函数式 M 文件 example 4_1_10c.m 的程序代码为：

```
clear,clc
ezplot('x^2/25 +y^2/16 -1',[ -6,6, -5,5])
```

运行后，打开绘图工具，将椭圆的颜色设置为蓝色，椭圆的线型设置为 2，所得结果如图 4-1-18 所示。

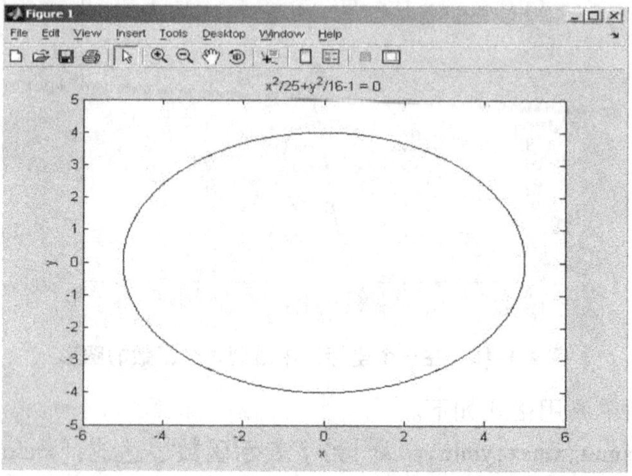

图 4-1-18　椭圆

[**例 4.1.18**]　作 $\begin{cases}x=5\cos t,\\ y=4\sin t,\end{cases} t\in[0,2\pi]$ 的图形。

函数式 M 文件 example 4_1_10d.m 的程序代码为：

```
clear,clc
ezplot('5 * cos(t)','4 * sin(t)',[0,2 * pi])
```

其运行结果如图 4-1-19 所示。

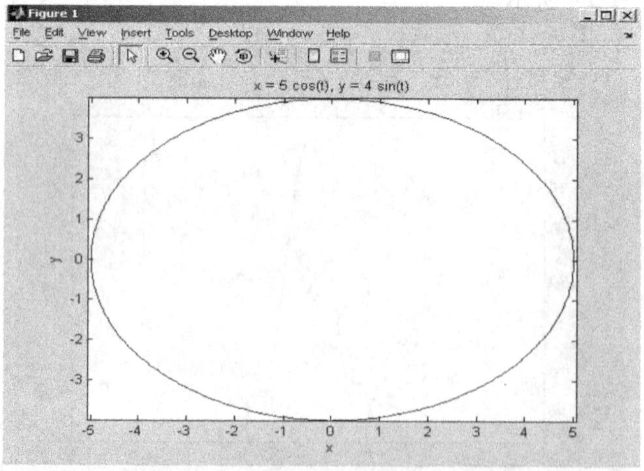

图 4-1-19　椭圆

[**例 4.1.19**] 利用 ezpolar 函数作 $\rho = 5\sin 2\theta$ 的图形。

函数式 M 文件 example 4_1_10e. m 的程序代码为：

```
clear,clc
ezpolar('5 * sin(2 * theta)',[0,2 * pi])
```

其运行结果如图 4-1-20 所示。

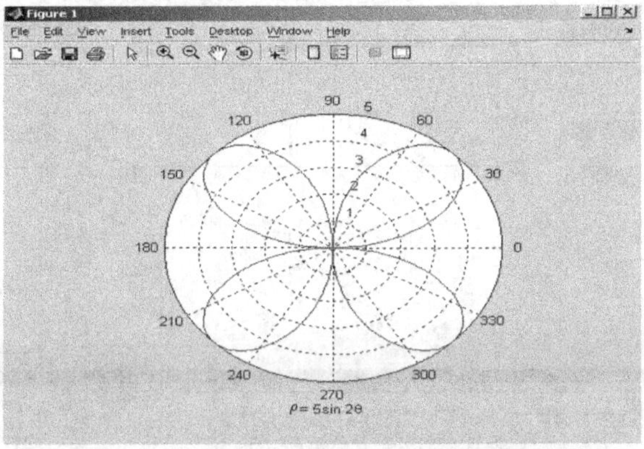

图 4-1-20 利用 ezpolar 函数作四叶玫瑰线

4.1.11 MATLAB 绘图工具

在图 4-1-16 所示的窗口上，单击工具条最右边的“Show Plot Tools”按钮，打开绘图工具（如图 4-1-21 所示）窗口。

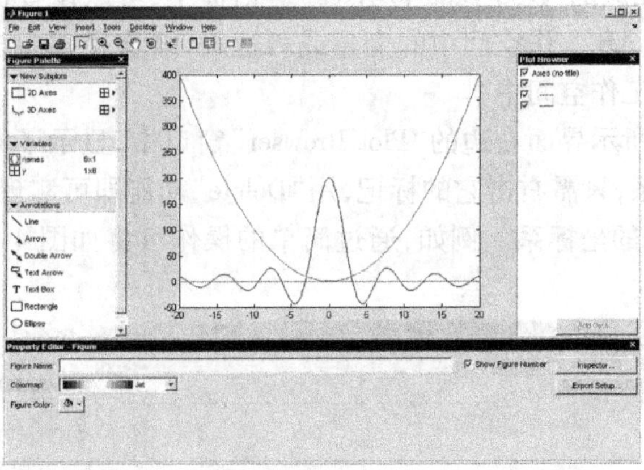

图 4-1-21 打开绘图工具的 MATLAB 图形窗口 1

在图 4-1-21 所示的窗口中，可以进行如下一些操作：

(1) 在“Figure Name”相应的文本框中添加图片名，如添加“四个子图”。

(2) 单击“Show Figure Number”可以选择显示或不显示图片编号。例如，选择不显示。

(3) 利用“Colormap”可以设置曲面图的颜色。

(4) 利用“Figure Color”相应的颜色选项框可以设置图片的背景颜色，也可以右击方框外边的空白处，利用“Color ...”相应的颜色选项框完成设置。例如，设置为“白色”。

(5) 单击“2D Axes”可以添加一个二维坐标系，单击“3D Axes”可以添加一个三维坐标系，单击“2D Axes”后面的“田”或单击“3D Axes”后面的“田”均出现网格对话框，使用其中一个网格对话框或配合使用两个网格对话框可以设置坐标系的个数及排列方式。例如，单击“2D Axes”后面的“田”，在网格对话框中选择 1 行 2 列，再单击“3D Axes”后面的“田”，在网格对话框中选择 2 行 2 列。依次完成上述操作，则图 4-1-21 将变为如图 4-1-22 所示的界面。

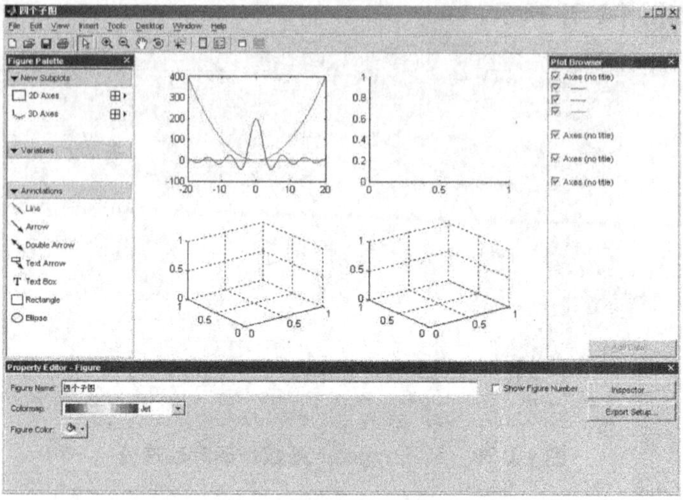

图 4-1-22　4 个坐标系的 MATLAB 图形窗口

（6）对于各个新建的坐标系，可以右击坐标系，使用鼠标右功能键完成多项操作。例如，在“Add Data ... ”相应的“Add Data to Axes”对话框中，可以设置作什么类型的图形，或输入作图需要的 MATLAB 工作空间中的变量或表达式（若表达式中含变量，则要求表达式中的变量在 MATLAB 工作空间中）。

（7）在图 4-1-22 所示界面右边的“Plot Browser”窗口中，显示了 4 个坐标系标记，如果需要删除多余的坐标系，只需右击它的标记，用“Delete”功能即可实现，可能还需要用“网格对话框”重新排列剩下的坐标系。例如，通过简单的操作可将如图 4-1-22 所示的界面变为如图4-1-23 所示的界面。

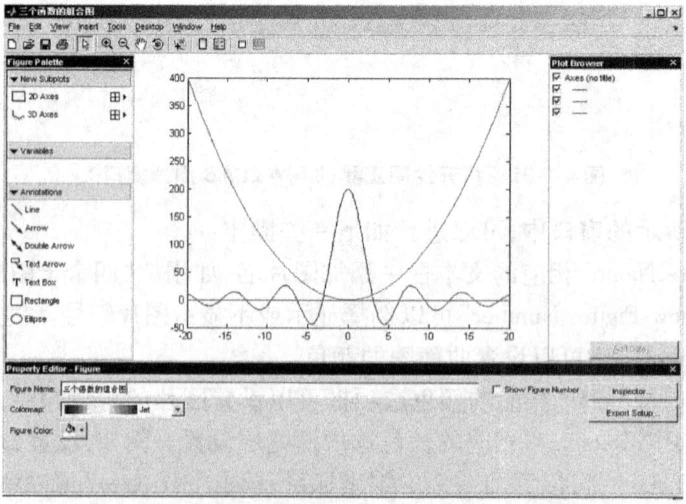

图 4-1-23　打开绘图工具的 MATLAB 图形窗口 2

(8) 在图 4-1-22 所示的界面中，单击"Line"或其左边线段，可在图片上作线段；单击"Arrow"或其左边的单箭头，可在图片上作带单箭头的线段；单击"Double Arrow"或其左边的双箭头，可在图片上作带双箭头的线段；单击"Text Arrow"或其左边的符号，可在图片上添加带箭头指向的文本框，用来作标注；单击"Text Box" 或其左边的符号 T，可在图片上添加文本框；单击"Rectangle"或其左边的矩形，可以在图片上作矩形；单击"Ellipse"或其左边的椭圆，可以在图片上作椭圆。

(9) 在打开绘图工具的 MATLAB 图形窗口中，单击图片上的对象，图片下方的窗口可以用来设置对象的属性。

在图 4-1-23 所示的窗口中，可以单击"Edit | Axes Properties ..."菜单项选中坐标系，也可以通过单击坐标轴或 Axes(no title)选中坐标系(如图 4-1-24 所示)，进而可以进行如下一些操作：

◆ 在 Title 相应的文本框中可以添加标题，例如，添加"组合图"。

◆ 利用 Colors 相应的两个颜色选项框可以设置"坐标系的背景颜色"和"坐标轴颜色"。

◆ 利用 Grid 相应的选项可以添加或删除网格线(请反复单击"x"和"y"按钮查看结果)。

◆ 利用 Box 相应的选项可以删除或添加方框的上边框和右边框(请反复单击"Box"按钮查看结果)。

◆ 单击"X Axis"，在相应的对话框中可以设置坐标 x 的标签、范围和比例(线性比例或对数比例)。"Y Axis"和"Z Axis"的使用方法类似。例如，x 的范围改为[-22,22]，y 的范围改为[-60,450]。

◆ 单击"Font"，在相应的对话框中可以设置坐标轴长度单位数值的字体、字号和字形。

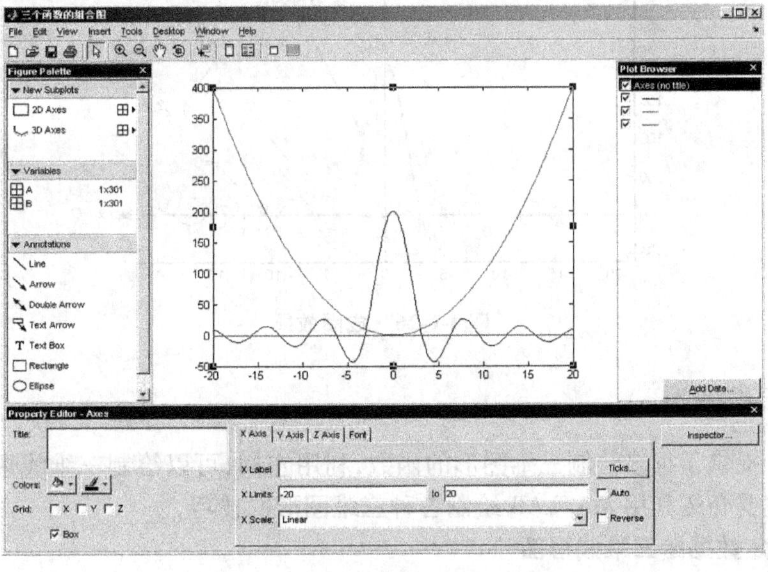

图 4-1-24　打开绘图工具的 MATLAB 图形窗口 3

在如图 4-1-24 所示的界面上单击中间窗口中的红色线段(也可以单击"Plot Browser"窗口中相同颜色的线段)即可选中它(如图 4-1-25 所示),进而可以对红色线段进行一些设置。例如,将线型 LineStyle 设置为虚线,将线宽 LineWidth 设置为 3.0。

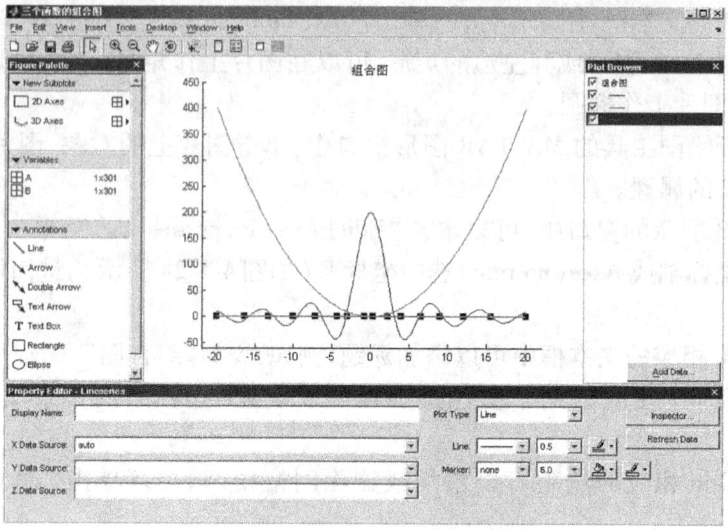

图 4-1-25　MATLAB 图形窗口 4

最后添加坐标轴和标注,选择"Edit | Copy Figure"菜单项将图片复制至此,如图 4-1-26 所示。

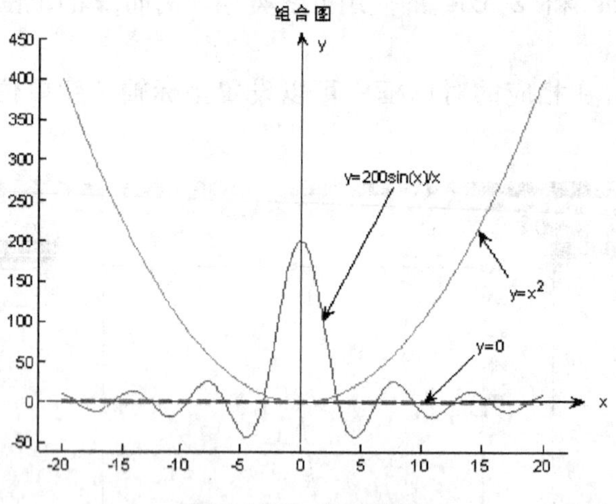

图 4-1-26　成图效果

4.2　绘制三维图形

MATLAB 提供了很多绘制三维图形的函数,利用它们,可以绘制三维线形图、三维表面图等。本节主要介绍利用 MATLAB 绘制各种三维图形的技巧。

4.2.1　用给定数据绘三维线形图

在 MATLAB 中,利用 plot3 函数可以绘制三维线形图。使用 plot3 函数绘图时,需要指定线条穿过的点的坐标。假设 $\boldsymbol{X}$,$\boldsymbol{Y}$ 和 $\boldsymbol{Z}$ 是 3 个向量,分别表示一系列点的 x 坐标、y 坐标和

z 坐标,则下面的命令可创建一条经过这些点的三维曲线:

```
plot3(X,Y,Z)
```

[**例 4.2.1**] 绘制由下列参数方程确定的空间曲线:

$$\begin{cases} x = \sin t, \\ y = \cos t, \ t \in [0, 10\pi] \\ z = t, \end{cases}$$

M 文件 example 4_2_1a.m 的程序代码为:

```
clear,clc
t =0:pi/50:10 *pi;
plot3(sin(t),cos(t),t)
axis square;% 图框呈方形
```

其运行结果如图 4-2-1 所示。

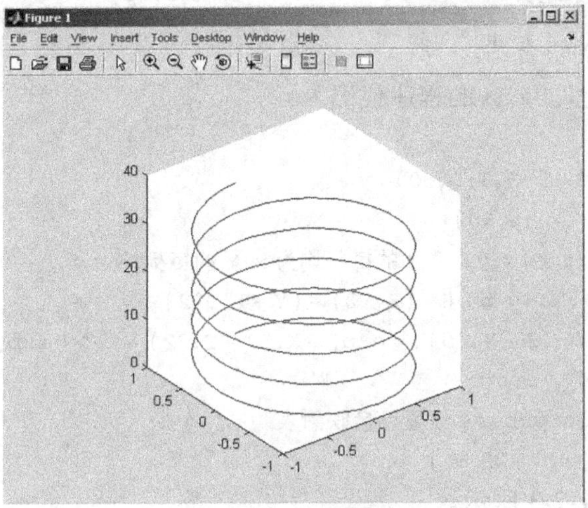

图 4-2-1 三维线形图 a

在如图 4-2-1 所示的窗口中,打开绘图工具,先设置图片的背景颜色为白色,然后添加网格线,效果如图 4-2-2 所示。

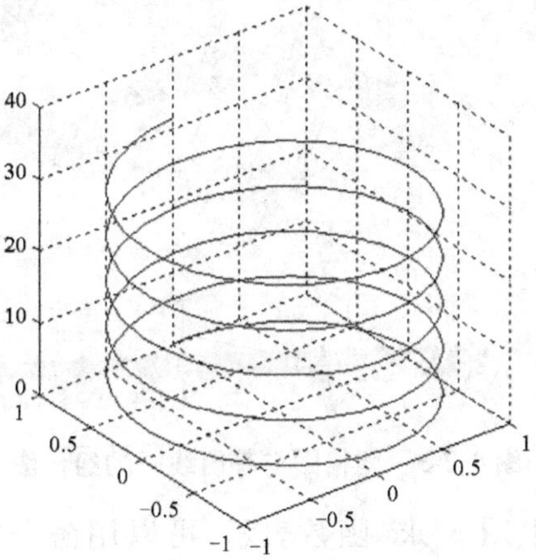

图 4-2-2 三维线形图 b

4.2.2 用给定数据绘三维表面图

当绘图数据已知时，可以用 mesh，surf 和 surfl 等函数直接绘制网格图、刻面图和曲面图。

1. 网格图

MATLAB 中提供了四边形和三角形两种三维网格图形的生成函数，可以利用它们进行绘图。这里仅介绍四边形网格图。

使用 mesh，meshc 和 meshz 函数绘四边形网格图时，其简单调用格式如下。

◆ mesh(X,Y,Z)：绘网格图，用高度 Z 确定颜色，颜色与高度成比例（具体用法可参见例 4.2.2）。

◆ meshc(…)：在网格下方再画一个等值线图。

◆ meshz(…)：在网格周围再画一个窗帘图。

[例 4.2.2] 生成函数 $z=3(1-x)^2e^{-x^2-(y+1)^2}-10\left(\frac{x}{5}-x^3-y^5\right)e^{-x^2-y^2}-\frac{1}{3}e^{-(x+1)^2-y^2}$ 的网格图与等值线图的组合图。

M 文件 example 4_2_2a. m 的程序代码为：

```
clear,clc
x=linspace(-3.5,3.5,50);
y=linspace(-4,4,60);
[X,Y]=meshgrid(x,y);% X 的每行均为 x;Y 的每列均为 y
Z=3*(1-X).^2.*exp(-(X.^2)-(Y+1).^2)…
-10*(X/5-X.^3-Y.^5).*exp(-X.^2-Y.^2)-1/3*exp(-(X+1).^2-Y.^2);
meshc(X,Y,Z);
colormap colorcube;% 设置颜色映射表
axis([-4 4 -4 4 -12 6])
```

其运行结果如图 4-2-3 所示。

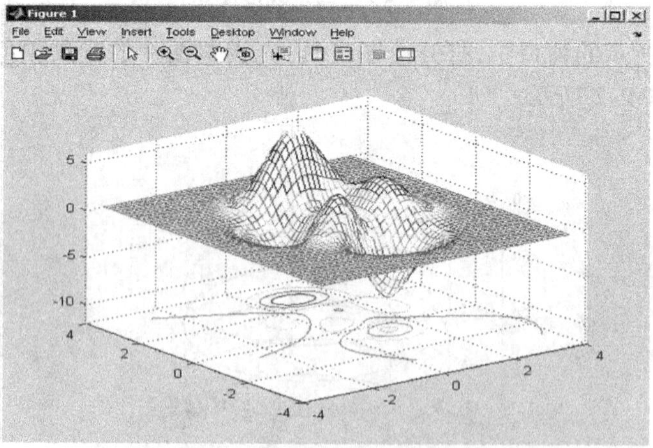

图 4-2-3 网格图与等值线图的组合图

上述函数在 MATLAB 中用 peaks 函数表示，可以用命令“open peaks”打开相应的 M 文件。

[**例 4.2.3**] 创建 peaks 函数的窗帘图。

M 文件 example 4_2_2b.m 的程序代码为:

```
clear,clc
[X,Y] = meshgrid( -3:0.125:3);
Z = peaks(X,Y);
meshz(X,Y,Z)
```

其运行结果如图 4-2-4 所示。

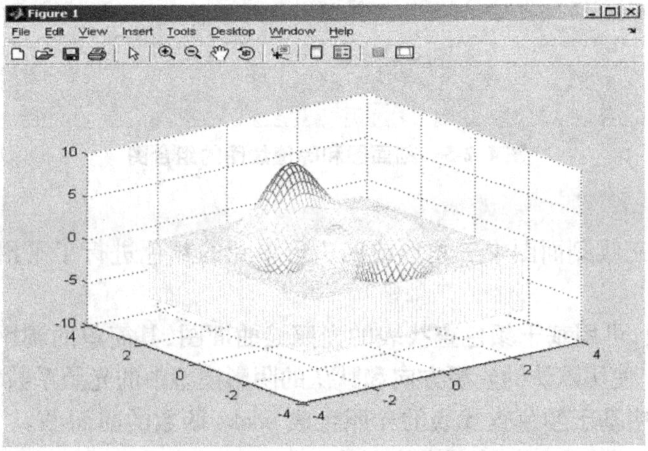

图 4-2-4 窗帘图

2. 刻面图

将三维网格图中的三角形单元或四边形单元用不同颜色进行填充,生成三维刻面图,对应的有三角形刻面图和四边形刻面图。这里仅简单介绍四边形刻面图。

使用 surf 函数绘制三维刻面图时,其简单调用格式如下。

◆ surf(X,Y,Z):绘刻面图,用高度 Z 确定颜色,颜色与高度成比例(具体用法可参见例 4.2.4)。

◆ surf(X,Y,Z,C):用 C 定义的颜色创建刻面图。

◆ surf(…,'PropertyName',PropertyValue):同时指定刻面属性。

◆ surfc(…):在刻面图下方绘一个等值线图。

[**例 4.2.4**] 生成 peaks 函数的刻面图和等值线图的组合图。

M 文件 example 4_2_2c.m 的程序代码为:

```
% 生成 peaks 函数的刻面图和等值线图的组合图
clear,clc
[x,y] = meshgrid( -3:0.125:3);
z = peaks(x,y);
surfc(x,y,z)
colormap colorcube
axis([ -3 3 -3 3 -10 6])
```

其运行结果如图 4-2-5 所示。

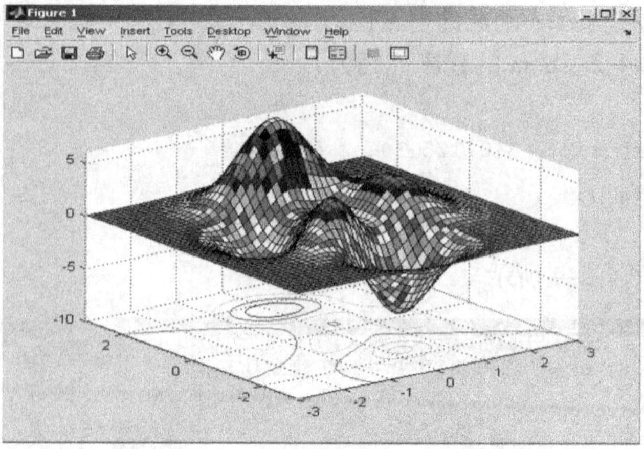

图 4-2-5 刻面图和等值线图的组合图

3. 曲面图

三维曲面图对三维刻面图中三角形或四边形单元的颜色进行了平滑,因而更接近实体外观。

使用 surfl 函数,可用基于颜色查找表的光照绘曲面图,其简单的调用格式如下。

surfl(X,Y,Z):使用默认的光源方向和默认的阴影模型中的光照系数创建三维刻面图。

[例 4.2.5] 用基于颜色查找表的光照生成 peaks 函数的曲面图。

M 文件 example 4_2_2d.m 的程序代码为:

```
% 用基于颜色查找表的光照生成 peaks 函数的曲面图
clear,clc
[X,Y] =meshgrid( -4:0.1:4);
Z =peaks(X,Y);
surfl(X,Y,Z);
shading interp
colormap(colorcube);
axis([ -4 4 -4 4 -10 10])
```

其运行结果如图 4-2-6 所示。

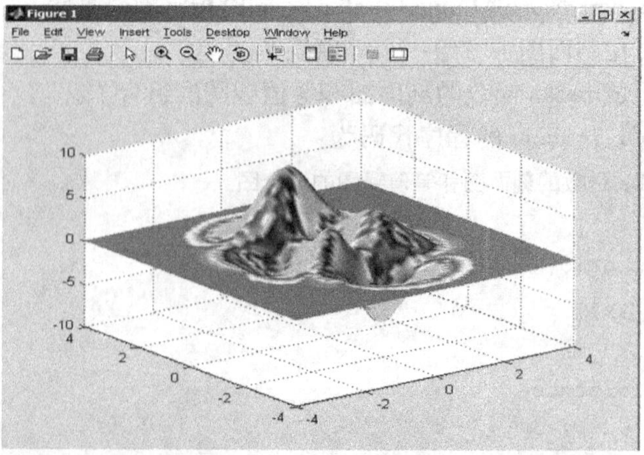

图 4-2-6 三维曲面图

4.2.3 函数的曲线和曲面

1. 由参数方程确定函数的曲线

利用 ezplot3 函数可以绘制由参数方程所确定的三维曲线，该函数的简单语法格式如下。

◆ ezplot3(x,y,z)

◆ ezplot3(x,y,z,[tmin,tmax])

◆ ezplot3(…,'animate')

其中，曲线用 $x=x(t)$, $y=y(t)$ 和 $z=z(t)$ 的形式表示，默认时，参数取值范围为 $0\leqslant t\leqslant 2\pi$；tmin 和 tmax 可以指定参数的范围；指定 animate 参数，可以用动画形式生成曲线。

[例 4.2.6] 作由下面参数方程所确定的曲线图：

$$\begin{cases} x=2\sin t \\ y=3\cos t \\ z=0.1\ t \end{cases}$$

M 文件 example 4_2_2e.m 的程序代码为：

```
clear,clc
ezplot3('2*sin(t)','3*cos(t)','0.1*t',[0,16*pi],'animate')
```

其运行结果如图 4-2-7 所示。

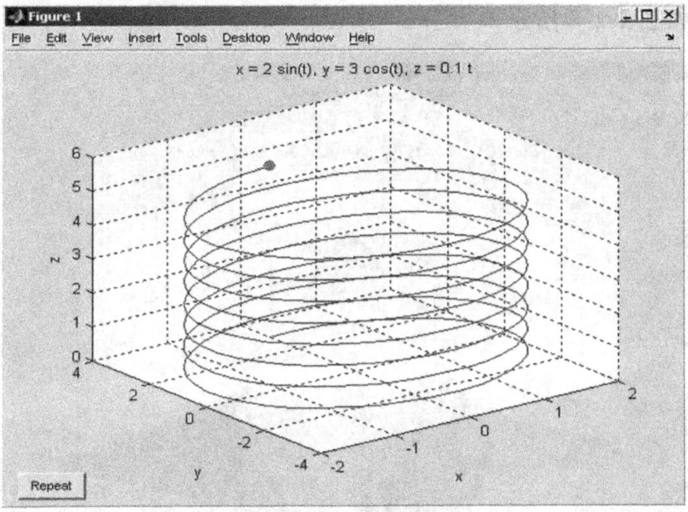

图 4-2-7 空间曲线

2. 函数的曲面

(1) 利用 ezmesh 函数可绘制函数表示的网格，函数形式可以是一般形式，也可以是参数形式。ezmesh 函数的简单语法格式如下。

◆ ezmesh(f)：创建函数 $f(x,y)$ 的图形，其中 f 是一个字符串，表示仅含两个变量的数学函数表达式。默认时，函数在 $-2\pi<x<2\pi$, $-2\pi<y<2\pi$ 的范围内绘制。MATLAB 根据变量个数选择计算网格。

◆ ezmesh(f,domain)：在指定范围内绘制 f 指定的函数的图形，范围可以是一个 4×1 的向量[xmin,xmax,ymin,ymax]，或者是一个 2×1 的向量[min,max]，分别表示 x, y 和参数

的范围。

◆ ezmesh(x,y,z)：绘制 $x=x(s,t)$，$y=y(s,t)$ 和 $z=z(s,t)$ 的参数曲面，范围为 $-2\pi<s<2\pi$，$-2\pi<t<2\pi$。

◆ ezmesh(x,y,z,[smin,smax,tmin,tmax]) 或 ezmesh(x,y,z,[min,max])：在指定范围内绘制参数曲面。

◆ ezmesh(…,n)：用 $n\times n$ 的网格在默认范围内绘制 f 的曲面图，默认时 $n=60$。

◆ ezmesh(…,'circ')：在一个圆形区域内绘制 f 的曲面图。

［例 4.2.7］ 用 ezmesh 函数绘制下列二维正态密度函数的图形：

$$z=\frac{1}{2\pi\sigma_1\sigma_2\sqrt{1-\rho^2}}\exp\left\{-\frac{1}{2(1-\rho^2)}\left[\frac{(x-\mu_1)^2}{\sigma_1^2}-2\rho\frac{(x-\mu_1)(y-\mu_2)}{\sigma_1\sigma_2}+\frac{(y-\mu_2)^2}{\sigma_2^2}\right]\right\}$$

其中，$\mu_1=1$，$\mu_2=2$；$\sigma_1=2$，$\sigma_2=3$；$\rho=0.5$。即

$$z=\frac{1}{12\pi\sqrt{0.75}}\exp\left\{-\frac{1}{1.5}\left[\frac{(x-1)^2}{4}-\frac{(x-1)(y-2)}{6}+\frac{(y-2)^2}{9}\right]\right\}$$

M 文件 example 4_2_2f. m 的程序代码为：

```
clear,clc
ezmesh('exp( -((x -1)^2 /4 -(x -1) * (y -2) /6 +(y -2)^2 /9) /1.5) /(12 * pi *
sqrt(0.75))')
```

其运行结果如图 4-2-8 所示。

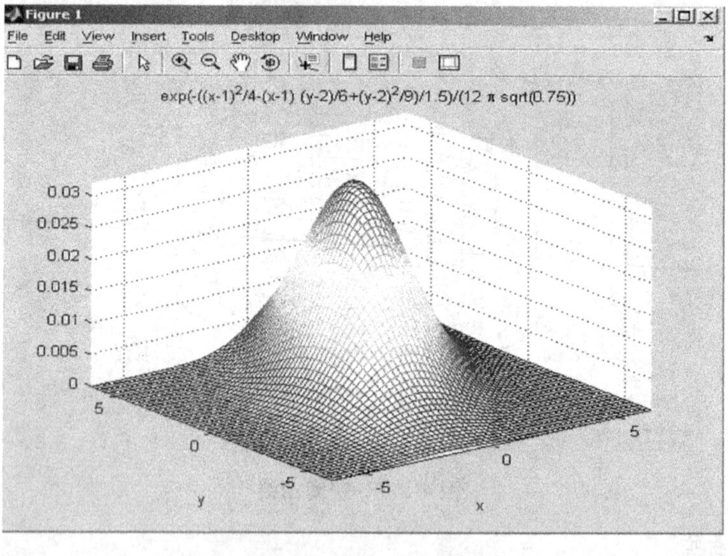

图 4-2-8 函数的三维网格图

(2) 利用 ezsurf 函数绘制函数表示的曲面。

［例 4.2.8］ 利用 ezsurf 函数绘制下列函数的曲面图：

$$z=x^2-3xy+y^2$$

M 文件 example 4_2_2g. m 的程序代码为：

```
clear,clc
ezsurf('x^2 -3 * x * y +y^2')
```

其运行结果如图 4-2-9 所示。

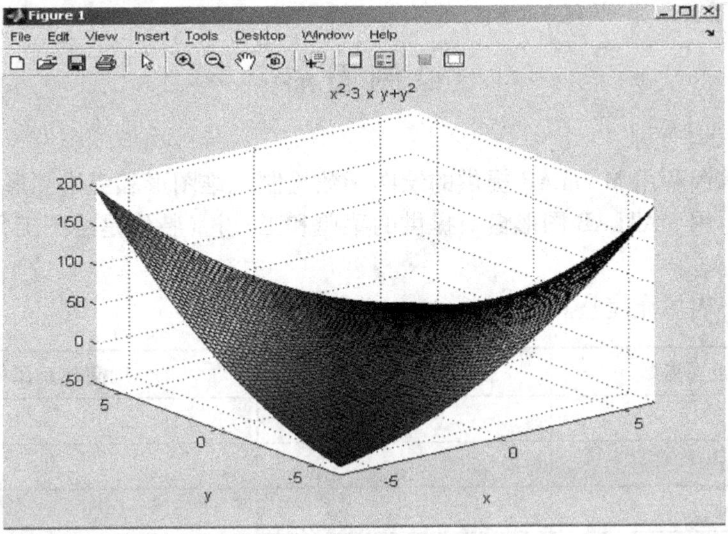

图 4-2-9　函数的曲面图

实验四

绘制图形

1. 实验目的与要求

（1）熟练掌握利用 MATLAB 提供的绘图函数绘制二维图形和三维图形的方法；

（2）熟练运用 MATLAB 图形窗口提供的菜单和工具栏(特别是绘图工具)。

2. 实验内容

（1）请将下表填充完整。

MATLAB 绘图函数	绘制图形类型	简单调用格式
plot		
bar		
area		
pie		
pie3		
errorbar		
scatter		
scatter3		
hist		
loglog		
semilogx		
semilogy		
plotyy		
polar		
pareto		
fplot		
ezplot		
ezpolar		
plot3		
mesh		
surf		
surfl		
ezplot3		
ezmesh		
ezsurf		

(2) 在一个坐标系中作函数 $y=x+1$ 和函数 $y=2x^2$ 的图形(要求创建一个 M 文件,它返回一个 2 列矩阵,再由此创建一个函数句柄,最后作图)。

(3) 用 ezplot 函数作 $x^2-y^2=1$ 的图形。

(4) 分别用 plot3 函数和 ezplot3 函数作由下列参数方程所确定的函数的图形:

$$\begin{cases} x=\mathrm{e}^{t/10} \\ y=\sin t\cos t \\ z=t \end{cases}$$

(5) 分别用 mesh 函数和 ezmesh 函数绘制函数 $z=x^2-3xy+y^2$ 的曲面图。

(6) 利用绘图工具,将图 4-1-21 编辑为图 4-1-26 所示的界面。

第 5 章 MATLAB 在高等数学中的应用

利用 MATLAB 的符号工具箱,可以求函数的极限、导数、不定积分和定积分,可以求两个向量的数量积(内积)和向量积,可以求级数的和,还可以求解微分方程等。

5.1 函 数

使用符号表达式,可以进行复合函数运算和反函数运算,下面分别予以介绍。

5.1.1 复合函数运算

在 MATLAB 中,符号表达式的复合函数运算主要是通过函数 compose 来实现的。compose 函数的简单调用格式如下。

◆ compose(f,g):若 $f=f(x)$,$g=g(y)$,则返回复合函数 $f(g(y))$。其中,x 是 f 函数的符号变量,y 是 g 函数的符号变量。

◆ compose(f,g,z):若 $f=f(x)$,$g=g(y)$,则返回自变量为 z 的复合函数 $f(g(z))$。其中,x,y 和 z 均是符号变量。

◆ compose(f,g,x,z):返回复合函数 $f(g(z))$,并且指定 x 为 f 函数的独立变量。例如,若 $f=\sin(x/t)$,则 compose(f,g,x,z) 返回 $\sin(g(z)/t)$,而 compose(f,g,t,z) 返回 $\sin(x/g(z))$。

◆ compose(f,g,x,y,z):返回复合函数 $f(g(z))$,并且使 x 与 y 分别成为函数 f 与 g 的独立变量。

[例 5.1.1] 将 $f=uy\cos y$ 和 $g=v\sin v$ 复合到一个函数中(指定 u 和 v 为它们的独立变量,自变量为 x)并作复合函数的图形。

M 文件 example5_1_1a.m 的程序代码为:

```
% 求复合函数并作图
clear,clc
syms x y u v; % 用 syms 创建符号变量
f =u*y*cos(y);
g =v*sin(v);
F =compose(f,g,u,v,x); % 求得复合函数 F =x*sin(x)*y*cos(y)
ezsurf(char(F),[0,6*pi,0,6*pi]) % char(F)将符号表达式 F 转换成字符串
```

其运行结果如图 5-1-1 所示。

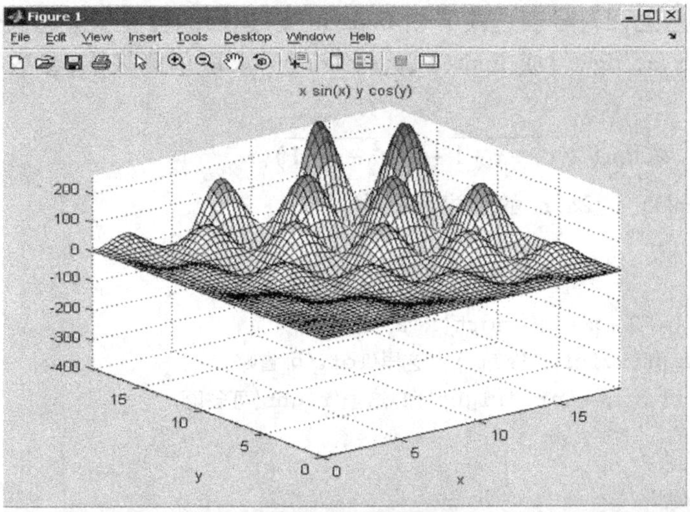

图 5-1-1　复合函数图形

5.1.2　反函数运算

在 MATLAB 中,符号表达式的反函数运算主要是通过函数 finverse 来实现的。finverse 函数的简单调用格式如下。

◆　g = finverse(f):返回符号函数 f 的反函数 g。其中,f 是一个符号函数表达式,其变量为 x,求得的反函数 g 是一个满足 $g(f(x)) = x$ 的符号函数。

◆　g = finverse(f,v):返回自变量为 v 的符号函数 f 的反函数,求得的反函数 g 是一个满足 $g(f(v)) = v$ 的符号函数。当 f 包含不止一个符号变量时,往往使用这种求反函数的调用格式。

[例 5.1.2]　求 $f = \dfrac{t}{\sin x}$ 的反函数。

M 文件 example5_1_2a.m 的程序代码为:

```
clear,clc
f = sym('t/sin(x)');% 用 sym 函数创建符号表达式 f
g = finverse(f,'x')% 求反函数
h = finverse(f,'t')% 求反函数
```

其运行结果为:

```
g =
asin(t/x)
h =
t * sin(x)
```

5.2　一元函数的极限

在 MATLAB 中,符号表达式的极限运算由函数 limit 来实现。limit 函数的简单调用格式如下:

◆　limit(F,x,a):返回符号表达式 F 当 $x \to a$ 时的极限。

◆　limit(F,a):返回符号表达式 F 由 findsym(F)返回的独立变量趋向于 a 时的极限。

◆ limit(F)：返回符号表达式 F 由 findsym(F)返回的独立变量趋向于 0 时的极限。

◆ limit(F,x,a,'right')或 limit(F,x,a,'left')：求取单侧极限，参数'right'和'left'表明取极限的方向。

［例 5.2.1］ 求 $\lim_{x\to\infty}(\sqrt{x^2+x+1}-\sqrt{x^2-x+1})$。

M 文件 example5_1_2a.m 的程序代码为：

```
clear,clc
syms x
f=sqrt(x^2+x+1)-sqrt(x^2-x+1);
a=limit(f,x,inf,'left')% 这里'left'可省略
b=limit(f,x,-inf,'right')% 这里'right'可省略
```

其运行结果为：

```
a=
1
b=
 -1
```

这说明 $\lim_{x\to\infty}(\sqrt{x^2+x+1}-\sqrt{x^2-x+1})$ 不存在。

5.3 导　数

在 MATLAB 中，求函数的导数可以由函数 diff 来实现。diff 函数可同时处理数值和符号两种情况下的求导问题，该函数的简单调用格式如下。

◆ diff(F)：F 对 findsym 函数返回的独立变量求导，F 为符号表达式。

◆ diff(F,'a')：F 对 a 变量求导数，F 为符号表达式。

◆ diff(F,n)：F 对 findsym 函数返回的独立变量求 n 阶导数，F 为符号表达式。

◆ diff(F,'a',n)或 diff(F,n,'a')：F 对变量 a 求 n 阶导数，F 为符号表达式。

1. 求显函数的导数

［例 5.3.1］ 求 $f(x)=\dfrac{(x-1)^5}{x+1}$ 的二阶导数。

M 文件 example5_3_1a.m 的程序代码为：

```
clear,clc
syms x
f=(x-1)^5/(x+1);
df=diff(f,1);% 求导数
d2f=diff(f,2);% 求二阶导数
df=simplify(df)% 化简
d2f=simplify(d2f)% 化简
```

其运行结果为：

```
df=
2*(x-1)^4*(2*x+3)/(x+1)^2
d2f=
4*(x-1)^3*(3*x^2+9*x+8)/(x+1)^3
```

2. 求隐函数的导数

[例5.3.2] 求由下列方程所确定的隐函数的导数 y':

$$F(x,y)=\arctan\frac{x}{y}-\ln\sqrt{x^2+y^2}=0$$

解 $F(x,y)=0\Rightarrow F'_x+F'_y y'=0\Rightarrow y'=-\dfrac{F'_x}{F'_y}$

M文件example5_3_2a.m的程序代码为:

```
clear,clc
f=sym('atan(x/y)-log(sqrt(x^2+y^2))');
fx=diff(f,'x');
fy=diff(f,'y');
dy=-fx/fy;
dy=simplify(dy)% 化简
```

其运行结果为:

```
dy=
-(-y+x)/(x+y)
```

3. 求由参数方程确定的函数的导数

[例5.3.3] 求由椭圆的参数方程 $\begin{cases}x=a\cos t,\\ y=b\sin t\end{cases}$ 所确定的函数的导数 $\dfrac{dy}{dx}$。

解 $\dfrac{dy}{dx}=\dfrac{\frac{dy}{dt}}{\frac{dx}{dt}}$

M文件example5_3_3a.m的程序代码为:

```
clear,clc
fx=sym('a*cos(t)');
fy=sym('b*sin(t)');
dxt=diff(fx,'t');
dyt=diff(fy,'t');
dy=dyt/dxt;
dy=simplify(dy)% 化简
```

其运行结果为:

```
dy=
-b*cos(t)/a/sin(t)
```

5.4 极限和导数的应用

极限可用于求曲线的渐近线;导数可用于求函数的极值点和拐点,还可以用来判断函数的单调性。下面结合一个具体的例子进行介绍。

[例5.4.1] 作函数 $f(x)=\dfrac{3x^2+6x-1}{x^2+x-3}$ 的图形。

解 首先创建 $f(x)$ 的符号表达式 f。程序代码为:

```
syms x
num = 3 * x^2 + 6 * x - 1;
denom = x^2 + x - 3;
f = num/denom
```

其余步骤在 5.4.1 段给出。

5.4.1 求曲线的渐近线

由于

$$\text{单值函数 } y=f(x) \text{ 有渐近线 } y=kx+b$$

$$\Downarrow$$

$$\lim_{x\to-\infty}(f(x)-kx-b)=0 \quad \text{或} \quad \lim_{x\to+\infty}(f(x)-kx-b)=0$$

$$\Downarrow$$

$$\lim_{x\to-\infty}(f(x)-kx)=b \quad \text{或} \quad \lim_{x\to+\infty}(f(x)-kx)=b$$

$$\Downarrow$$

$$\lim_{x\to-\infty}\frac{f(x)}{x}-k=0 \quad \text{或} \quad \lim_{x\to+\infty}\frac{f(x)}{x}-k=0$$

$$\Downarrow$$

$$\lim_{x\to-\infty}\frac{f(x)}{x}=k \quad \text{或} \quad \lim_{x\to+\infty}\frac{f(x)}{x}=k$$

从而可得:

(1) 若 $\lim\limits_{x\to-\infty}\frac{f(x)}{x}=k_1$, $\lim\limits_{x\to-\infty}(f(x)-k_1x)=b_1$,则 $y=k_1x+b_1$ 是 $y=f(x)$ 的一条渐近线;

(2) 若 $\lim\limits_{x\to+\infty}\frac{f(x)}{x}=k_2$, $\lim\limits_{x\to+\infty}(f(x)-k_2x)=b_2$,则 $y=k_2x+b_2$ 是 $y=f(x)$ 的一条渐近线;

(3) 若 $\lim\limits_{x\to-\infty}\frac{f(x)}{x}=k_1$,但 $\lim\limits_{x\to-\infty}(f(x)-k_1x)$ 不存在,则 $y=f(x)$ 没有斜率为 k_1 的渐近线;

(4) 若 $\lim\limits_{x\to+\infty}\frac{f(x)}{x}=k_2$,但 $\lim\limits_{x\to+\infty}(f(x)-k_2x)$ 不存在,则 $y=f(x)$ 没有斜率为 k_2 的渐近线;

(5) 若 $\lim\limits_{x\to-\infty}\frac{f(x)}{x}$ 与 $\lim\limits_{x\to+\infty}\frac{f(x)}{x}$ 均不存在,则 $y=f(x)$ 没有形如 $y=kx+b$ 的渐近线,但可能有垂直渐近线。

对于例 5.4.1,求 $\lim\limits_{x\to-\infty}\frac{f(x)}{x}$ 和 $\lim\limits_{x\to+\infty}\frac{f(x)}{x}$ 的程序代码(example5_4_1a.m)为:

```
clear,clc
syms x
num = 3 * x^2 + 6 * x - 1;
denom = x^2 + x - 3;
f = num/denom;
k1 = limit(f/x, -inf)% 求渐近线的斜率
k2 = limit(f/x,inf)% 求渐近线的斜率
```

其运行结果为：

```
k1 =
0
k2 =
0
```

再计算 $\lim\limits_{x \to -\infty}(f(x) - k_1 x)$ 和 $\lim\limits_{x \to +\infty}(f(x) - k_2 x)$，便可确定 $f(x)$ 是否有形如 $y = kx + b$ 的渐近线。

又因为，

$$\text{直线 } x = x_0 \text{ 为 } y = f(x) \text{ 的一条垂直渐近线}$$
$$\Downarrow$$
$$\lim_{x \to x_0^-} f(x) = \infty \text{ 或} \lim_{x \to x_0^+} f(x) = \infty$$
$$\Downarrow$$
$$\lim_{x \to x_0^-} \frac{1}{f(x)} = 0 \text{ 或} \lim_{x \to x_0^+} \frac{1}{f(x)} = 0$$

所以，$y = f(x)$ 的垂直渐近线应该在 $\frac{1}{f(x)}$ 的左极限或右极限为 0 的点中寻找。

对于例 5.4.1，求渐近线问题的程序代码(example5_4_1b.m)为：

```
clear,clc
syms x
num = 3 * x^2 + 6 * x - 1;
denom = x^2 + x - 3;
f = num/denom;
k1 = limit(f/x, - inf)% 求渐近线的斜率
k2 = limit(f/x,inf)
b1 = limit(f - k1 * x, - inf)% 求渐近线的截距
b2 = limit(f - k2 * x,inf)
x0 = solve(1/f)% 为了求垂直渐近线
```

其运行结果为：

```
k1 =
0
k2 =
0
b1 =
3
b2 =
3
x0 =
 -1/2 +1/2 *13^(1/2)
 -1/2 -1/2 *13^(1/2)
```

由此可见，函数 $f(x) = \dfrac{3x^2 + 6x - 1}{x^2 + x - 3}$ 的图形有一条水平渐近线 $y = 3$ 和两条垂直渐近线

$x=\frac{-1-\sqrt{13}}{2}$和$x=\frac{-1+\sqrt{13}}{2}$。

绘制函数$f(x)=\frac{3x^2+6x-1}{x^2+x-3}$图形的 M 文件 example5_4_1c. m 的程序代码为：

```
clear,clc
syms x
num =3 * x^2 +6 * x -1;
denom =x^2 +x -3;
f =num/denom;
k1 =limit(f/x, -inf);% 求渐近线的斜率
k2 =limit(f/x,inf);
b1 =limit(f -k1 * x, -inf);% 求渐近线的截距
b2 =limit(f -k2 * x,inf);
x0 =solve(1/f);% 为了求垂直渐近线
b =double(b1);% 将符号 b1 转换为数值
ezplot(f,[ -10,10])% 符号函数作图
hold on% 在原有的图形上面叠加图形
plot([ -10 10],b * [1 1],'g')% 绘水平渐近线
plot(double(x0(1)) * [1 1],[ -5 10],'r')% 绘垂直渐近线
plot(double(x0(2)) * [1 1],[ -5 10],'r')% 绘垂直渐近线
title('标有水平渐近线和垂直渐近线的函数图形')
hold off% 取消图形叠加
```

运行结果如图 5-4-1 所示。

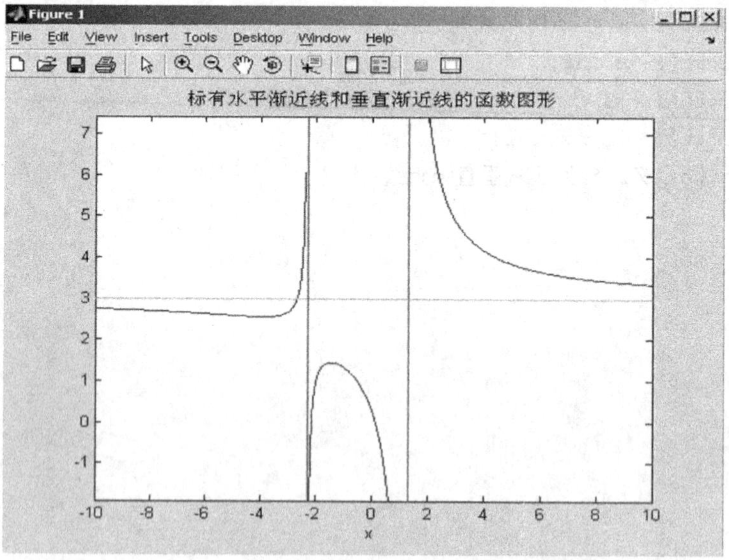

图 5-4-1 标有水平渐近线和垂直渐近线的函数图形 1

5.4.2　极值

由于可导函数 $y=f(x)$ 的极值点一定是驻点(导数为 0 的点)。因此,需要先求出 $f(x)$ 的驻点和 $f(x)$ 导数不存在的点,然后再判断是否为 $f(x)$ 的极值点。在例 5.4.1 中,$f(x)$ 导数不存在的点有 2 个,显然都不是极值点;$f(x)$ 的驻点只有 2 个。而从图 5-4-1 可以看出,函数 $f(x)$ 至少有 2 个极值点,因此,$f(x)$ 的 2 个驻点就是要求的极值点。

具体的计算过程包含在 M 文件 example5_4_2a.m 中,其程序代码为:

```
clear,clc
syms x
num = 3 * x^2 + 6 * x - 1;
denom = x^2 + x - 3;
f = num/denom;
k1 = limit(f/x, - inf);% 求渐近线的斜率
k2 = limit(f/x,inf);
b1 = limit(f - k1 * x, - inf);% 求渐近线的截距
b2 = limit(f - k2 * x,inf);
x0 = solve(1/f);% 为了求垂直渐近线
b = double(b1);% 将符号 b1 转换为数值
ezplot(f,[ -10,10])% 符号函数作图
hold on% 在原有的图形上面叠加图形
plot([ -10 10],b * [1 1], 'g')% 绘水平渐近线
plot(double(x0(1)) * [1 1],[ -5 10], 'r')% 绘垂直渐近线
plot(double(x0(2)) * [1 1],[ -5 10], 'r')% 绘垂直渐近线
hold off% 取消图形叠加
df = diff(f);% 求一阶导数
df = simplify(df);% 化简
crit_pts = solve(df);% 求驻点
hold on
plot(double(crit_pts),double(subs(f,crit_pts)),'ro');% subs 用于求值
title('标有渐近线和极值的函数图形')% 加标题
text( -6,2.2,'极小值')% 加标注
text( -1.5,1.8,'极大值')
hold off
```

运行结果如图 5-4-2 所示。

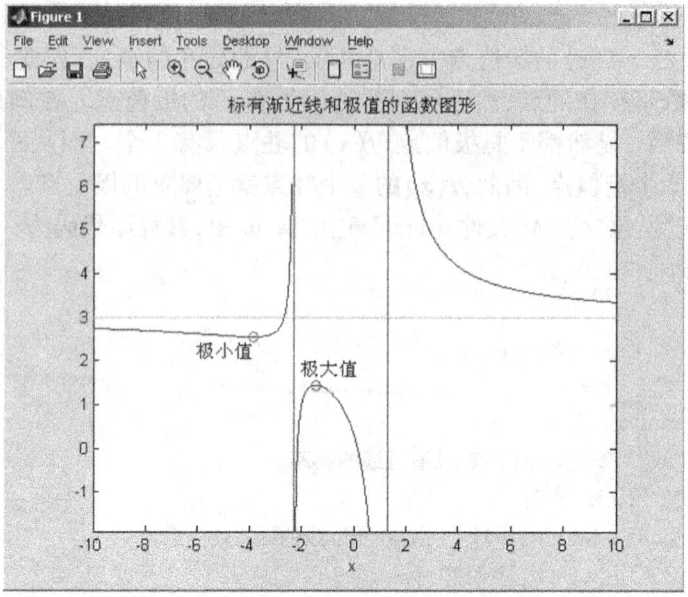

图 5-4-2　标有渐近线和极值的函数图形 2

在如图 5-4-2 所示的窗口中，打开绘图工具(单击工具栏中最右边的按钮即可)，如图 5-4-3 所示。

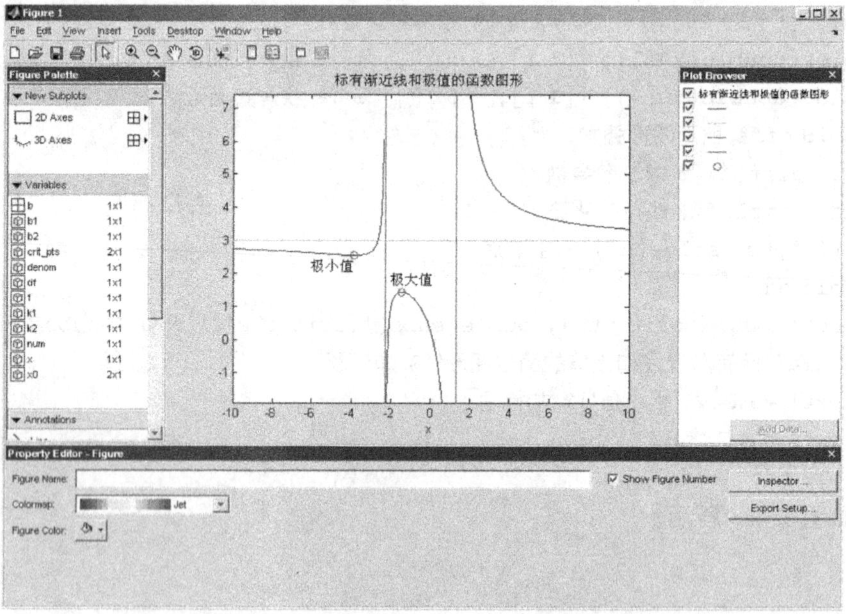

图 5-4-3　标有渐近线和极值的函数图形 3

在如图 5-4-3 所示的窗口中，进行如下操作：

(1) 选中坐标轴后再单击下面的“Box”按钮。

(2) 右击方框外边的背景处，利用“Color ...”中相应的颜色选项框，设置背景颜色为“白色”。

(3) 向下滑动图片左侧的滚动条。

(4) 利用“Arrow”或其左边的单箭头画两个坐标轴。

通过上述操作,图 5-4-3 所示的窗口就变为如图 5-4-4 所示的界面。

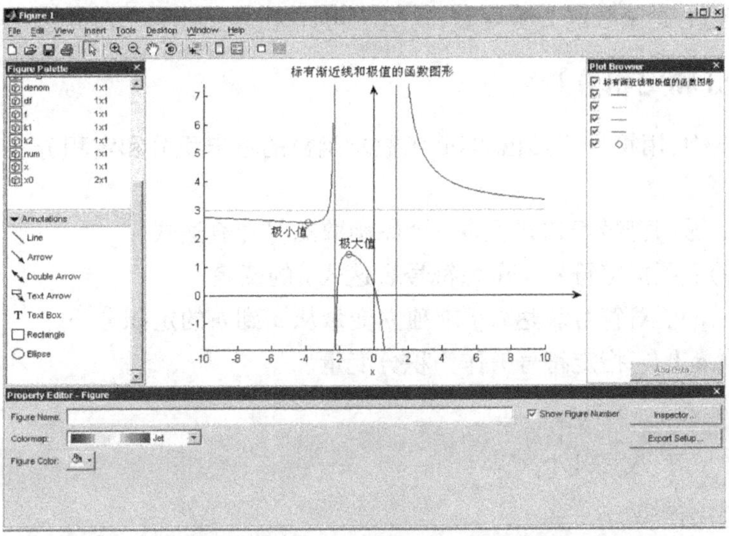

图 5-4-4　标有渐近线和极值的函数图形 4

(5) 选中“最大值”文本框,按住鼠标左键将其拖动至合适位置。

(6) 选中“x”文本框,右击选择“复制并粘贴”,将其中一个用鼠标左键拖动至 x 轴的合适位置,另一个用鼠标左键拖动至 y 轴的合适位置并改写为“y”。

(7) 在“Plot Browser” 窗口中,选择红色圆,将大小由 6.0 改为 4.0。

(8) 在“Plot Browser” 窗口中,选择绿色线线段,将下面窗口中的实线改为虚线。

(9) 在“Plot Browser” 窗口中,选择上面的红色线段,将下面窗口中的实线改为虚线。

(10) 在“Plot Browser” 窗口中,选择下面的红色线段,将下面窗口中的实线改为虚线。

(11) 关闭绘图工具。

通过以上操作,可以得到如图 5-4-5 所示的图形。

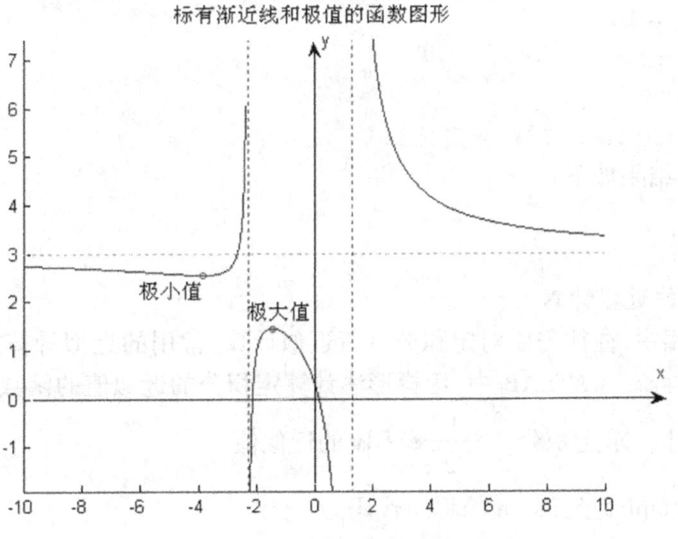

图 5-4-5　标有渐近线和极值的函数图形 5

5.4.3 拐点

在 MATLAB 中，求曲线拐点问题与求函数极值问题的解决方法十分相似，只是在求曲线的拐点时，用到的是函数的 2 阶导数，这里不再详述。

5.5 不定积分和定积分

在 MATLAB 中，用符号工具箱的 int 函数求函数的不定积分和定积分。int 函数的简单调用格式如下。

- int(f)：返回符号表达式 f 的一个原函数的符号表达式。
- int(f,v)：还指定符号 v 作为符号表达式 f 的变量。
- int(f,a,b)：对符号表达式 f 求独立变量从 a 到 b 的定积分。
- int(f,v,a,b)：指定符号 v 作为积分变量。

1．不定积分

[例 5.5.1] 求不定积分 $\int x^n \mathrm{d}x$。

其实现的程序代码为：

```
clear,clc
syms x n
f = x^n;
F = int(f,x)% 指定 f 的变量为 x,返回 f 的一个原函数
```

运行程序，结果如下：

```
F =
x^(n+1)/(n+1)
```

2．定积分

[例 5.5.2] 求定积分 $\int_0^1 x^9 \mathrm{d}x$。

其实现的程序代码为：

```
clear,clc
syms x
f = x^9;
A = int(f,x,0,1)% 求定积分
```

运行程序，结果如下：

```
A =
1/10
```

3．定积分的近似计算

在实际应用中，往往需要对定积分进行近似计算，常用的近似计算方法有矩形法、梯形法和抛物线法等。在 MATLAB 中，用梯形法计算定积分的近似值的函数为 trapz。

[例 5.5.3] 求定积分 $\int_0^2 \frac{1}{\sqrt{2\pi}} e^{-\frac{x^2}{2}} \mathrm{d}x$ 的近似值。

M 文件 example5_5_3a.m 的程序代码为：

```
clear,clc
```

```
    a = 0;b = 2;
    x = linspace(a,b,10000);
    y = exp(-x.^2/2)/sqrt(2*pi);
    A = trapz(x,y)% 计算定积分的近似值
```

运行程序,结果如下:

```
A =
    0.4772
```

4. 定积分的应用

[例 5.5.4] 计算由两条抛物线 $y^2=4x$,$4y=x^2$ 所围成的图形的面积 S。

解 (1) 求交点。作草图的程序代码(M 文件名为 example5_5_4a.m)为:

```
clear,clc
% 求曲线的交点
[xx,yy] = solve('4*x-y^2','x^2-4*y');
xx = double(xx); % 符号转化为数值
yy = double(yy);
% 寻找实数解
x0 = [];y0 = [];m = 0;
for k = 1:numel(xx)
    if isreal(xx(k))&&isreal(xx(k)) % 用 isreal 判断是否为实数
        m = m+1;
        x0(m) = xx(k);
        y0(m) = yy(k);
    end
end
x0 = sort(x0); % 排序
y0 = sort(y0);
% 作图
ezplot('4*x-y^2'); % 作符号表达式 4*x-y^2 = 0 相应函数的图形
hold on
ezplot('x^2-4*y');
M = 20;
x = linspace(x0(1),x0(2),M);
for i = 1:M
    plot(x(i)*[1 1],[sqrt(4*x(i)),x(i)^2/4],'b') % 绘直线段
end
hold off
title('y^2 = 4x 和 x^2 = 4y 的图形') % 添加标题
```

运行程序,结果如图 5-5-1 所示。

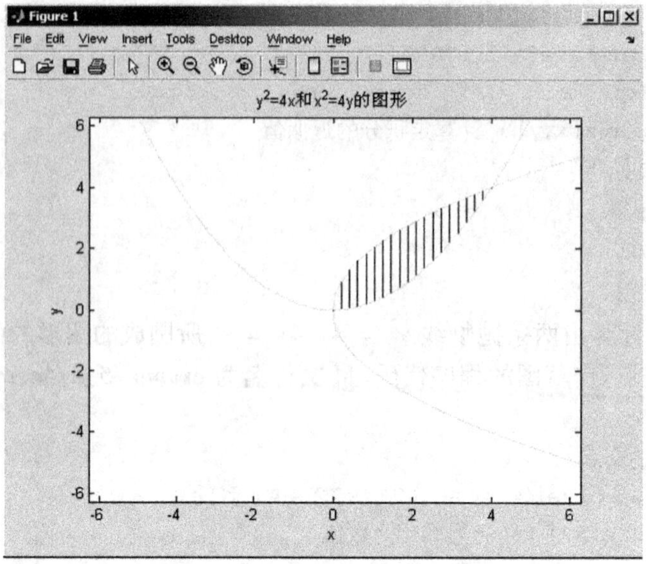

图 5-5-1 $y^2 = 4x$ 和 $x^2 = 4y$ 所围图形草图

在如图 5-5-1 所示的窗口中,打开绘图工具,利用绘图工具进行一些简单操作便可得如图 5-5-2 所示的图形。

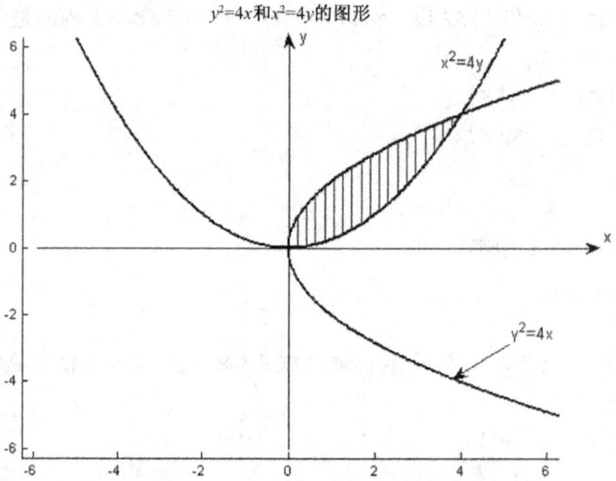

图 5-5-2 $y^2 = 4x$ 和 $x^2 = 4y$ 所围图形

由图 5-5-2 可知,$S = \int_a^b (y_2 - y_1)\mathrm{d}x = \int_a^b \left(\sqrt{4x} - \frac{x^2}{4}\right)\mathrm{d}x$。

(2) 求面积 S 的程序代码(M 文件名为 example5_5_4b. m) 为:

```
clear,clc
% 求曲线的交点
[xx,yy] = solve('4 * x - y^2','x^2 - 4 * y');
xx = double(xx); % 符号转化为数值
% 寻找实数解
x0 = [];y0 = [];m = 0;
for k = 1:numel(xx)
```

```
    if isreal(xx(k))&&isreal(xx(k)) % 用 isreal 判断是否为实数
        m = m + 1;
        x0(m) = xx(k);
    end
end
x0 = sort(x0); % 排序
% 计算定积分
syms x
f = sqrt(4 * x) - x^2/4;
S = int(f,x,x0(1),x0(2))
```

运行程序,结果如下:

```
S =
16/3
```

[例 5.5.5] 计算由椭圆$\frac{x^2}{a^2}+\frac{y^2}{b^2}=1(a,b>0)$所围成的图形绕 x 轴旋转而成的旋转体的体积 V。

解 单击 MATLAB 主界面中的"File | New | Figure"菜单项便可打开一个图形编辑窗口,然后打开绘图工具,进行如下操作:

(1) 创建一个二维坐标系。

(2) 设置 x 轴和 y 轴的范围均为[-10,10]。

(3) 将图片背景设置为"白色"。

(4) 去掉坐标轴上边框和右边框。

(5) 添加 x 轴和 y 轴至合适位置。

(6) 作大小合适的椭圆并移至合适位置。

(7) 作两条合适的垂直线段。

(8) 添加文本框"x",设置文本框边框为"白色"并移动至合适位置。

(9) 复制文本框"x"并粘贴三次,分别移动至合适位置并修改其中内容。

通过上述操作,可以得到如图 5-5-3 所示的图形。

因此,

$$V=\int_{-a}^{a}\pi y^2\mathrm{d}x=\int_{-a}^{a}\pi b^2\left(1-\frac{x^2}{a^2}\right)\mathrm{d}x$$

其实现的程序代码为:

```
clear,clc
syms a b x
f=pi*b^2*(1-x^2/a^2);
V=int(f,x,-a,a)
```

运行程序,结果如下:

```
V =
4/3*pi*b^2*a
```

即

$$V=\frac{4}{3}\pi ab^2$$

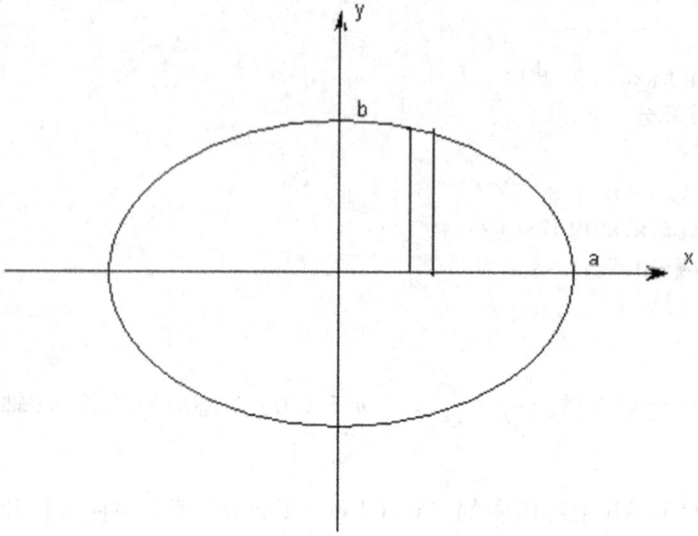

图 5-5-3　椭圆$\frac{x^2}{a^2}+\frac{y^2}{b^2}=1(a,b>0)$草图

[例 5.5.6]　计算由曲线 $y=\frac{2}{3}x^{3/2}$ 上相应于 x 从 a 到 $b(a<b)$ 的一段弧的长度。

解　由于 $(ds)^2=(dx)^2+(dy)^2\Rightarrow ds=\sqrt{1+\left(\frac{dy}{dx}\right)^2}\,dx$，所以有

$$s=\int_{x_1}^{x_2}ds=\int_{x_1}^{x_2}\sqrt{1+(y')^2}\,dx$$

其计算的程序代码为：

```
clear,clc
syms x a b
f =2 * x^(3/2)/3;
df =diff(f);
g =sqrt(1 +df^2);
s =int(g,x,a,b)
```

运行程序，结果如下：

```
s =
2/3 * (b +1)^(3/2) -2/3 * (a +1)^(3/2)
```

即

$$s=\frac{2}{3}(b+1)^{3/2}-\frac{2}{3}(a+1)^{3/2}$$

5. 多重积分

在 MATLAB 中，解决多重积分的计算问题需要先将多重积分转化为累次积分，然后再计算。

［例 5.5.7］　求二重积分$\int_0^r\int_0^{\sqrt{r^2-x^2}}\sqrt{r^2-x^2}\mathrm{d}y\mathrm{d}x$。

其实现的程序代码为：

```
clear,clc
syms r x y
a = int(sqrt(r^2 - x^2),y,0,sqrt(r^2 - x^2));
A = int(a,x,0,r)
```

运行程序，结果如下：

```
A =
2/3 * r^3
```

5.6　数量积(内积)和向量积

在 MATLAB 中，计算向量的数量积使用函数 dot，计算向量的向量积使用函数 cross。

［例 5.6.1］　已知向量 $\boldsymbol{a}=\{2,1,-1\}$，$\boldsymbol{b}=\{1,-1,2\}$，计算 $\boldsymbol{a}+\boldsymbol{b}$，$\boldsymbol{a}-\boldsymbol{b}$，$\boldsymbol{a}\cdot\boldsymbol{b}$ 和 $\boldsymbol{a}\times\boldsymbol{b}$。

其实现的程序代码为：

```
a = [2 1 -1];
b = [1 -1 2];
c = a + b
d = a - b
f = dot(a,b) % 求数量积
g = cross(a,b) % 求向量积
```

运行程序，结果如下：

```
c =
    3 0 1
d =
    1 2 -3
f =
    -1
g =
    1 -5 -3
```

即

$$\boldsymbol{a}+\boldsymbol{b}=\{3,0,1\},\qquad \boldsymbol{a}-\boldsymbol{b}=\{1,2,-3\},$$
$$\boldsymbol{a}\cdot\boldsymbol{b}=-1,\qquad \boldsymbol{a}\times\boldsymbol{b}=\{1,-5,-3\}。$$

［例 5.6.2］　已知三点 $M(1,1,1)$，$A(2,2,1)$ 和 $B(2,1,2)$，求 $\angle AMB$。

解　由 $\overrightarrow{MA}\cdot\overrightarrow{MB}=|\overrightarrow{MA}|\cdot|\overrightarrow{MB}|\cos(\angle AMB)$ 可得：

$$\cos(\angle AMB)=\frac{\overrightarrow{MA}\cdot\overrightarrow{MB}}{|\overrightarrow{MA}|\cdot|\overrightarrow{MB}|}$$

因此，求 $\angle AMB$ 的程序代码为：

```
clear,clc
M = [1 1 1];A = [2 2 1];B = [2 1 2];
MA = A - M;MB = B - M;
```

```
c = dot(MA,MB) / norm(MA) / norm(MB); % norm 函数用于求向量的模
acos(c)
```

运行程序，结果如下：

```
ans =
    1.0472
```

即

$$\angle AMB = 1.0472$$

[例 5.6.3] 已知△ABC 的顶点 $A(1,2,3)$，$B(3,4,5)$ 和 $C(2,4,7)$，求△ABC 的面积。

解 由 $|\overrightarrow{AB} \times \overrightarrow{AC}| = |\overrightarrow{AB}| \cdot |\overrightarrow{AC}| \sin(\angle BAC) = 2S_{\triangle ABC}$，可得：

$$S_{\triangle ABC} = \frac{1}{2}|\overrightarrow{AB} \times \overrightarrow{AC}|$$

求三角形面积的程序代码为：

```
clear,clc
A = [1 2 3];B = [3 4 5];C = [2 4 7];
AB = B - A;AC = C - A;
S = norm(cross(AB,AC)) / 2
```

运行程序，结果如下：

```
S =
    3.7417
```

5.7 多元函数的极限和求导

对于函数有多个变量的情况，求极限和导数时需要指定函数对哪个变量进行求取。在 MATLAB 中仍然使用 limit 和 diff 函数求多元函数的极限和导数。

1. 求多元函数的极限

[例 5.7.1] 求极限 $\lim\limits_{y \to 0} \dfrac{\sin(x+y) - \sin(x)}{y}$。

其实现的程序代码为：

```
clear,clc
syms x y
f = (sin(x + y) - sin(x)) / y;
g = limit(f,y,0)
```

运行程序，结果如下：

```
g =
cos(x)
```

2. 求多元函数的导数

[例 5.7.2] 求 $\dfrac{\partial^2(y\sin(x))}{\partial y \partial x}$。

其实现的程序代码为：

```
clear,clc
syms x y
f = y * sin(x);
```

```
g = diff(diff(f,y),x)
```

运行程序,结果如下:

```
g =
cos(x)
```

3. 求二元隐函数的导数

[例5.7.3]　设 $x^2+y^2+z^2-4z=0$,求 $\frac{\partial z}{\partial x}$。

解　$F(x,y,z)=0 \Rightarrow F'_x \cdot 1 + F'_y \cdot 0 + F'_z \cdot \frac{\partial z}{\partial x} = 0 \Rightarrow \frac{\partial z}{\partial x} = -\frac{F'_x}{F'_z}$

其实现的程序代码为:

```
clear,clc
syms x y z
f = x*x+y*y+z*z-4*z;
dfx = diff(f,x);
dfz = diff(f,z);
dzx = simplify(-dfx/dfz)
```

运行程序,结果如下:

```
dzx =
-x/(z-2)
```

5.8　级　数

级数是表示函数、研究函数性质以及进行数值计算的一种重要工具,是高等数学的重要组成部分。本节主要介绍级数求和和泰勒级数展开。

5.8.1　级数求和

在MATLAB中,可以用symsum函数求级数的和,symsum函数的简单调用格式如下。

◆　symsum(s):求符号表达式 s 相对于符号变量 k 的和,k 由findsym函数确定,取值从0到 $k-1$。

◆　symsum(s,v):求符号表达式 s 相对于符号变量 v 的和,v 从0到 $v-1$。

◆　symsum(s,a,b) 和 symsum(s,v,a,b):指定符号表达式 s 从 $v=$a 累加到 $v=$b。

[例5.8.1]　求级数 $\sum_{i=0}^{n-1} k$, $\sum_{k=1}^{\infty}\frac{1}{k^2}$ 和 $\sum_{k=0}^{\infty} x^k(|x|<1)$。

其实现的程序代码为:

```
clear,clc
syms x k n
s1 = symsum(n)
s2 = symsum(1/k^2,1,inf)
s3 = symsum(x^k,k,0,inf)
```

运行程序,结果如下:

```
s1 =
1/2*n^2-1/2*n
```

```
s2 =
1/6*pi^2
s3 =
-1/(x-1)
```

即

$$\sum_{i=0}^{n-1} k = \frac{n^2-n}{2},\quad \sum_{k=1}^{\infty}\frac{1}{k^2} = \frac{1}{6}\pi^2,\quad \sum_{k=0}^{\infty} x^k = \frac{1}{1-x}(|x|<1)$$

5.8.2 泰勒级数展开

在 MATLAB 中，可以用 taylor 函数进行泰勒级数展开，taylor 该函数的简单调用格式如下。

◆ taylor(f,n,v)：返回符号表达式 f 的 $n-1$ 阶马克劳林多项式近似。v 是指定 f 的独立变量。

◆ taylor(f,n,v,a)：返回符号表达式 f 在 a 处的 $n-1$ 阶泰勒级数近似。a 可以是数值、符号或表示数值值或未知值的字符串。

泰勒级数：$f(x) = \sum_{n=0}^{\infty}\frac{f^{(n)}(a)}{n!}(x-a)^n$。

[例 5.8.2] 求函数 $f(x)=\frac{1}{5+4\cos x}$ 在 π 处的泰勒级数展开的前 9 项。

其实现的程序代码为：

```
clear,clc
syms x
f=1/(5+4*cos(x));
T=taylor(f,9,pi)
```

运行程序，结果如下：

```
T =
1-2*(x-pi)^2+25/6*(x-pi)^4-1561/180*(x-pi)^6+36389/2016*(x-pi)^8
```

即

$$T=1-2(x-\pi)^2+\frac{25}{6}(x-\pi)^4-\frac{1561}{180}(x-\pi)^6+\frac{36389}{2016}(x-\pi)^8$$

5.9 微分方程

在 MATLAB 中，简单的微分方程可以通过函数 dsolve 求解，该函数的简单调用格式为：

```
r=dsolve('eq1,eq2,…','cond1,cond2,…','v')
```

或

```
r=dsolve('eq1','eq2',…,'cond1', 'cond2',…,'v')
```

其中，输入参数 eq1，eq2，…表示一系列微分方程；v 为独立变量；cond1，cond2，…表示一系列初始条件。默认的独立变量是 t，用户也可以使用其他变量来代替 t，只要把其他变量放在输入变量的最后即可。

常用大写字母 D 表示微分算子，即 $\frac{d}{dv}$；字母 D 后面所跟的数字表示阶数，如“D2”表示

$\frac{d^2}{dv^2}$;跟在微分算子后面的字母是被微分的变量,如“D3y”表示$\frac{d^3y}{dv^3}$。

说明

在符号变量中不能再出现大写字母D;初始条件可用类似于$y(a)=b$或$Dy(a)=b$的形式给出,此处的y是被微分变量,a和b是常量;如果初始条件的个数少于被微分变量的个数,则解中会出现C1,C2这样的不定常数。

函数的输出结果可能存在如下3种情况:

(1)一个方程和一个输出,则返回符号微分方程的解。

(2)几个方程与相同个数的输出,返回的结果按字母顺序排序,并且分配给输出参数。

(3)几个方程和一个输出,则返回解的结构。

如果函数找不到显示解,它会试图计算隐式解。返回隐式解时,会给出警告信息并返回一个空的sym。此时可以用MATLAB中的函数ode23或ode45求数值解。在一些有非线性方程的情况下,输出结果可能与更低阶的微分方程或积分等价。

[例5.9.1] 求解微分方程$\frac{dy}{dx}=1+y^2$。

其实现的程序代码为:

```
clear,clc
y=dsolve('Dy=1+y^2','x') % 求解微分方程
```

运行程序,结果如下:

```
y =
tan(x+C1)
```

[例5.9.2] 求解微分方程

$$\begin{cases}\frac{d^2y}{dx^2}=\cos 2x-y\\ y\big|_{x=0}=1\\ \frac{dy}{dx}\Big|_{x=0}=0\end{cases}$$

其实现的程序代码为:

```
clear,clc
y=dsolve('D2y=cos(2*x)-y','y(0)=1','Dy(0)=0','x');
y=simplify(y) % 化简y的形式
```

运行程序,结果如下:

```
y =
4/3*cos(x)-2/3*cos(x)^2+1/3
```

实验五

MATLAB 在高等数学中的应用

1. 实验目的与要求

熟练掌握利用 MATLAB 的符号数学工具箱解决极限、导数、积分、级数和微分方程等方面的计算问题。

2. 实验内容

(1) 将 $f=xt$ 和 $t=\tan u$ 复合到一个函数中，指定 t 和 u 分别为它们的独立变量，y 为自变量。

(2) 求 $f=\dfrac{t}{\sin x}$ 的反函数（x 为自变量）。

(3) 求 $f(x)=\dfrac{(x-1)^3}{x+1}$ 的二阶导数并化简。

(4) 设 $F(x,y)=x-y+\dfrac{1}{2}\sin y=0$，求 $\dfrac{dy}{dx}$。

(5) 求由椭圆的参数方程 $\begin{cases}x=a\cos t\\ y=b\sin t\end{cases}$ 所确定的函数的导数 $\dfrac{dy}{dx}$。

(6) 求级数 $\sum\limits_{k=1}^{\infty}\dfrac{1}{k^2}$ 和 $\sum\limits_{k=0}^{\infty}x^k(|x|<1)$ 的和。

(7) 求函数 $f(x)=\dfrac{1}{5+4\cos x}$ 的马克劳林级数展开式的前 7 项。

(8) 求解微分方程

$$\begin{cases}\dfrac{d^2y}{dx^2}=\cos 2x-y\\ y\big|_{x=0}=1\\ \dfrac{dy}{dx}\bigg|_{x=0}=0\end{cases}$$

(9) 在一个坐标系中作函数 $f(x)=\dfrac{3x^2+6x-1}{x^2+x-3}$ 的图形及其渐近线。

第 6 章

MATLAB 在线性代数中的应用

人们常常把“MATLAB”直译为“矩阵工作室”，顾名思义，MATLAB 在矩阵分析方面的功能非常强大。事实的确如此，MATLAB 总包提供了大量的矩阵操作和分析函数，利用它们可以处理线性代数中常见的计算问题。

6.1　矩阵运算

本节简要介绍 MALAB 的矩阵计算功能。

1. 计算行列式的值

在 MATLAB 中，可用函数 det 计算方阵的行列式的值。det 函数的语法格式如下。

d = det(X)：返回方阵 $\boldsymbol{X}$ 的行列式的值。

[例 6.1.1]　计算矩阵 $\boldsymbol{A}=\begin{pmatrix}4 & 1 & 2 & 40\\ 1 & 2 & 0 & 2\\ 10 & 5 & 2 & 0\\ 0 & 1 & 1 & 7\end{pmatrix}$ 的行列式的值。

其计算程序代码如下：

```
clear,clc
A = [4 1 2 40;1 2 0 2;10 5 2 0;0 1 1 7];
d = det(A)
```

运行结果为：

```
d =
   612
```

2. 矩阵的线性运算

在 MATLAB 中，矩阵的线性运算可以像一般数值运算那样使用运算符直接进行计算。

[例 6.1.2]　已知矩阵 $\boldsymbol{A}=\begin{pmatrix}1 & 0 & 2\\ 3 & 0 & -1\end{pmatrix}$，$\boldsymbol{B}=\begin{pmatrix}-3 & 2 & 5\\ 0 & 6 & 1\end{pmatrix}$，求 $2\boldsymbol{A}+3\boldsymbol{B}$ 和 $3\boldsymbol{A}-2\boldsymbol{B}$。

其计算程序代码如下：

```
clear,clc
A = [1 0 2;3 0 -1];B = [ -3 2 5;0 6 1];
C = 2 * A + 3 * B,D = 3 * A - 2 * B
```

运行结果为：

```
C =
    -7     6    19
     6    18     1
```

```
D =
    9     -4     -4
    9    -12     -5
```

3. 矩阵的乘法运算

[例 6.1.3] 已知 $\boldsymbol{A}=\begin{pmatrix}3 & -1\\0 & 3\\1 & 4\end{pmatrix}$，$\boldsymbol{B}=\begin{pmatrix}1 & 3 & 1\\0 & -2 & 1\end{pmatrix}$，求 $\boldsymbol{AB}$。

其计算程序代码如下：

```
clear,clc
A=[3 -1;0 3;1 4];B=[1 3 1;0 -2 1];
C=A*B
```

运行结果为：

```
C =
    3    11    2
    0    -6    3
    1    -5    5
```

4. 矩阵的逆运算

在 MATLAB 中，使用函数 inv 可实现矩阵的逆运算。inv 函数的调用格式如下。

B = inv(A)：求矩阵 $\boldsymbol{A}$ 的逆矩阵 $\boldsymbol{B}$。

[例 6.1.4] 求矩阵 $\boldsymbol{A}=\begin{pmatrix}1 & 0 & 1\\2 & 1 & 0\\-3 & 2 & -5\end{pmatrix}$ 的逆矩阵。

其计算程序代码如下：

```
clear,clc
A=[1 0 1;2 1 0;-3 2 -5];
B=inv(A)
```

运行结果为：

```
B =
   -2.5000    1.0000   -0.5000
    5.0000   -1.0000    1.0000
    3.5000   -1.0000    0.5000
```

★ 矩阵的伪逆运算对严重病态的矩阵求解有重要作用。在 MATLAB 中，矩阵的伪逆运算由函数 pinv 计算得到。

5. 矩阵的幂运算

在 MATLAB 中，计算矩阵 $\boldsymbol{X}$ 的 p 次幂 $\boldsymbol{X}^p$，可以用“X^p”来实现。

如果 p 是正整数，则幂 $\boldsymbol{X}^p$ 表示 p 个矩阵 $\boldsymbol{X}$ 相乘；如果 p 是负整数，则幂 $\boldsymbol{X}^p$ 表示 $-p$ 个矩阵 $\boldsymbol{X}^{-1}$ 相乘。

一般情况下，若 $\boldsymbol{VXV}^{-1}=\boldsymbol{D}$（其中 $\boldsymbol{D}$ 为对角阵），则 $\boldsymbol{X}=\boldsymbol{V}^{-1}\boldsymbol{DV}$，从而有 $\boldsymbol{X}^p=\boldsymbol{V}^{-1}\boldsymbol{D}^p\boldsymbol{V}$。

若 $p=0.5$，还可用 sqrtm 函数求取矩阵的平方根。sqrtm 函数的简单语法格式如下。

X = sqrtm(A)：求矩阵 $\boldsymbol{A}$ 的平方根 X，即 $X\cdot X=\boldsymbol{A}$。

X 是唯一的平方根,此时每个特征值具有非负的实部。如果 $\boldsymbol{A}$ 的特征值中至少有一个具有负的实部,则生成复数结果;如果 $\boldsymbol{A}$ 是奇异的,则 $\boldsymbol{A}$ 可能没有平方根。发现矩阵 $\boldsymbol{A}$ 奇异时生成警告信息。

[**例 6.1.5**] 演示矩阵幂运算的程序代码如下:

```
clear,clc,format compact
X = [1 3;4 6];
A = inv(X);
B1 = A * A * A,B2 = A^3,B3 = X^( -3)
C1 = (X^0.5)^2,C2 = sqrtm(X)^2
```

其运行结果为:

```
B1 =
   -1.7222      0.7639
    1.0185     -0.4491
B2 =
   -1.7222      0.7639
    1.0185     -0.4491
B3 =
   -1.7222      0.7639
    1.0185     -0.4491
C1 =
  1.0000 +0.0000i     3.0000
  4.0000 +0.0000i     6.0000
C2 =
  1.0000 +0.0000i     3.0000
  4.0000 +0.0000i     6.0000 -0.0000i
```

6. 矩阵的指数运算和对数运算

在 MATLAB 中,矩阵的指数运算用函数 expm 实现,对数运算用函数 logm 实现。

$$\exp(x) = 1 + x + \frac{1}{2!}x^2 + \cdots + \frac{1}{n!}x^n + \cdots$$

$$\exp(\boldsymbol{A}) = \boldsymbol{E} + \boldsymbol{A} + \frac{1}{2!}\boldsymbol{A}^2 + \cdots + \frac{1}{n!}\boldsymbol{A}^n + \cdots$$

$$\ln x = (x-1) - \frac{1}{2}(x-1)^2 + \frac{1}{3}(x-1)^3 + \cdots + (-1)^{n+1}\frac{1}{n}(x-1)^n + \cdots$$

$$\ln(\boldsymbol{A}) = (\boldsymbol{A}-\boldsymbol{E}) - \frac{1}{2}(\boldsymbol{A}-\boldsymbol{E})^2 + \frac{1}{3}(\boldsymbol{A}-\boldsymbol{E})^3 + \cdots + (-1)^{n+1}\frac{1}{n}(\boldsymbol{A}-\boldsymbol{E})^n + \cdots$$

[**例 6.1.6**] 演示矩阵指数对数运算的程序代码如下:

```
clear,clc,format compact
E = eye(3)
A = expm(E)
B = logm(10 * E)
```

其运行结果为:

```
E =
        1         0         0
        0         1         0
        0         0         1
A =
   2.7183         0         0
        0    2.7183         0
        0         0    2.7183
B =
   2.3026         0         0
        0    2.3026         0
        0         0    2.3026
```

7. 计算矩阵的迹和矩阵的秩

在 MATLAB 中,函数 trace 用于计算矩阵的迹,函数 rank 用于计算矩阵的秩。

8. 矩阵逻辑运算

使用逻辑运算符,可以直接对数组或矩阵进行逻辑运算。MATLAB 中的逻辑运算符见表 6-1-1,详细内容见 3.3 节。

表 6-1-1 逻辑运算符

运算符	函 数	说 明
&	and	逻辑与
|	or	逻辑或
~	not	逻辑非
	xor	逻辑异或

9. 矩阵左除"\"和右除"/"运算

矩阵除法有左除和右除的区别,右除是先计算矩阵的逆再相乘;而左除则不需要计算逆矩阵直接进行除运算,且可避免被除矩阵的奇异性所带来的麻烦。

[**例 6.1.7**] 演示矩阵除法的程序代码如下:

```
clear;clc;format compact
A =[1 2;1 3];
B =[1 1;2 3];
X1 =A./B    % 对应元素相除,B 的元素为分母
X2 =A.\B    % 对应元素相除,A 的元素为分母
Y1 =inv(A) * B    % 计算 A^-1 B
Y =A\B    % 矩阵方程 AY =B 的解
Z1 =A * inv(B)    % 计算 AB^-1
Z =A/B    % 矩阵方程 ZB =A 的解
```

其运行结果为:

```
X1 =
    1.0000    2.0000
```

```
        0.5000    1.0000
X2 =
        1.0000    0.5000
        2.0000    1.0000
Y1 =
      -1         -3
       1          2
Y =
      -1         -3
       1          2
Z1 =
      -1          1
      -3          2
Z =
      -1          1
      -3          2
```

6.2　矩阵的操作

MATLAB 提供了一些矩阵操作函数,利用它们可实现矩阵的翻转和重塑,还可以对矩阵进行行初等变换等操作。

1. 矩阵的翻转

在 MATLAB 中,使用 fliplr 函数左右翻转矩阵,flipud 函数上下翻转矩阵,flipdim 函数沿指定方向翻转矩阵,transpose 函数沿对角线翻转矩阵(转置)。

[例 6.2.1]　演示矩阵翻转的程序代码如下:

```
clear;clc; format compact
A =[1 2 3 4;5 6 7 8;9 10 11 12]
B1 =fliplr(A)            % 左右翻转
B2 =flipud(A)            % 上下翻转
C =transpose(A)            % 沿对角线翻转矩阵(转置)
D1 =flipdim(A,1)            % 沿指定方向翻转矩阵(上下翻转)
D2 =flipdim(A,2)            % 沿指定方向翻转矩阵(左右翻转)
```

其运行结果为:

```
A =
     1     2     3     4
     5     6     7     8
     9    10    11    12
B1 =
     4     3     2     1
     8     7     6     5
    12    11    10     9
B2 =
     9    10    11    12
```

```
     5     6     7     8
     1     2     3     4
C =
     1     5     9
     2     6    10
     3     7    11
     4     8    12
D1 =
     9    10    11    12
     5     6     7     8
     1     2     3     4
D2 =
     4     3     2     1
     8     7     6     5
    12    11    10     9
```

2. 矩阵的重塑

在 MATLAB 中,用 reshape 函数进行矩阵重塑。

[例 6.2.2] 演示矩阵重塑的程序代码如下:

```
clear;clc; format compact
A=[1 4 7 10;2 5 8 11;3 6 9 12]
B=reshape(A,2,6)          % 矩阵重塑
C=reshape(A,4,3)
```

其运行结果为:

```
A =
     1     4     7    10
     2     5     8    11
     3     6     9    12
B =
     1     3     5     7     9    11
     2     4     6     8    10    12
C =
     1     5     9
     2     6    10
     3     7    11
     4     8    12
```

★ 上述 ***A***,***B***,***C*** 的线性索引是一致的。

3. 矩阵的行初等变换

在 MATLAB 中,用 rref 函数进行矩阵的行初等变换。

[例 6.2.3] 演示行初等变换的程序代码如下:

```
clear;clc; format compact
A=[1 1 1 1 1;3 2 1 1 -3;0 1 2 2 6;5 4 3 3 -1]
B=rref(A)           % 矩阵的行初等变换
```

其运行结果为：

```
A =
     1     1     1     1     1
     3     2     1     1    -3
     0     1     2     2     6
     5     4     3     3    -1
B =
     1     0    -1    -1    -5
     0     1     2     2     6
     0     0     0     0     0
     0     0     0     0     0
```

6.3 矩阵的分解

矩阵分解是指根据一定的原理使用某种算法将一个矩阵分解成若干个矩阵的乘积。常见的矩阵分解方法有LU分解、QR分解、QZ分解、Cholesky分解、奇异值分解、特征值分解、Schur分解等。

6.3.1 矩阵的LU分解

MATLAB提供的lu函数用于对矩阵进行LU分解，其调用格式如下。

◆ [L,U] = lu(A)：产生一个上三角阵 ***U*** 和一个变换形式的下三角阵 ***L***（行交换），使之满足 ***A*** = ***LU***。

◆ [L,U,P] = lu(A)：产生一个上三角阵 ***U*** 和一个下三角阵 ***L*** 以及一个置换矩阵 ***P***，使之满足 ***PA*** = ***LU***。

说明

若 ***A*** 实现LU分解后，则 ***Ax*** = ***b*** 的解为 ***x*** = ***U***\(***L******b***) 或 ***x*** = ***U***\(***L***\(***Pb***))，这样可以提高运算速度。

[例6.3.1] 演示LU分解的程序代码如下：

```
clear;clc; format compact
A=[1 1 1 1 1;3 2 1 1 -3;0 1 2 2 6;5 4 3 3 -1]
[L,U,P]=lu(A)
```

其运行结果为：

```
A =
     1     1     1     1     1
     3     2     1     1    -3
     0     1     2     2     6
     5     4     3     3    -1
L =
    1.0000         0         0         0
         0    1.0000         0         0
    0.6000   -0.4000    1.0000         0
    0.2000    0.2000         0    1.0000
```

```
U =
    5.0000    4.0000    3.0000    3.0000    -1.0000
         0    1.0000    2.0000    2.0000     6.0000
         0         0    0.0000    0.0000     0.0000
         0         0         0         0     0.0000
P =
    0    0    0    1
    0    0    1    0
    0    1    0    0
    1    0    0    0
```

6.3.2 矩阵的 QR 分解

对矩阵 $\boldsymbol{A}$ 进行 QR 分解,就是把 $\boldsymbol{A}$ 分解为一个正交矩阵 $\boldsymbol{Q}$ 和一个上三角矩阵 $\boldsymbol{R}$ 的乘积形式。QR 分解只能分解方阵。MATLAB 中的函数 qr 可用于对矩阵进行 QR 分解,其调用格式如下。

◆ [Q,R] = qr(A):返回一个正交矩阵 $\boldsymbol{Q}$ 和一个上三角矩阵 $\boldsymbol{R}$,使得 $\boldsymbol{A}=\boldsymbol{QR}$。

◆ [Q,R,P] = qr(A):返回一个正交矩阵 $\boldsymbol{Q}$、一个上三角矩阵 $\boldsymbol{R}$ 以及一个置换矩阵 $\boldsymbol{P}$,使之满足 $\boldsymbol{AP}=\boldsymbol{QR}$。

[例 6.3.2] 演示 QR 分解的程序代码如下:

```
clear;clc; format compact
A =[1 1 1 1 1;3 2 1 1 -3;0 1 2 2 6;5 4 3 3 -1]
[Q,R,P] = qr(A)
```

其运行结果为:

```
A =
    1    1    1    1     1
    3    2    1    1    -3
    0    1    2    2     6
    5    4    3    3    -1
Q =
   -0.1459   -0.2278    0.3611    0.8924
    0.4376   -0.3873    0.7424   -0.3277
   -0.8752   -0.2961    0.2247   -0.3096
    0.1459   -0.8429   -0.5177    0.0182
R =
   -6.8557    1.8962    0.4376   -1.0211   -1.0211
         0   -5.6039   -4.6700   -3.7360   -3.7360
         0         0   -0.0000   -0.0000   -0.0000
         0         0         0         0         0
P =
    0    1    0    0    0
    0    0    1    0    0
    0    0    0    0    1
    0    0    0    1    0
```

```
    1    0    0    0    0
```

6.3.3 矩阵的QZ分解

在MATLAB中,QZ分解可由函数qz实现。函数qz常用的调用格式如下。

[AA,BB,Q,Z] = qz(A,B):要求矩阵 $\boldsymbol{A}$,$\boldsymbol{B}$ 是方阵。产生的矩阵 $\boldsymbol{AA}$,$\boldsymbol{BB}$ 是上三角矩阵,$\boldsymbol{Q}$,$\boldsymbol{Z}$ 是正交矩阵,满足 $\boldsymbol{QAZ}=\boldsymbol{AA}$ 与 $\boldsymbol{QBZ}=\boldsymbol{BB}$。

6.3.4 矩阵的Cholesky分解

若矩阵 $\boldsymbol{A}$ 为 n 阶对称正定矩阵,则矩阵可分解为 $\boldsymbol{LL}'$,即 $\boldsymbol{A}=\boldsymbol{LL}'$,其中矩阵 $\boldsymbol{L}$ 是上三角矩阵,该分解方法就称为Cholesky分解。在MATLAB中,Cholesky分解由函数chol实现。chol函数的简单调用格式为:

- R = chol(A)
- [R,p] = chol(A)

6.3.5 矩阵的奇异值分解

在MATLAB中,矩阵的奇异值分解通过函数svd来实现,其调用格式为:

```
[b,c,d] = svd(A)
```

矩阵的奇异值分解过程如下:

设 $\boldsymbol{A}_{m\times n}$,$R(\boldsymbol{A})=r$,则存在正交矩阵 $\boldsymbol{P}_{m\times m}$,$\boldsymbol{Q}_{n\times n}$,使得

$$\boldsymbol{A}=\boldsymbol{P}\begin{pmatrix}\boldsymbol{\Lambda}_r & \boldsymbol{0}\\ \boldsymbol{0} & \boldsymbol{0}\end{pmatrix}\boldsymbol{Q}'$$

其中,$\boldsymbol{\Lambda}_r=\mathrm{diag}(\lambda_1,\cdots,\lambda_r)$,$\lambda_i>0$, $i=1,2,\cdots,r$;$\lambda_1^2,\cdots,\lambda_r^2$ 为 $\boldsymbol{A}'\boldsymbol{A}$ 的非零特征值。

6.3.6 矩阵的特征值分解

很多情况下需要求矩阵的特征值。在MATLAB中,求矩阵特征值的函数是eig和eigs。其中函数eigs主要应用于稀疏矩阵,其简单调用格式如下。

- D = eig(A):$\boldsymbol{D}$ 为由矩阵 $\boldsymbol{A}$ 的特征值构成的向量。
- D = eig(A,B):$\boldsymbol{D}$ 为由矩阵 $\boldsymbol{A}$,$\boldsymbol{B}$ 的广义特征值构成的向量(广义特征值问题:$\boldsymbol{AX}=\lambda\boldsymbol{BX}$)
- [V,D] = eig(A):$\boldsymbol{V}$,$\boldsymbol{D}$ 分别为特征向量矩阵与特征值矩阵,因此满足 $\boldsymbol{AV}=\boldsymbol{VD}$。
- [V,D] = eig(A,B):$\boldsymbol{V}$,$\boldsymbol{D}$ 矩阵分别为矩阵 $\boldsymbol{A}$,$\boldsymbol{B}$ 的广义特征向量矩阵与广义特征值矩阵,因此满足 $\boldsymbol{AV}=\boldsymbol{BVD}$。

6.3.7 矩阵的Schur分解

在MATLAB中,矩阵的Schur分解通过schur函数来实现,其调用格式如下。

[B,C] = schur(A):$\boldsymbol{B}$ 为正交矩阵,$\boldsymbol{B}'\boldsymbol{AB}=\boldsymbol{C}$ 称为Schur矩阵,它是一个上三角矩阵,其对角线是 $\boldsymbol{A}$ 的特征值。

[例6.3.3] 演示Schur分解的程序代码如下:

```
clear;clc; format compact
A=[5 4 3 3;3 2 1 1;0 1 2 2;1 1 1 1];
d=eig(A)
[B,C]=schur(A)
```

其运行结果为:

```
d =
     8.3166
    -0.0000
     1.6834
     0.0000
B =
    -0.8554    -0.3697     0.3629          0
    -0.4591     0.7874    -0.2800    -0.3015
    -0.1354    -0.4828    -0.8110    -0.3015
    -0.1982     0.1015    -0.3636     0.9045
C =
   8.3166    -0.1842     3.2890    -0.6980
        0    -0.0000     1.6958    -0.6290
        0          0     1.6834    -0.6244
        0          0          0     0.0000
```

6.4 求线性方程组的解

在 MATLAB 中,可以用"\"和"/"运算符分别求矩阵方程 $\boldsymbol{AX}=\boldsymbol{B}$ 和 $\boldsymbol{XA}=\boldsymbol{B}$ 的解,具体格式见表 6-4-1。

表 6-4-1 矩阵方程 $\boldsymbol{AX}=\boldsymbol{B}$ 和 $\boldsymbol{XA}=\boldsymbol{B}$ 的求解

求矩阵方程 $\boldsymbol{AX}=\boldsymbol{B}$ 的解	$\boldsymbol{X}=\boldsymbol{A}\backslash\boldsymbol{B}$
求矩阵方程 $\boldsymbol{XA}=\boldsymbol{B}$ 的解	$\boldsymbol{X}=\boldsymbol{B}/\boldsymbol{A}$ 或 $\boldsymbol{X}=(\boldsymbol{A}'\backslash\boldsymbol{B}')'$

当矩阵方程 $\boldsymbol{AX}=\boldsymbol{B}$ 中的 $\boldsymbol{X}$ 是列向量时,记为 $\boldsymbol{Ax}=\boldsymbol{b}$,它就是一个线性方程组。

6.4.1 唯一一组解情形

[**例 6.4.1**] 解线性方程组 $\begin{cases} x_1+9x_2+4x_3-3x_4=-6, \\ 5x_1-5x_2-3x_3+2x_4=10, \\ 12x_1+6x_2-x_3-x_4=12, \\ 9x_1-2x_3+x_4=12, \\ 6x_1+4x_2+x_3-x_4=4。\end{cases}$

其计算程序代码如下:

```
clear;clc; format compact
A=[1 9 4 -3;5 -5 -3 2;12 6 -1 -1;9 0 -2 1;6 4 1 -1];
b=[ -6 10 12 12 4]';
rA=rank(A),rB=rank([A b])     % 求秩,为了查看方程 Ax=b 解的情况
x=A\b    % 解线性方程组 Ax=b
```

运行结果为:

```
rA =
     4
```

```
rB =
    4
x =
     1.0000
    -0.0000
    -1.0000
     1.0000
```

因此，方程组的唯一解为 $x_1=1, x_2=0, x_3=-1, x_4=1$。

6.4.2　无穷多解的情形

如果矩阵 $\boldsymbol{A}$ 的列线性相关（$\boldsymbol{A}$ 是奇异矩阵），可能会给出一个出错信息。

如果 $\boldsymbol{A}$ 是奇异的，并且 $\boldsymbol{Ax}=\boldsymbol{b}$ 有解，则可以找到一些精确解。

[例 6.4.2]　解线性方程组
$$\begin{cases} x_1+x_2+x_3+x_4+x_5=2, \\ 2x_1+3x_2+x_3+x_4-3x_5=0, \\ x_1+2x_3+2x_4+6x_5=6, \\ 4x_1+5x_2+3x_3+3x_4-x_5=4。 \end{cases}$$

其计算程序代码如下：

```
clear;clc; format compact
A=[1 1 1 1 1;2 3 1 1 -3;1 0 2 2 6;4 5 3 3 -1];
b=[2 0 6 4]';
r1=rank(A),r2=rank([A b])        % 求秩,为了查看方程 Ax=b 解的情况
x=A\b
A*x       % 为了验证 x 是 Ax=b 的解
P=pinv(A)*b      % 还可以求一个解
A*P       % 为了验证 P 是 Ax=b 的解
```

运行结果为：

```
r1 =
    2
r2 =
    2
Warning: Rank deficient, rank=2, tol=7.6113e-015.
 >In example6_4_2a at 5
x =
         0
    1.0000
         0
         0
    1.0000
ans =
    2.0000
   -0.0000
    6.0000
```

```
      4.0000
 P =
      0.3077
      0.2308
      0.3846
      0.3846
      0.6923
 ans =
      2.0000
      0.0000
      6.0000
      4.0000
```

6.4.3 无解超定情形

如果矩阵 $\boldsymbol{A}$ 列满秩（$\boldsymbol{A}$ 的列向量线性无关），且 $\boldsymbol{Ax}=\boldsymbol{b}$ 没有精确解，则 $\boldsymbol{A}\backslash\boldsymbol{b}$ 返回 $\boldsymbol{Ax}=\boldsymbol{b}$ 的一个最小二乘解。这在曲线拟合中经常遇到。

［**例 6.4.3**］ 下面的数据中，y 是不同时刻 t 测得的数据

t	0.00	0.30	0.80	1.10	1.60	2.30
y	0.82	0.72	0.63	0.60	0.55	0.50

设拟合曲线类型为 $y(t)=c_1+c_2\mathrm{e}^{-t}$，在最小二乘意义下确定拟合曲线。

解：记 6 对观测值为 (t_i,y_i)，$i=1,2,\cdots,6$，则有：

$$\begin{cases} c_1+\mathrm{e}^{-t_1}c_2=y_1 \\ c_1+\mathrm{e}^{-t_2}c_2=y_2 \\ \quad\vdots \\ c_1+\mathrm{e}^{-t_6}c_2=y_6 \end{cases} \Leftrightarrow \begin{pmatrix} 1 & \mathrm{e}^{-t_1} \\ 1 & \mathrm{e}^{-t_2} \\ \vdots & \vdots \\ 1 & \mathrm{e}^{-t_6} \end{pmatrix}\begin{pmatrix} c_1 \\ c_2 \end{pmatrix}=\begin{pmatrix} y_1 \\ y_2 \\ \vdots \\ y_6 \end{pmatrix}$$

其程序代码如下：

```
clear;clc
t = [0.00 0.30 0.80 1.10 1.60 2.30]';
y = [0.82 0.72 0.63 0.60 0.55 0.50]';
A = [ones(size(t))exp( -t)];
C = A\y
```

运行结果为：

```
C =
    0.4760
    0.3413
```

因此，拟合曲线方程为：

$$y(t)=0.4760+0.3413\mathrm{e}^{-t}$$

6.5 符号矩阵

符号矩阵的运算主要包括符号矩阵的一些基本运算以及符号矩阵的常用函数运算。

1. 符号矩阵的四则运算

在 MATLAB 中,进行符号矩阵的四则运算非常方便。实际上,它与数值矩阵的四则运算完全相同,这大大方便了用户的操作。符号矩阵的加、减、乘、除运算可以分别由函数 symadd,symsub,symmul 和 symdiv 来实现,也可与一般的数值运算一样,用“+”、“-”、“*”、“/”符号进行运算,而符号矩阵的幂运算既可通过函数 sympow 来实现,也可由幂运算符号“^”来实现。

[例 6.5.1] 演示符号矩阵四则运算的程序代码如下:

```
clear;clc
syms x
A=[cos(x),sin(x);x^2+x+1,tan(x)]
B=[x+1,x^2-1;sin(x),log(x)]
C=A+B
```

其运行结果为:

```
A =
[   cos(x), sin(x)]
[ x^2+x+1, tan(x)]
B =
[     x+1, x^2-1]
[ sin(x), log(x)]
C =
[        cos(x)+x+1, sin(x)+x^2-1]
[ x^2+x+1+sin(x), tan(x)+log(x)]
```

2. 符号矩阵的其他运算

符号矩阵的其他一些基本运算包括符号矩阵的转置、行列式、逆、秩、指数运算等。

- 符号矩阵的转置运算通过函数 transpose 实现。
- 符号矩阵的行列式运算通过函数 determ 或 det 实现。
- 符号矩阵的求逆运算与数值矩阵的求逆运算一样,通过函数 inv 实现。
- 符号矩阵的求秩运算与数值矩阵的求秩运算一样,通过函数 rank 实现。
- 符号矩阵的特征值、特征向量运算可通过函数 eig、eigensys 实现。
- 符号矩阵的奇异值运算可以通过函数 svd、singvals 实现。
- 符号矩阵的约当标准型运算可以通过函数 jordan 实现。

3. 符号方程(组)的求解

[例 6.5.2] 求解符号方程 $a\sin x=b$。

其实现的程序代码如下:

```
clear;clc
x=solve('a*sin(x)=b','x')
```

运行结果为:

```
x =
asin(b/a)
```

因此,符号方程 $a\sin x = b$ 的解为:

$$x = \arcsin \frac{b}{a}$$

[例 6.5.3]　求解符号方程 $ax^2 + bx + c = 0$。

其实现的程序代码如下:

```
clear;clc;
x = simplify(solve('a*x^2+b*x+c','x'))
```

运行结果为:

```
x =
-1/2*(b-(b^2-4*a*c)^(1/2))/a
-1/2*(b+(b^2-4*a*c)^(1/2))/a
```

因此,符号方程 $ax^2 + bx + c = 0$ 的解为:

$$x = \frac{-b \pm \sqrt{b^2 - 4ac}}{2a}$$

[例 6.5.4]　求解方程组 $\begin{cases} x^2 + xy + y = 3, \\ x^2 - 4x + 3 = 0。\end{cases}$

其实现的程序代码:

```
clear;clc;
[x,y] = solve('x^2+x*y+y=3','x^2-4*x+3');
x = double(x)          % 将符号转化为数值
y = double(y)
```

运行结果为:

```
x =
    1
    3
y =
    1.0000
   -1.5000
```

因此,方程组的解为 $\begin{cases} x = 1, \\ y = 1 \end{cases}$ 和 $\begin{cases} x = 3, \\ y = -1.5。\end{cases}$

说明

如果符号表达式不含等号,则函数 solve 会自动将表达式转换成等号右端为 0 的符号方程;函数 solve 返回的解为符号表达式。

实验六

MATLAB 在线性代数中的应用

1. 实验目的与要求

熟练运用 MATLAB 提供的矩阵操作和矩阵分析函数处理常见的线性代数问题。

2. 实验内容

(1) 求下式中的矩阵 $\boldsymbol{X}$。

① $\begin{pmatrix} 7 & 3 \\ 2 & 1 \end{pmatrix}\boldsymbol{X}=\begin{pmatrix} 4 & 5 \\ 3 & 1 \end{pmatrix}$； ② $\boldsymbol{X}\begin{pmatrix} 1 & -2 & 0 \\ 2 & 1 & 3 \\ 0 & 2 & 1 \end{pmatrix}=\begin{pmatrix} 1 & -1 & 1 \\ 2 & -3 & 1 \\ 3 & -4 & 1 \end{pmatrix}$

(2) 先求下列线性方程组的系数矩阵 $\boldsymbol{A}$ 的秩，再解下列方程组：

$$\begin{cases} x_1+3x_2-5x_3-5x_4=2 \\ x_1+2x_2+2x_3-2x_4+x_5=-2 \\ 2x_1+x_2+3x_3-3x_4=2 \\ x_1-4x_2+x_3+x_4-x_5=3 \\ x_1+3x_3-x_4+x_5=1 \end{cases}$$

(3) 为了检验 X 射线的杀菌作用，用 200 kV 的 X 射线照射杀菌，每次照射 6 min，照射次数为 x，照射后所剩细菌数为 y，下表是一组试验结果。

x	y	x	y	x	y	x	y
1	783	6	251	11	72	16	20
2	621	7	175	12	50	17	16
3	433	8	154	13	43	18	12
4	431	9	129	14	31	19	9
5	287	10	103	15	28	20	7

根据经验已知，y 关于 x 的曲线回归方程形如 $y=ae^{bx}$，试给出具体的回归方程（提示：$y=ae^{bx}\Leftrightarrow \ln y=\ln a+bx$）。

第 7 章 MATLAB 在计算方法中的应用

计算方法主要研究数学问题的数值解,涉及的内容很广。利用 MATLAB 提供的部分函数,可以解决某些情况下的数值求解问题。

7.1 一元非线性方程求解

求解一元非线性方程的方法主要有二分法、割线法、牛顿法等。本节主要介绍 MATLAB 中两个可以求解一元非线性方程的函数,即 fzero 函数和 roots 函数。

7.1.1 fzero 函数

利用 fzero 函数可求解一元非线性方程的零点。fzero 函数的简单调用格式如下

◆ x = fzero(fun,x0):如果 x_0 为标量,则试图寻找函数 fun 在 x_0 附近的零点。fun 参数是一个 M 文件函数或匿名函数的函数句柄。函数 fzero 返回的值 x 靠近 fun 函数改变符号的位置。如果搜索失败,则返回 NaN。搜索区间扩展到发现 inf,NaN 或复数值时终止搜索。如果 $\boldsymbol{x}_0$ 是一个长度为 2 的向量,则 fzero 函数假设 x_0 是一个区间,fun(x_0(1))与 fun(x_0(2))异号。如果符号相同,则会出错。给出相应函数值异号的区间可以保证 fzero 函数返回一个 fun 函数改变符号位置附近的值。

◆ [x,fval] = fzero(…):返回解 x 和解 x 处目标函数 fun 的值。

◆ [x,fval,exitflag] = fzero(…):返回一个 exitflag 值,描述 fzero 函数的退出条件。如果返回值为 1 时,表示函数找到了零值点 x;如果返回值小于零,表示没有发现零值点。

[例 7.1.1] 求方程 $(x+20)(x+1)(x-5)(x-30)=0$ 的解。

其实现的程序代码如下:

```
clear;clc;
f =@(x)(x+20)*(x+1)*(x-5)*(x-30);        % 创建匿名函数
x1 = fzero(f, -50)       % 解一元非线性方程
x2 = fzero(f,1)
x3 = fzero(f,6)
x4 = fzero(f,50)
```

运行结果为:

```
x1 =
    -20
x2 =
     -1
x3 =
      5
x4 =
     30
```

7.1.2 roots 函数

利用 roots 函数可计算多项式的根。root 函数的调用格式如下。

r = roots(c)：返回一个列向量，其元素为多项式 c 的解。

[例 7.1.2] 求多项式方程 $x^3-5x^2+x-5=0$ 的根。

其实现的程序代码：

```
clear;clc;
P = [1 -5 1 -5];          % 表示多项式
r = roots(P)             % 求多项式方程的解
P1 = poly(r)             % 由多项式的根返回多项式的系数
```

运行结果为：

```
r =
    5.0000
   -0.0000 +1.0000i
   -0.0000 -1.0000i
P1 =
    1.0000    -5.0000    1.0000    -5.0000
```

说明

poly 和 roots 互为逆函数，函数 poly 返回多项式的系数。

7.2 非线性方程组的数值解法

MATLAB 可求解线性方程组的解，在 6.4 中已介绍了基于矩阵变换的直接解法，除此方法之外，还有很多其他方法，如 Jocabi 迭代法、Gauss - Seidel 迭代法和 SOR（超松弛）迭代法等，这里不作详细介绍。

实际工程中得到的数学模型往往具有非线性的特点，得到其解析解比较困难，一般采用迭代法求解非线性方程组。比较常见的迭代方法有不动点迭代法、Newton 迭代法和拟 Newton 迭代法等。这里仅介绍不动点迭代法。

设含有 n 个未知数和 n 个方程的非线性方程组为：

$$\boldsymbol{F}(\boldsymbol{x})=\boldsymbol{0}$$

其中，$\boldsymbol{x}$ 为由 n 个未知数构成的向量；$\boldsymbol{F}$ 为由 n 个函数构成的向量。

将方程组 $\boldsymbol{F}(\boldsymbol{x})=\boldsymbol{0}$ 改写为便于迭代的等价形式：

$$x=\varphi(x)$$

由此得出不动点迭代法的迭代公式：

$$x^{k+1}=\varphi(x^k)$$

如果得到的序列 $\{x^k\}$ 满足 $\lim\limits_{k\to\infty}x^k=x^*$，则 x^* 就是 φ 的不动点，这样就可以求出方程组的解（近似解）。

据此，编写不动点迭代法的 M 文件（文件名为 example7_2）如下：

```
function s = example7_2(x,eps)
% 用不动点迭代法求非线性方程组的解
```

```
% x 为迭代初值,eps 为允许误差值
if nargin = =1
    eps =1e -6;
elseif nargin <1
    error
    return
end
x1 =example7_2a(x);         % example7_-2a 是函数 x =φ(x)的文件名
while norm(x1 -x) > =eps
    x =x1;
    x1 =example7_2a(x);         % 循环迭代
end
s =x1;
return
```

[**例 7.2.1**]　用不动点迭代法求方程组$\begin{cases}x_1^2+11x_1+x_2^2+9=0,\\ x_1x_2^2+x_1-6x_2+8=0\end{cases}$的解。

解　将方程组变形为$\begin{cases}x_1=-(x_1^2+x_2^2+9)/11,\\ x_2=(x_1x_2^2+x_1+8)/6。\end{cases}$

首先创建函数代码(文件名为 example7_ 2a. m)如下:

```
function y =example7_2a(x)
y(1) =(x(1) *x(1) +x(2) *x(2) +9)/( -11);
y(2) =(x(1) *x(2) *x(2) +x(1) +8)/6;
```

再作图形,程序代码(文件名为 example7_ 2b. m):

```
clear;clc;
ezplot('x1^2 +11 *x1 +x2^2 +9',[ -12,6]);
hold on
ezplot('x1 *x2^2 +x1 -6 *x2 +8',[ -12,6]);
hold off
title('x1^2 +11 *x1 +x2^2 +9 和 x1
*x2^2 +x1 -6 *x2 +8 的图形')  % 修
改标题
```

其运行结果如图 7-2-1 所示。

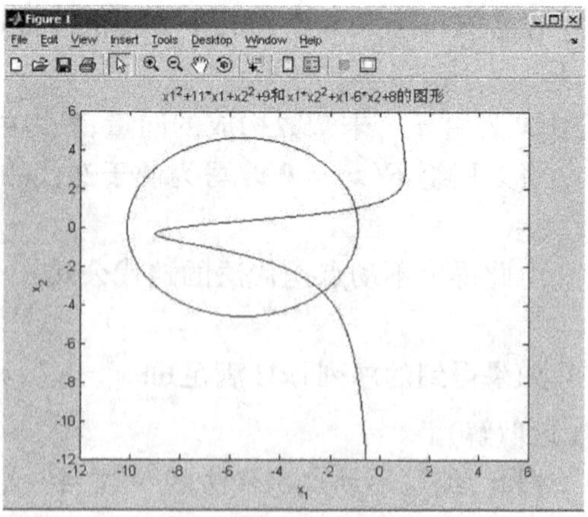

图 7-2-1　方程组的图形

若调用函数 example7_ 2 求方程组解,即:

```
x =example7_2 ([0,0])
```

则运行结果为:

```
x =
    -1.0000 1.0000
```

这样,就求得方程组

$$\begin{cases}x_1^2+11x_1+x_2^2+9=0,\\ x_1x_2^2+x_1-6x_2+8=0\end{cases}$$

的一个解,即:$x_1=-1, x_2=1$。

从图7-2-1可以看出,方程组$\begin{cases}x_1^2+11x_1+x_2^2+9=0,\\x_1x_2^2+x_1-6x_2+8=0\end{cases}$还有一个解,若要求得此解,还需要对原方程组作另外变形,这里不再进一步讨论。

7.3 插 值

插值计算在数据拟合和数据平滑等方面应用普遍。MATLAB提供了用最近邻插值、线性插值、三次样条插值、三次插值和FFT插值法进行一维、二维、三维和高维插值的函数。

7.3.1 一维插值

MATLAB中有两种一维插值,即多项式插值和基于FFT的插值。

1. 多项式插值

函数interp1可用于进行一维插值。一维插值是进行数据分析和曲线拟合的重要手段。interp1函数使用多项式技术,用多项式函数拟合所提供的数据,并计算目标插值点上的插值函数值,其最常用的语法形式为:

```
yi = interp1(x,y,xi,method)
```

其中,$\boldsymbol{x}$和$\boldsymbol{y}$为给定数据的向量,长度相同;$\boldsymbol{x}_i$为包含要插值的点构成的向量;method是一个可选的字符串,指定一种插值方法。method指定的插值方法包括:

- method = 'nearest':最近邻插值;
- method = 'linear':线性插值;
- method = 'spline':三次样条插值;
- method = 'pchip'或'cubic':三次插值。

这几种方法在速度、内存和平滑性等方面有所差别,使用时可以根据需要进行选择。

最近邻插值是最快的插值方法,但是,利用它得到的结果平滑性最差。

线性插值比最近邻插值要占用更多的内存,运行时间略长。与最近邻法不同的是,它生成的结果是连续的,但是在顶点处有坡度变化。

三次样条插值的运行时间相对来说最长,内存消耗比三次插值略少。它生成的结果平滑性最好,但是,如果输入数据不很均匀,可能会得到出乎意料的结果。

三次插值需要更多内存,而且运行时间比最近邻插值和线性插值的长。但是,使用此法时,插值数据及其导数都是连续的。

[例7.3.1] 演示一维最近邻插值和线性插值的程序代码如下:

```
clear,clc
x =1:10;
y =[1800 778 518 5000 980 588 2799 528 6700 598];
x1 =1:0.1:10;
y1 =interp1(x,y,x1,'nearest');% 一维最近邻插值
plot(x1,y1)
y2 =interp1(x,y,x1,'linear');% 一维线性插值
hold on
plot(x1,y2,'color','r')
```

```
hold off
```

其运行结果如图 7-3-1 所示。

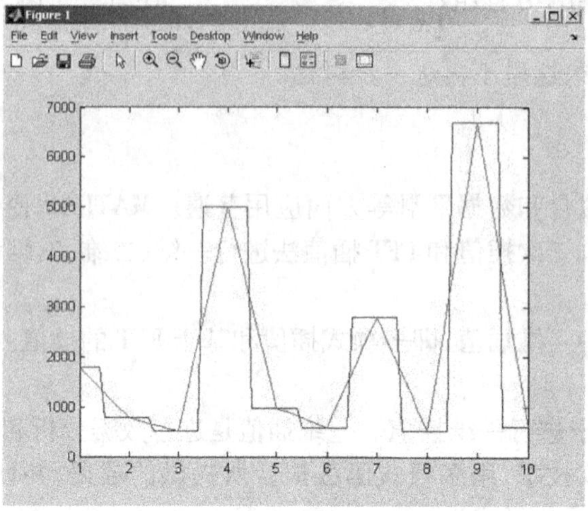

图 7-3-1　一维最近邻插值和线性插值

[**例 7.3.2**]　演示三次样条插值的程序代码：

```
clear,clc
x=1:10;
y=[1800 778 518 5000 980 588 2799 528 6700 598];
plot(x,y);
x1=1:0.1:10;
hold on
y1=interp1(x,y,x1,'spline');% 三次样条插值
plot(x1,y1,'color','r')
hold off
```

其运行结果如图 7-3-2 所示。

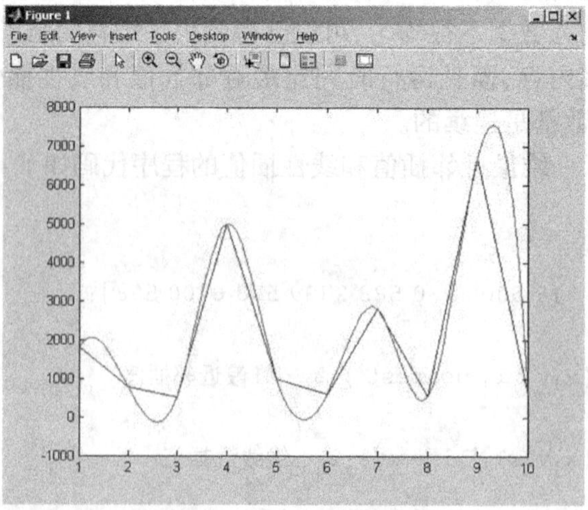

图 7-3-2　三次样条插值

2. 基于 FFT 的插值

函数 interpft 以基于 FFT 的方法进行一维插值。本计算方法首先进行周期函数值向量的傅里叶变换，然后，用更多的点计算逆傅里叶变换。该函数的调用形式为：

```
y = interpft(x,n)
```

其中，x 是一个包含周期函数值的向量，这些值在等间隔的点上采集；n 是样本大小。

7.3.2　二维插值

二维插值在图像处理和可视化方面有非常重要的应用。MATLAB 用函数 interp2 进行二维插值，该函数的一般调用形式为：

```
ZI = interp2(X,Y,Z,XI,YI,method)
```

其中，X 和 Y 为大小相同的数组；Z 是一个矩阵数组，包含二元函数的值；XI 和 YI 为包含插值点数据的矩阵；method 表示插值方法，为可选参数。

MATLAB 提供了三种不同的插值方法进行二维插值：

- method = 'nearest'：最近邻插值；
- method = 'linear'：双线性插值；
- method = 'cubic'：双三次插值。

[例 7.3.3]　演示二维最近邻插值的程序代码如下：

```
clear,clc
[x,y] = meshgrid( -4:1:4);
z = peaks(x,y);
surf(x,y,z)
```

其运行结果如图 7-3-3 所示。

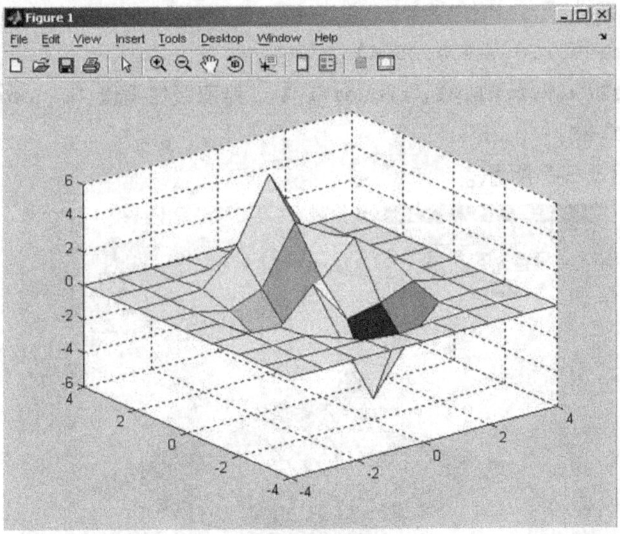

图 7-3-3　二维最邻近插值 1

[例 7.3.4]　演示二维最近邻插值的程序代码如下：

```
clear,clc
[x,y] = meshgrid( -4:1:4);
z = peaks(x,y);
```

```
[xI,yI]=meshgrid(-4:0.25:4);
zI=interp2(x,y,z,xI,yI,'nearest');% 二维最近邻插值
surf(xI,yI,zI)
```

其运行结果如图 7-3-4 所示。

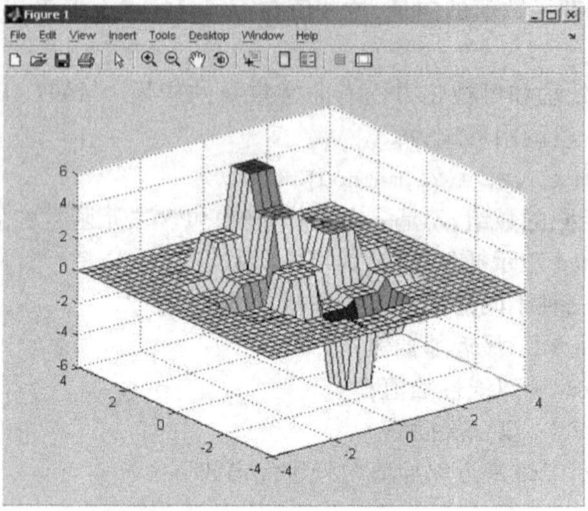

图 7-3-4　二维最近邻插值 2

［例 7.3.5］　演示二维双线性插值的程序代码如下：

```
clear,clc
[x,y]=meshgrid(-4:1:4);
z=peaks(x,y);
[xI,yI]=meshgrid(-4:0.25:4);
zI=interp2(x,y,z,xI,yI,'linear');% 二维双线性插值,'linear'可省略
surf(xI,yI,zI)
```

其运行结果如图 7-3-5 所示。

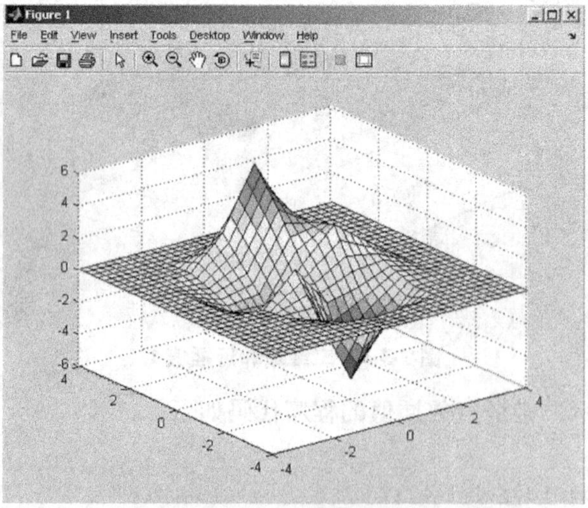

图 7-3-5　二维双线性插值

[例 7.3.6]　演示二维双三次插值的程序代码如下:

```
clear,clc
[x,y] =meshgrid( -4:1:4);
z =peaks(x,y);
[xI,yI] =meshgrid( -4:0.25:4);
zI =interp2(x,y,z,xI,yI,'cubic'); % 二维双三次插值
surf(xI,yI,zI)
```

其运行结果如图 7-3-6 所示。

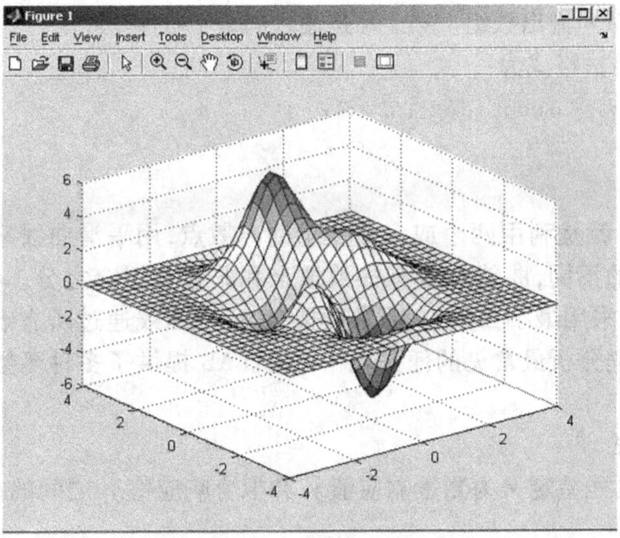

图 7-3-6　二维双三次插值

7.3.3　多维插值

MATLAB 提供了几种多维数据的插值函数,见表 7-3-1。

表 7-3-1　多维数据的插值函数

函数	描　述
interp3	三维数据插值
interpn	多维数据插值
ndgrid	多维数据网格化

利用函数 interp3 进行三维插值,可计算三维样本集 V 中数据点之间的值。该函数的一般调用形式为:

```
VI =interp3(X,Y,Z,V,XI,YI,ZI,method)
```

其中,X,Y 和 Z 为指定数据点;V 包含与 X,Y 和 Z 对应的值;XI,YI 和 ZI 为 interp3 函数对 V 中数据进行插值的点,对于超出范围的值,interp3 函数返回 NaN;method 表示插值方法,为可选参数。

对于三维数据,MATLAB 提供三种不同的插值方法。

◆ method = 'nearest':最近邻插值;

◆ method = 'linear': 线性插值(该方法基于最近的 8 个点进行分区域线性插值);
◆ method = 'cubic': 三次插值(该方法基于最近的 64 个点进行分区域三次插值)。

利用 interpn 函数可进行更高维数据的插值。该函数的常用形式为:

```
VI = interpn(X1,X2,X3,…,V,Y1,Y2,Y3,…,method)
```

其中,$Y_1, Y_2, Y_3, \cdots$ 为 interpn 函数对 V 中数据进行插值的点,对于超出范围的值,interpn 函数返回 NaN;method 表示插值方法,为可选参数。

对于高维数据插值,同样有最近邻插值、线性插值和三次插值三种方法。

利用 ndgrid 函数为高维函数评价和插值生成数据数组。该函数将一系列输入向量指定的图域转换为一系列输出数组。第 i 维是输入向量 x_i 的拷贝。

ndgrid 函数的语法格式为:

```
[X1,X2,X3,…] = ndgrid(x1,x2,x3,…)
```

7.4 曲线拟合

所谓曲线拟合,就是利用两个或多个变量的离散点,用平滑曲线来拟合它们之间的关系。根据拟合方法的不同,曲线拟合有参数拟合和非参数拟合之分。参数拟合,曲线不要求通过所有点,往往采用最小二乘法;非参数拟合,要求曲线通过所有点,往往采用插值法。由于曲线拟合是数据分析最常见的任务之一,MATLAB 提供了多种函数和工具来进行曲线拟合。

7.4.1 最小二乘法

第 i 个数据点的残差定义为测量响应值 y_i 和拟合响应值 $\hat{y}_i$ 之间的差值,即 $r_i = y_i - \hat{y}_i$,残差的平方和 $S = \sum_{i=1}^{n} r_i^2 = \sum_{i=1}^{n} (y_i - \hat{y}_i)^2$。最小二乘法就是通过最小化残差的平方和来获得待定系数的估计。

常见的最小二乘法包括线性最小二乘、加权线性最小二乘、稳健最小二乘和非线性最小二乘等。

7.4.2 多项式曲线拟合

利用 polyfit 函数可计算拟合数据集的多项式在最小二乘意义上的系数,其调用形式为:

```
p = polyfit(x,y,n)
```

其中,**x** 和 **y** 是包含要拟合的 x 和 y 数据的向量;n 是多项式的阶次。

[例 7.4.1] 演示多项式曲线拟合的程序代码如下:

```
clear,clc
x = 1:2:19;
y = [1 3 31 133 381 871 1723 3081 5113 8011];
P = polyfit(x,y,4) % 多项式曲线拟合,返回多项式的系数
```

其运行结果为:

```
P =
    0.0625 -0.0000 -0.3750 -0.0000 1.3125
```

7.4.3 相关工具

MATLAB 提供了基本拟合界面,该拟合界面有拟合快速,操作简便的优点,并具有如下

功能：

- ◆ 使用样条插值、分段三次艾尔米特插值（PCHIP）或者从 1 到 10 阶的多项式插值进行数据拟合；
- ◆ 利用一组数据可以同时作多条拟合曲线；
- ◆ 可以绘制残差图；
- ◆ 可以检查拟合结果；
- ◆ 可以对拟合进行内插或外推；
- ◆ 用拟合结果和标准残差在图中进行注释；
- ◆ 可以将拟合和计算结果保存到 MATLAB 的工作空间。

[例 7.4.2] 某商店某种产品的销售量见表 7-4-1。

表 7-4-1 某产品销售量

年份	2004	2005	2006	2007	2008	2009	2010	2011	2012
销售量/万件	10.0	18.0	25.0	30.5	35.0	38.0	40.0	39.5	38.0

要求：用多项式曲线拟合上述数据，并预测未来三年的销售量。

解 第 1 步，绘散点图和线形图的组合图。

M 文件 example7_4_3a.m 的程序代码如下：

```
clear,clc
x =2004:2012;
y =[10 18 25 30.5 35 38 40 39.5 38];
scatter(x,y,'filled','r')% 绘散点图
hold on
plot(x,y)
hold off
```

其运行结果如图 7-4-1 所示。

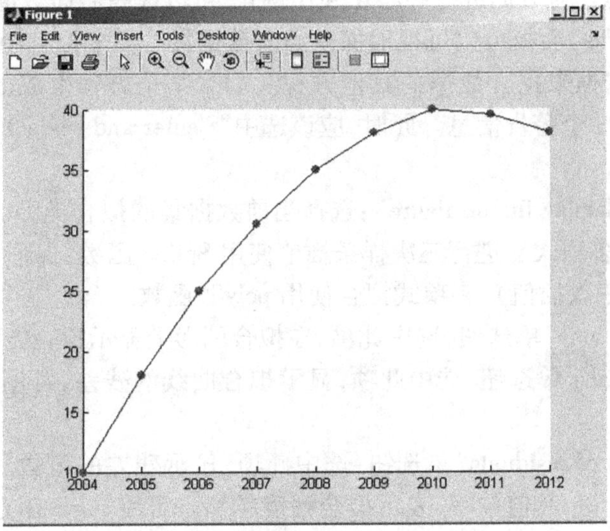

图 7-4-1 散点图和线形图的组合图

第 2 步，在如图 7-4-1 所示的图形窗口中，选择“Tools | Basic Fitting”菜单项便可打开“Basic Fitting”对话框，在该对话框中，两次单击“→”按钮后，则出现曲线基本拟合界面“Basic Fitting”对话框，如图 7-4-2 所示。

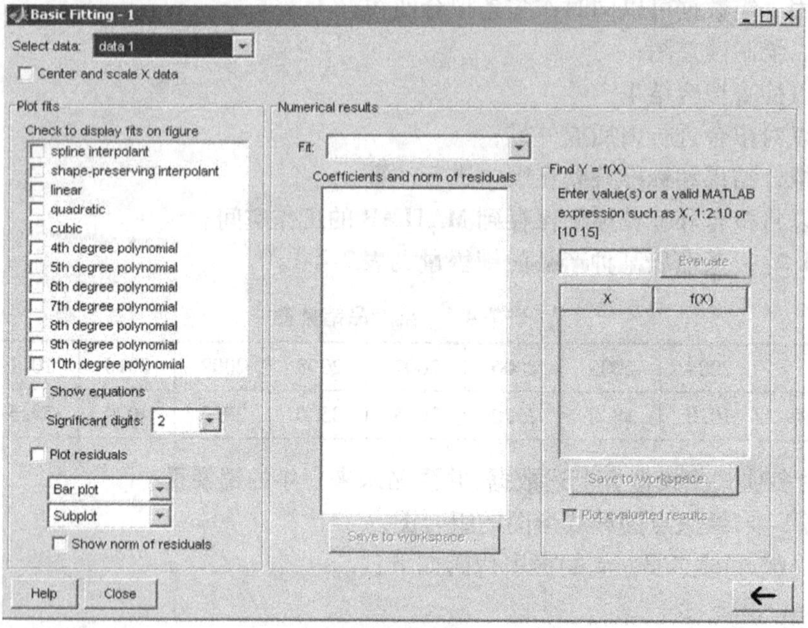

图 7-4-2　曲线基本拟合界面

在如图 7-4-2 所示的“Basic Fitting-1”对话框中，各部分的功能介绍如下。

（1）“Select data”下拉式列表框：该列表框中显示了图形窗口中图形用到的所有数据集的名称，在其中选择要拟合的数据。一次只能选择一组数据，但在一组数据里可以同时拟合多条曲线。

（2）“Center and scale X data”单选钮：选中此项以后，数据中心化为具有 0 均值，比例化为具有单位标准差。对数据进行中心化和比例化，可以提高后面数值计算的精度。

（3）利用“Plot fits”面板可以可视地探察当前数据集的多个拟合图形。为了进行比较，通过选择合适的核选框来拟合数据的其他方程。如果某个方程生成的结果在数值上不精确，MATLAB 会显示一个警告信息。此时，应该选中“Center and scale X data”单选钮来改进数值精度。

◆　“Check to display fits on figure”：选择当前数据集的拟合类型。共有两种拟合类型可供选择，即插值和多项式。进行三次样条插值使用 Spline 函数，保形（shape-preserving）插值使用 pchip 函数（三次插值），多项式拟合使用 polyfit 函数。

◆　“Show equations”单选钮：选中此项，在拟合图形上显示拟合方程。

◆　“Plot residuals”单选钮：选中此项，显示拟合曲线的残差，可用条形图、散点图或线形图显示。

◆　“Show norm of residuals”单选钮：选中此项，显示残差的范数。残差的范数是表示拟合优度的一个统计量，其值越小，表示拟合程度越高。可用 norm 函数进行计算，即“norm（V，2）”，其中 V 为残差向量。

（4）Numerical results 面板。

◆ Fit:选择拟合当前数据集的方程,拟合结果显示在菜单下面的列表框中。在该菜单中选择方程并不影响“Plot fits”面板的状态,因此,如果试图在数据散点图中显示拟合曲线,可能需要在“Plot fits”面板中选择有关的核选框。

◆ “Coefficients and norm of residuals”:显示“Fit”中选择的方程的计算结果。

◆ “Save to workspace…”:打开一个对话框,使用该按钮将拟合结果保存到工作空间变量中。

◆ “Find Y = f(X)”:对当前的拟合进行内插或外推。

◆ “Enter value(s)…”:输入一个 MATLAB 表达式,进行拟合计算。单击“Evaluate”按钮后计算表达式,结果显示在有关的表格中。当前拟合显示在“Fit”菜单中。

◆ “Plot evaluated results”:选择此项,计算结果显示到图中的数据点上。

第3步,在如图7-4-2所示的“Basic Fitting”对话框中,用“Fit”探寻模型,综合看“Coefficients and norm of residuals”中的Norm of residuals(小为优)和p1(其绝对值不要过小)。对于本例,可选择二次曲线。

第4步,在“Basic Fitting”对话框中,再进行如图7-4-3所示的一些简单操作,可得如图7-4-4所示的界面。

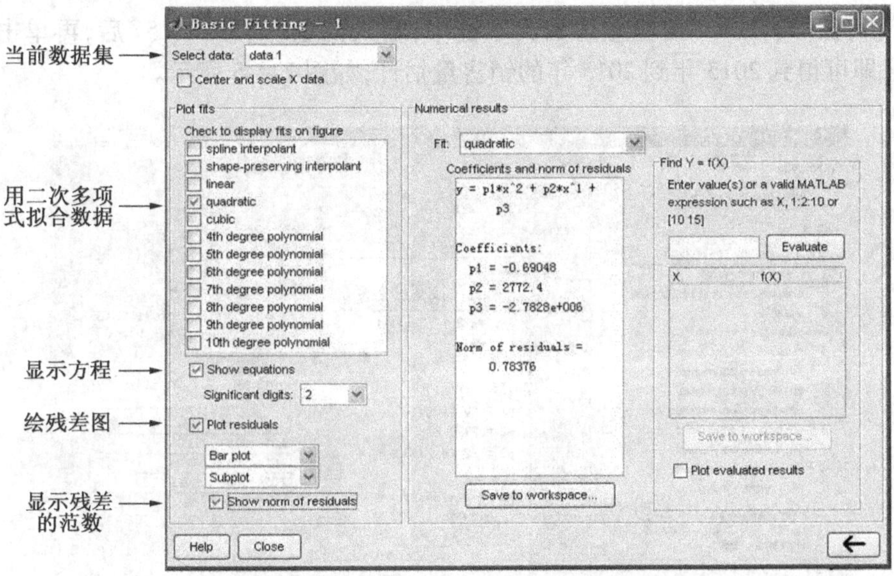

图7-4-3 “Basic Fitting-1”对话框相应设置

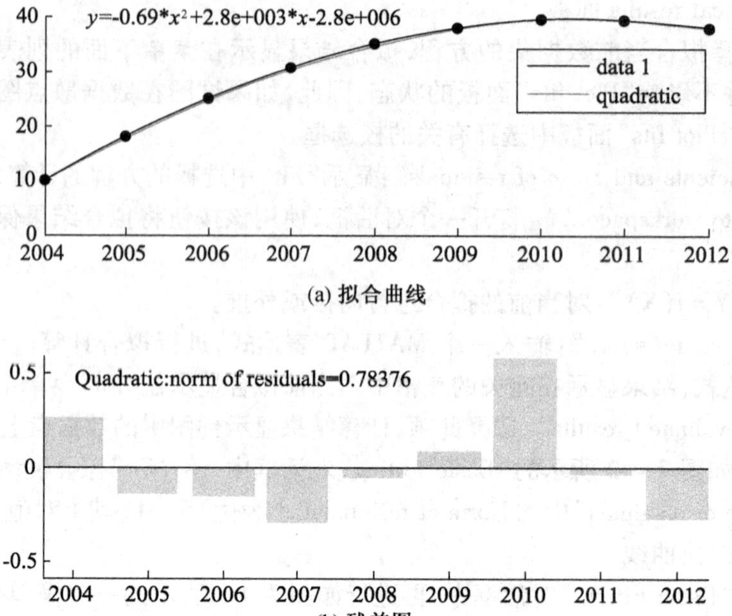

(a) 拟合曲线

(b) 残差图

图 7-4-4　拟合曲线和残差图

第 5 步，在“Evaluate”按钮左边的文本框中，输入向量“2013:2015”后，再单击“Evaluate”按钮，即可得到 2013 年到 2015 年的销售量估计，如图 7-4-5 所示。

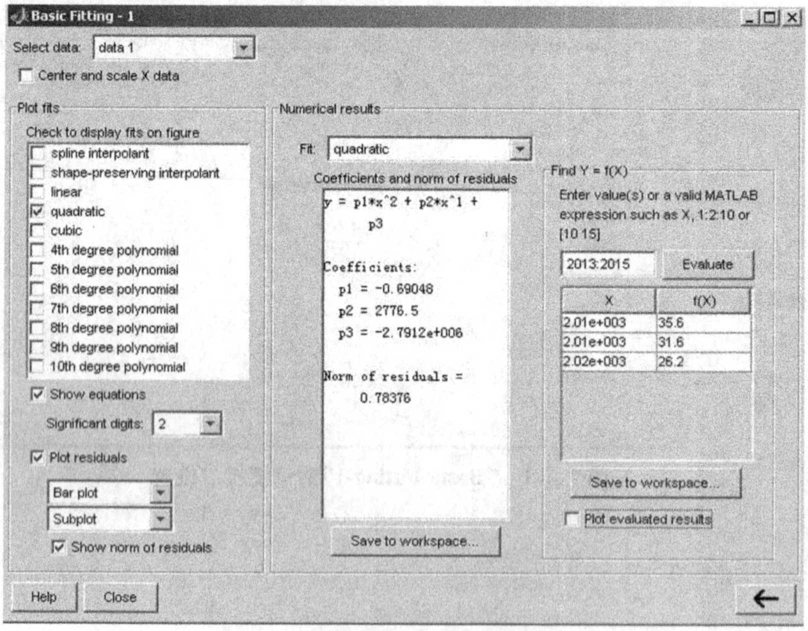

图 7-4-5　显示 *x* 值和对应的拟合值

第 6 步，选中“Plot evaluated results”单选钮，显示当前图形中对应当前数据的计算值，如图 7-4-6 所示。

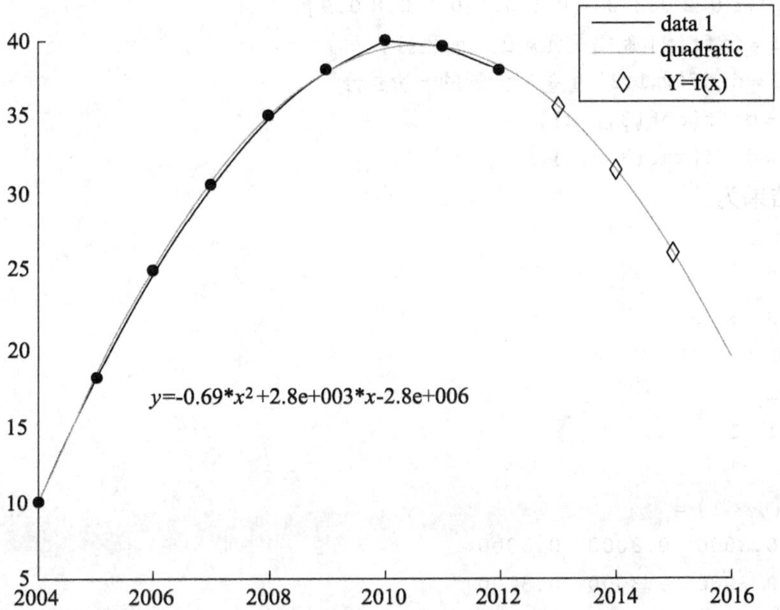

图 7-4-6　拟合与预测

因此,拟合曲线方程为 $y = -0.69048x^2 + 2776.5x - 2791200$,预测 2013 年销售量为 35.619 万件,2014 年销售量为 31.59 万件,2015 年销售量为 26.181 万件。

7.5　数值微分(差分)

利用 MATLAB 函数,可以实现数值微分、梯度运算。

7.5.1　数值微分(差分)运算

5.3 节中用 diff 函数实现了符号微分运算。实际上,diff 函数还可以实现数值微分运算,即求相邻元素之间的差值。diff 函数的调用格式为:

```
Y = diff(X,n,dim)
```

◆ 若 X 是向量,则可省略 dim。

diff(X):返回 X 的一阶差分。

diff(X,n)(n 大于 1 且小于 X 的长度):返回 X 的 n 阶差分(等价于递归 n 次一阶差分)。

◆ 若 X 是 p 行 q 列矩阵,则 diff(X)返回 X 的每列元素的一阶差分。

diff(X,n)(n 大于 1 且小于 p):返回 X 的每列元素的 n 阶差分。

diff(X,n,2)(n 大于 1 且小于 q):返回 X 的每行元素的 n 阶差分。

◆ 若 X 是 $N_1 \times N_2 \times \cdots \times N_m$ 数组,则 diff(X,n,dim)($1 \leqslant n < N_{\rm dim}$)返回 X 的第 dim 维元素的 n 阶差分。

n 和 dim 均为大于或等于 1 的整数, n 和 dim 的默认值均为 1。当 dim 大于 X 的维数时,将返回空数组;当 n 大于或等于 X 的第 dim 维的长度时,也返回空数组。

[例 7.5.1]　演示数值微分运算的程序代码如下:

```
clear,clc
x = [1 2 3;4 5 6;7 8 9];
```

```
y=[0.1 0.2 0.3;0.4 0.5 0.6;0.7 0.8 0.9];
Dx11 =diff(x) % 每列元素的一阶差分
Dx12 =diff(x,1,2) % 每行元素的一阶差分
D11 =diff(cat(3,y,x))
D13 =diff(cat(3,y,x),1,3)
```

其运行结果为：

```
Dx11 =
    3  3  3
    3  3  3
Dx12 =
    1  1
    1  1
    1  1
D11(:,:,1) =
    0.3000  0.3000  0.3000
    0.3000  0.3000  0.3000
D11(:,:,2) =
    3  3  3
    3  3  3
D13 =
    0.9000  1.8000  2.7000
    3.6000  4.5000  5.4000
    6.3000  7.2000  8.1000
```

7.5.2 数值梯度运算

利用 gradient 函数可进行数值梯度运算。gradient 函数的调用格式如下：

```
Fx =gradient(F)
[Fx,Fy] =gradient(F)
[Fx,Fy,Fz,…] =gradient(F)
[…] =gradient(F,h)
[…] =gradient(F,h1,h2,…)
```

[例 7.5.2] 演示数值梯度运算的程序代码如下：

```
clear;clc;
xmin = -3;xmax =3;ymin = -3;ymax =3;m =16;n =20;
x0 =linspace(xmin,xmax,m);
y0 =linspace(ymin,ymax,n);
[x,y] =meshgrid(x0,y0);
z =x.*exp(-x.^2 -y.^2);
[Zx,Zy] =gradient(z,(xmax-xmin)/(m-1),(ymax -ymin)/(n-1));
contour(x0,y0,z) % 绘制等高线图
hold on,quiver(x0,y0,Zx,Zy) % 绘制梯度向量(箭头)图
hold off
```

其运行结果如图 7-5-1 所示。

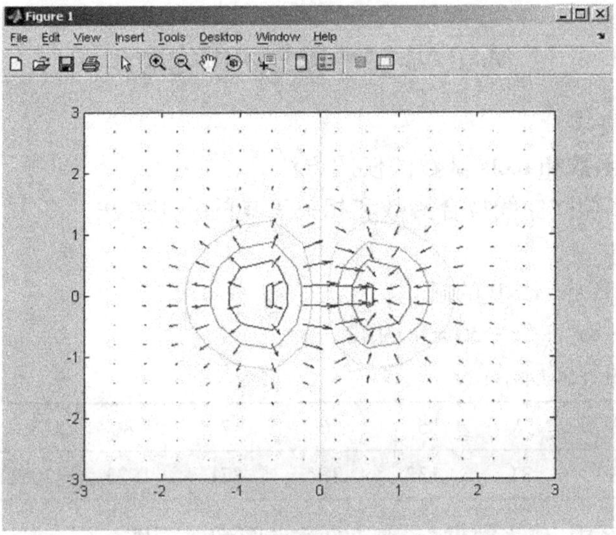

图 7-5-1　梯度向量(箭头)图和等高线图

实验七

MATLAB 在计算方法中的应用

1. 实验目的与要求

(1) 掌握 fzero 函数和 roots 函数的使用方法;

(2) 熟练掌握多项式曲线拟合函数和相关工具的使用方法。

2. 实验内容

(1) 求方程 $x-10\sin x=0$ 的解。

(2) 求方程 $x^3-8x^2+6x-30=0$ 的解。

(3) 若有数据如下表所示:

x_i	2	3	4	5	6	7	8	9	10	11
y_i	1	3	31	133	381	871	1723	3081	5113	8011

① 在一个坐标系中,作出数据(x_i,y_i)的散点图和线形图;

② 作出二次多项式拟合曲线图;

③ 用多项式曲线拟合的相关工具,寻找较好的多项式拟合曲线。

第 8 章

MATLAB 在最优化方法中的应用

解决同一个问题若有多种方案，最优化方法就是研究如何从多个方案中选出最优方案的数学分支。利用 MATLAB 的最优化工具箱可以解决不同类型的最优化问题。

8.1　一维搜索问题

一维搜索问题不仅可以直接用于解决实际问题，而且还是多变量最优化方法的基础（进行多变量优化要用到一维搜索算法）。

1. 基本数学原理

一维搜索问题的数学模型为：

$$\min_{x_1 < x < x_2} f(x) \tag{8.1}$$

其中，$f(x)$ 为目标函数。

该问题的搜索过程可用下式表达：

$$x_{k+1} = x_k + \alpha d$$

其中，x_k 为本次迭代的值；d 为搜索方向；α 为搜索方向上的步长参数。所以说，一维搜索就是要利用本次迭代的信息来构造下次迭代的条件。

2. 有关函数介绍

利用 fminbnd 函数可解决在固定区间内单变量函数的最小值问题，其简单调用格式如下。

◆　x = fminbnd(fun,x1,x2)：返回区间 $[x_1, x_2]$ 上目标函数 fun 的最小值点 x。

◆　[x,fval] = fminbnd(…)：还返回解 x 处目标函数的值。

◆　[x,fval,exitflag] = fminbnd(…)：还返回 exitflag 值描述 fminbnd 函数的退出条件。

exitflag 的返回值的含义如下：大于 0 表示计算收敛；等于 0 表示超过最大迭代次数；小于 0 表示计算不收敛。

3. 应用实例

[例 8.1.1]　对边长为 2 m 的正方形铁板，在 4 个角处剪去相等的正方形以制成方形无盖水槽，问如何剪才能使水槽的容积最大？

解　设剪去的正方形的边长为 x，则水槽的容积为：

$$V = x(2-2x)^2,\quad 0 < x < 1$$

由于

$$\max_{0<x<1} V = \max_{0<x<1} x(2-2x)^2 \Leftrightarrow \min_{0<x<1}(-V) = \min_{0<x<1}\{-x(2-2x)^2\}$$

求解程序代码如下：

```
clear;clc
[x fval,exitflag] = fminbnd(@(x) -x*(2-2*x).^2,0,1)
```

运行结果为：

```
x =
    0.3333
fval =
   -0.5926
exitflag =
     1
```

因此，剪掉的正方形的边长为 0.3333 m 时水槽的容积最大，最大值为 0.5926 m^3。

8.2 线性规划

线性规划是研究线性约束条件下线性目标函数极值问题的数学理论和方法，英文缩写为 LP。它是运筹学的一个重要分支，广泛应用于军事作战、经济分析、经营管理和工程技术等方面，为合理地利用有限的人力、物力、财力等资源作出最优决策，提供科学的依据。

1. 线性规划模型

用 MATLAB 解决线性规划问题的数学模型为：

$$\min_{x} \boldsymbol{f}'\boldsymbol{x}$$
$$s.t.\begin{cases}\boldsymbol{A}\cdot\boldsymbol{x}\leqslant\boldsymbol{b}\\\boldsymbol{Aeq}\cdot\boldsymbol{x}=\boldsymbol{beq}\\\boldsymbol{lb}\leqslant\boldsymbol{x}\leqslant\boldsymbol{ub}\end{cases}\tag{8.2}$$

其中，$\boldsymbol{x}$ 是由决策变量构成的列向量；$\boldsymbol{f}$ 为列向量，$\boldsymbol{f}'\boldsymbol{x}$ 为目标函数；$\boldsymbol{A}\cdot\boldsymbol{x}\leqslant\boldsymbol{b}$ 描述线性小于约束；$\boldsymbol{Aeq}\cdot\boldsymbol{x}=\boldsymbol{beq}$ 描述线性等于约束；$\boldsymbol{lb}$ 与 $\boldsymbol{ub}$ 分别为下限列向量和上限列向量。

2. 有关函数介绍

在 MATLAB 中，可用 linprog 函数求解线性规划问题。linprog 函数的简单调用格式如下。

- x = linprog(f,A,b)：在约束条件 $\boldsymbol{A}\cdot\boldsymbol{x}\leqslant\boldsymbol{b}$ 下，求解问题 min $\boldsymbol{f}'\boldsymbol{x}$。
- x = linprog(f,A,b,Aeq,beq)：在约束条件 $\boldsymbol{Ax}\leqslant\boldsymbol{b}$，$\boldsymbol{Aeq}\cdot\boldsymbol{x}=\boldsymbol{beq}$ 下，求解问题 min $\boldsymbol{f}'\boldsymbol{x}$。若没有约束 $\boldsymbol{A}\cdot\boldsymbol{x}\leqslant\boldsymbol{b}$，则令"A = [ ]，b = [ ]"。
- x = linprog(f,A,b,Aeq,beq,lb,ub)：在 $\boldsymbol{A}\cdot\boldsymbol{x}\leqslant\boldsymbol{b}$，$\boldsymbol{Aeq}\cdot\boldsymbol{x}=\boldsymbol{beq}$，$\boldsymbol{lb}\leqslant\boldsymbol{x}\leqslant\boldsymbol{ub}$ 下，求解问题 min $\boldsymbol{f}'\boldsymbol{x}$。若没有等式约束 $\boldsymbol{Aeq}\cdot\boldsymbol{x}=\boldsymbol{beq}$，令"Aeq = [ ]，beq = [ ]"。
- [x,fval] = linprog(…)：返回解 x 处的目标函数值 fval。
- [x,fval,exitflag] = linprog(…)：返回 exitflag 值，描述计算的退出条件。

exitflag 参数表示算法终止的原因，表 8-2-1 列出不同值对应的退出原因。

表 8-2-1 不同值对应的退出原因

值	退出原因
1	函数在解 x 处有解
0	迭代次数超过 options. MaxIter
-2	没有找到可行点
-3	问题无解

续表

值	退出原因
-4	执行算法时遇到 NaN
-5	原问题和对偶问题都不可行
-7	搜索方向太小,不能继续前进

3. 应用实例

[**例 8.2.1**]　某河流边有两个化工厂,流经第一个化工厂的河水流量是 500 万立方米/天,在两个工厂之间有一条流量为 200 万立方米/天的支流(如图 8-2-1 所示)。第一个化工厂每天排放工业污水 2 万立方米,第二个化工厂每天排放工业污水 1.4 万立方米,从第一个化工厂排出的污水流到第二个化工厂之前,有 20% 可自然净化。根据环保要求,河流中工业污水的含量应不大于 0.2%,因此两个化工厂都必须各自处理净化一部分污水,第一个化工厂处理污水的成本是 0.1 元/立方米,第二个化工厂处理污水的成本是 0.08 元/立方米。问在满足环保要求的条件下,各化工厂每天应处理多少污水,才能使两厂总的污水处理费用最少?

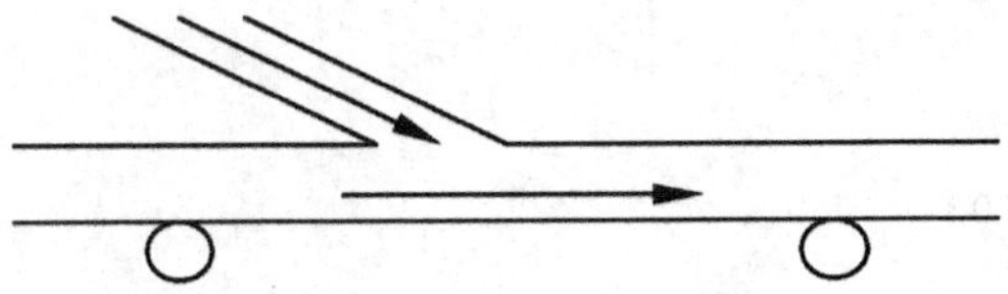

图 8-2-1　两个化工厂位置示意

解　设决策变量 x_1, x_2 分别表示第一个化工厂和第二个化工厂每天处理的污水量(万立方米/天)。

则目标函数为:

$$y = 1000x_1 + 800x_2 \text{(元/天)}$$

约束条件 1: $\dfrac{2 - x_1}{500} \leqslant 0.2\%$,即 $-x_1 \leqslant -1$;

约束条件 2: $\dfrac{0.8(2 - x_1) + (1.4 - x_2)}{700} \leqslant 0.2\%$,即 $-0.8x_1 - x_2 \leqslant -1.6$;

约束条件 3: $\begin{cases} 0 \leqslant x_1 \leqslant 2, \\ 0 \leqslant x_2 \leqslant 1.4。\end{cases}$

因此可记:

$$\boldsymbol{x} = \begin{pmatrix} x_1 \\ x_2 \end{pmatrix}, \qquad \boldsymbol{f} = \begin{pmatrix} 1000 \\ 800 \end{pmatrix};$$

$$\boldsymbol{A} = \begin{pmatrix} -1 & 0 \\ -0.8 & -1 \end{pmatrix}, \quad \boldsymbol{b} = \begin{pmatrix} -1 \\ -1.6 \end{pmatrix};$$

$$\boldsymbol{lb} = \begin{pmatrix} 0 \\ 0 \end{pmatrix}, \qquad \boldsymbol{ub} = \begin{pmatrix} 2 \\ 1.4 \end{pmatrix}$$

该问题的线性规划模型为：

$$\min \boldsymbol{f}'\boldsymbol{x}$$

$$s.t.\ \begin{cases}\boldsymbol{Ax} \leqslant \boldsymbol{b} \\ \boldsymbol{lb} \leqslant \boldsymbol{x} \leqslant \boldsymbol{ub}\end{cases}$$

从而可得求解程序代码如下：

```
% 线性规划问题
clear;clc
f =[1000 800]';
A =[ -1 0; -0.8 -1];
b =[ -1; -1.6];
lb = zeros(2,1);
ub =[2;1.4];
[x,fval,exitflag] = linprog(f,A,b,[],[],lb,ub)
```

其运行结果为：

```
x =
    1.0000
    0.8000
fval =
    1.6400e +003
exitflag =
    1
```

这说明，第一个化工厂每天处理的污水量为 1 万立方米/天，第二个化工厂每天处理的污水量为 0.8 万立方米/天，才能使两厂总的处理污水费用最少，最少值为 1640 元/天。

8.3 无约束非线性最优化问题

无约束非线性最优化问题的数学模型为：

$$\min_{\boldsymbol{x}} f(\boldsymbol{x}) \tag{8.3}$$

其中，$\boldsymbol{x}$ 是向量；$f(\boldsymbol{x})$ 为目标函数。

求解无约束最优化问题的方法主要有两类，即直接搜索法（direct search method）和梯度法（gradient method）。

在目标函数没有导数或导数很难计算的情况，可用直接搜索法。常用的直接搜索法为单纯形法，此外还有 Hooke - Jeeves 搜索法、Pavell 共轭方向法等，这两种方法的缺点是收敛速度较慢。

在目标函数的导数可求的情况下，梯度法是一种较优的方法。函数 $f(x)$ 的负梯度方向反映了函数的最大下降方向，当搜索方向取为负梯度方向时称为最速下降法。

常见的梯度法有最速下降法、Newton 法、Marquart 法、共轭梯度法和拟牛顿法（Quasi - Newton method）等。在所有这些方法中，使用最多的是拟牛顿法。

进行一维搜索时，如果梯度值可以直接得到，则用三次插值的方法进行一维搜索；如果梯度值不能直接得到，则采用二次、三次混合插值法。

1. 有关函数介绍

在 MATLAB 中,用于求解无约束非线性规划问题的函数有 fminunc 和 fminsearch。

(1) fminunc 函数

fminunc 函数用于解决在给定初值的情况下,目标函数的极小值问题。它常用于解决无约束非线性最优化问题,其简单调用格式如下。

- x = fminunc(fun,x0):给定初值 x_0,求目标函数 fun 的局部极小值点 x。
- x = fminunc(fun,x0,options):用 options 参数中指定的优化参数进行最小化。
- x = fminunc(fun,x0,options,P1,P2,…):将问题参数 P_1,P_2 等直接输给目标函数 fun,将 options 参数设置为空矩阵,作为 options 参数的默认值。
- [x,fval] = fminunc(…):将解 x 处目标函数值返回到 fval 参数中。
- [x,fval,exitflag] = fminunc(…):返回 exitflag 值,描述函数的退出条件。

(2) fminsearch 函数

fminsearch 函数也可用于解决在给定初值的情况下,目标函数的极小值问题。该函数常用于解决无约束非线性最优化问题,其调用格式如下。

- x = fminsearch(fun,x0):初值为 x_0,求目标函数 fun 的局部极小值点 x。
- x = fminsearch(fun,x0,options):用 options 参数中指定的优化参数进行最小化。
- x = fminsearch(fun,x0,options,P1,P2,…):将问题参数 P_1,P_2 等直接输给目标函数 fun,将 options 参数设置为空矩阵,作为 options 参数的默认值。
- [x,fval] = fminsearch(…):将解 x 处目标函数值返回到 fval 参数中。
- [x,fval,exitflag] = fminsearch(…):返回 exitflag 值,描述函数的退出条件。

对于求解二次以上的问题,fminsearch 函数比 fminunc 函数效率低。但是,当问题为高度非线性时,fminsearch 函数更具稳健性。

2. 应用实例

[例 8.3.1] 最小化函数:

$$f(x) = 3x_1^2 + 2x_1x_2 + x_2^2$$

解 首先创建目标函数(M 文件名 example8_3_2a.m)的程序代码如下:

```
function [f,g] = example8_3_2a(x)
% 创建目标函数,并提供梯度函数
f = 3 * x(1)^2 + 2 * x(1) * x(2) + x(2)^2; % 目标函数
if nargout > 1
    g(1) = 6 * x(1) + 2 * x(2);
    g(2) = 2 * x(1) + 2 * x(2);
end
```

▲ 方法 1:调用 fminunc 函数,求[1,1]附近的极小值点、极小值。

其实现的程序代码如下:

```
clear;clc;
x0 = [1,1];
[x,fval,exitflag] = fminunc(@example8_3_2a,x0)
```

运行结果为:

```
x =
    1.0e-006 *
    0.2541   -0.2029
fval =
    1.3173e-013
exitflag =
    1
```

▲ 方法 2: 调用 fminsearch 函数,求[1,1]附近的极小值点、极小值。

其实现的程序代码如下:

```
clear;clc;
x0 = [1,1];
[x,fval,exitflag] = fminsearch(@example8_3_2a,x0)
```

运行结果为:

```
x =
    1.0e-004 *
    -0.0675  0.1715
fval =
    1.9920e-010
exitflag =
    1
```

▲ 方法 3: 用提供的梯度 g 使函数最小化,并调用 fminunc 函数,程序代码如下:

```
% 用提供的梯度使函数最小化
clear;clc;
options = optimset('GradObj','on');
x0 = [1 1];
[x,fval,exitflag] = fminunc(@example8_3_3,x0,options)
```

运行结果为:

```
x =
    1.0e-015 *
    0.1110   -0.8882
fval =
    6.2862e-031
exitflag =
    1
```

▲ 方法 4: 用提供的梯度 g 使函数最小化,并调用 fminsearch 函数,程序代码如下:

```
% 用提供的梯度使函数最小化
clear;clc;
options = optimset('GradObj','on');
x0 = [1 1];
[x,fval,exitflag] = fminsearch(@ example8_3_2a,x0,options)
```

运行结果为：

```
x =
    1.0e-004 *
     -0.0675  0.1715
fval =
   1.9920e-010
exitflag =
   1
```

因此，$f(x)=3x_1^2+2x_1x_2+x_2^2$在原点处取得最小值 0，但不同的求解方法略有不同。

8.4 有约束非线性最优化问题

在 MATLAB 中，可以利用 fmincon 函数求多变量有约束非线性函数的最小值。假设多变量非线性函数的数学模型为：

$$\min_{\boldsymbol{x}} \mathrm{f}(\boldsymbol{x})$$

$$s.t. \begin{cases} \boldsymbol{c}(\boldsymbol{x}) \leqslant \boldsymbol{0} \\ \boldsymbol{ceq}(\boldsymbol{x}) = \boldsymbol{0} \\ \boldsymbol{A} \cdot \boldsymbol{x} \leqslant \boldsymbol{b} \\ \boldsymbol{Aeq} \cdot \boldsymbol{x} = \boldsymbol{beq} \\ \boldsymbol{lb} \leqslant \boldsymbol{x} \leqslant \boldsymbol{ub} \end{cases} \tag{8.4}$$

其中，$\boldsymbol{x}$，$\boldsymbol{b}$，$\boldsymbol{beq}$，$\boldsymbol{lb}$ 和 $\boldsymbol{ub}$ 为常数向量；$\boldsymbol{A}$ 和 $\boldsymbol{Aeq}$ 为常数矩阵；$\boldsymbol{c}(\boldsymbol{x})$和 $\boldsymbol{ceq}(\boldsymbol{x})$是由一些函数构成的向量。

fmincon 函数的简单调用格式如下。

◆ x = fmincon(fun,x0,A,b)：初值为 x_0，在线性约束条件 $\boldsymbol{A} \cdot \boldsymbol{x} \leqslant \boldsymbol{b}$ 下，求解 fun 函数的最小值点 $\boldsymbol{x}$。

◆ x = fmincon(fun,x0,A,b,Aeq,beq)：初值为 x_0，在线性约束条件 $\boldsymbol{A} \cdot \boldsymbol{x} \leqslant \boldsymbol{b}$ 和 $\boldsymbol{Aeq} \cdot \boldsymbol{x} = \boldsymbol{beq}$ 下，求解 fun 函数的最小值点 x。若没有 $\boldsymbol{A} \cdot \boldsymbol{x} \leqslant \boldsymbol{b}$，则设“A = [ ]，$b$ = [ ]”。

◆ x = fmincon(fun,x0,A,b,Aeq,beq,lb,ub)：初值为 x_0，在约束条件 $\boldsymbol{A} \cdot \boldsymbol{x} \leqslant b$，$\boldsymbol{Aeq} \cdot \boldsymbol{x} = \boldsymbol{beq}$，$\boldsymbol{lb} \leqslant \boldsymbol{x} \leqslant \boldsymbol{ub}$ 下，求解 fun 函数的最小值点 x。若没有 $\boldsymbol{Aeq} \cdot \boldsymbol{x} = \boldsymbol{beq}$，则设“Aeq = [ ]，beq = [ ]”。

◆ x = fmincon(fun,x0,A,b,Aeq,beq,lb,ub,nonlcon)：由参数 nonlcon 提供非线性的函数 $c(x)$和 $ceq(x)$描述非线性约束 $\boldsymbol{c}(\boldsymbol{x}) \leqslant \boldsymbol{0}$ 和 $\boldsymbol{ceq}(\boldsymbol{x}) = \boldsymbol{0}$。若无 $\boldsymbol{lb} \leqslant \boldsymbol{x} \leqslant \boldsymbol{ub}$，则需“lb = [ ]”和“ub = [ ]”。

◆ [x,fval] = fmincon(…)：还返回解 x 处的目标函数值。

◆ [x,fval,exitflag] = fmincon(…)：还返回 exitflag 参数，描述函数计算的退出条件。

◆ [x,fval,exitflag,output] = fmincon (…)：还返回包含优化信息的输出参数 output。

◆ [x,fval,exitflag,output,lambda] = fmincon (…)：还返回解 x 处包含拉格朗日乘子的 lambda 参数。

◆ [x,fval,exitflag,output,lambda,grad] = fmincon (…)：还返回解 x 处 fun 函数的梯度。

◆ [x,fval,exitflag,output,lambda,grad,hessian] = fmincon (…)：还返回解 x 处 fun 函数的 Hess 矩阵。

nonlcon 参数是一个包含函数名的字符串。该函数可以是 M 文件、内部文件或 MEX 文件。它要求输入一个向量 $\boldsymbol{x}$，返回两个变量——x 处的非线性向量 $\boldsymbol{c}$ 和 $\boldsymbol{ceq}$。

[例 8.4.1] $\min f(x_1,x_2,x_3) = x_1^2(x_2+2)x_3$

$$s.t.\begin{cases}350-163x_1^{-2.86}x_3^{0.86}\leqslant 0\\ 10-4\times 10^{-3}x_1^{-4}x_2x_3^3\leqslant 0\\ x_1(x_2+1.5)+4.4\times 10^{-3}x_1^{-4}x_2x_3^3-3.7x_3\leqslant 0\\ 375-3.56\times 10^5x_1x_2^{-1}x_3^{-2}\leqslant 0\\ 4-x_3/x_1\leqslant 0\\ 1\leqslant x_1\leqslant 4\\ 4.5\leqslant x_2\leqslant 50\\ 10\leqslant x_3\leqslant 30\end{cases}$$

解 创建目标函数（M 文件名为 example8_4a.m）的程序代码如下：

```
function f = example8_4a(x)
% 创建目标函数
f = x(1)^2 * (x(2) +2) * x(3);
```

创建非线性约束条件函数（文件名为 example8_4b.m）的程序代码为：

```
function [c,ceq] = example8_4b(x)
% 创建非线性约束函数
c(1) =350 -163 * x(1)^( -2.86) * x(3)^0.86;
c(2) =10 -0.004 * (x(1)^(-4)) * x(2) * (x(3)^3);
c(3) =x(1) * (x(2) +1.5) +0.0044 * (x(1)^( -4)) * x(2) * (x(3)^3)…
-3.7 * x(3);
c(4) =375 -356000 * x(1) * (x(2)^( -1)) * x(3)^( -2);
c(5) =4 -x(3) /x(1);
ceq =0;
```

求解程序代码如下：

```
% 有约束非线性最优化问题
clear;clc;
x0 =[2 25 20]';
lb =[1 4.5 10]';
ub =[4 50 30]';
[x,fval,exitflag] = fmincon(@example8_4a,x0,[],[],[],[],lb,ub,…
@example8_4b)
```

其运行结果为：

```
x =
    1.0000
    4.5000
```

```
    10.0000
fval =
    65
exitflag =
    1
```

因此，当 $x_1 = 1, x_2 = 4.5, x_3 = 10$ 时，目标函数极小值为 65。

8.5　二次规划

如果某非线性规划的目标函数为自变量的二次函数，约束条件全是线性函数，就称这种规划为二次规划。其数学模型为：

$$\min_{x} \frac{1}{2}\boldsymbol{x}^{\mathrm{T}}\boldsymbol{H}\boldsymbol{x} + \boldsymbol{f}^{\mathrm{T}}\boldsymbol{x}$$

$$s.t. \begin{cases} \boldsymbol{A} \cdot \boldsymbol{x} \leqslant \boldsymbol{b} \\ \boldsymbol{Aeq} \cdot \boldsymbol{x} = \boldsymbol{beq} \\ \boldsymbol{lb} \leqslant \boldsymbol{x} \leqslant \boldsymbol{ub} \end{cases} \tag{8.5}$$

其中，$\boldsymbol{H}$，$\boldsymbol{A}$ 和 $\boldsymbol{Aeq}$ 为矩阵；$\boldsymbol{f}$，$\boldsymbol{b}$，$\boldsymbol{beq}$，$\boldsymbol{lb}$，$\boldsymbol{ub}$ 和 $\boldsymbol{x}$ 为列向量。

利用 quadprog 函数求解二次规划问题，其简单调用格式如下。

- x = quadprog(H,f,A,b)：返回向量 $\boldsymbol{x}$，使函数 $\frac{1}{2}\boldsymbol{x}^{\mathrm{T}}\boldsymbol{H}\boldsymbol{x} + \boldsymbol{f}^{\mathrm{T}}\boldsymbol{x}$ 最小化，其约束条件为 $\boldsymbol{A} \cdot \boldsymbol{x} \leqslant \boldsymbol{b}$。
- x = quadprog(H,f,A,b,Aeq,beq)：仍然求解上面的问题，但添加了等式约束条件 $\boldsymbol{Aeq} \cdot \boldsymbol{x} = \boldsymbol{beq}$。
- x = quadprog(H,f,A,b,Aeq,beq,lb,ub)：还定义设计变量 $\boldsymbol{x}$ 的下界 $\boldsymbol{lb}$ 和上界 $\boldsymbol{ub}$，使得 $\boldsymbol{lb} \leqslant \boldsymbol{x} \leqslant \boldsymbol{ub}$。
- x = quadprog(H,f,A,b,Aeq,beq,lb,ub,x0)：同上，并设置初值 $\boldsymbol{x}_0$。
- [x,fval] = quadprog(…)：返回解 $\boldsymbol{x}$ 和 $\boldsymbol{x}$ 处的目标函数值 *fval*。
- [x,fval,exitflag] = quadprog(…)：返回 exitflag 参数，描述计算的退出条件。

[例 8.5.1] 求解下面的最优化问题：

$$\min \frac{1}{2}x_1^2 + x_2^2 - x_1x_2 - 2x_1 - 6x_2$$

$$s.t. \begin{cases} x_1 + x_2 \leqslant 2 \\ -x_1 + 2x_2 \leqslant 2 \\ 2x_1 + x_2 \leqslant 3 \\ x_1 \geqslant 0, x_2 \geqslant 0 \end{cases}$$

解　$\frac{1}{2}x_1^2 + x_2^2 - x_1x_2 - 2x_1 - 6x_2$

$$= \frac{1}{2}(x_1^2 - 2x_1x_2 + 2x_2^2) - 2x_1 - 6x_2$$

$$= \frac{1}{2}(x_1 \quad x_2)\begin{pmatrix} 1 & -1 \\ -1 & 2 \end{pmatrix}\begin{pmatrix} x_1 \\ x_2 \end{pmatrix} + (-2 \quad -6)\begin{pmatrix} x_1 \\ x_2 \end{pmatrix}$$

记 $\boldsymbol{H}=\begin{pmatrix}1 & -1\\ -1 & 2\end{pmatrix}$, $\boldsymbol{f}=\begin{pmatrix}-2\\ -6\end{pmatrix}$, $\boldsymbol{x}=\begin{pmatrix}x_1\\ x_2\end{pmatrix}$, $\boldsymbol{A}=\begin{pmatrix}1 & 1\\ -1 & 2\\ 2 & 1\end{pmatrix}$, $\boldsymbol{b}=\begin{pmatrix}2\\ 2\\ 3\end{pmatrix}$

则上面的优化问题可写为：

$$\min_{x}\frac{1}{2}\boldsymbol{x}^{\mathrm{T}}\boldsymbol{H}\boldsymbol{x}+\boldsymbol{f}^{\mathrm{T}}\boldsymbol{x}$$

$$s.t.\begin{cases}\boldsymbol{A}\cdot\boldsymbol{x}\leqslant\boldsymbol{b}\\ (0\ 0)^{\mathrm{T}}\leqslant\boldsymbol{x}\end{cases}$$

求解程序代码如下：

```
clear;clc;
H=[1 -1; -1 2];
f=[ -2; -6];
A=[1 1; -1 2;2 1];b=[2;2;3];
lb=zeros(2,1);
[x,fval,exitflag]=quadprog(H,f,A,b,[],[],lb)
```

其运行结果为：

```
x =
    0.6667
    1.3333
fval =
   -8.2222
exitflag =
    1
```

因此，当 $x_1=0.6667$，$x_2=1.3333$ 时，极小值为 -8.2222。

8.6 0－1 规划

0－1 规划是一种特殊形式的整数规划。这种规划的决策变量仅取值 0 或 1。一个 0－1 规划问题具有下面的数学模型：

$$\min_{x}\boldsymbol{f}^{\mathrm{T}}\cdot\boldsymbol{x}$$

$$s.t.\begin{cases}\boldsymbol{A}\cdot\boldsymbol{x}\leqslant\boldsymbol{b}\\ \boldsymbol{Aeq}\cdot\boldsymbol{x}=\boldsymbol{beq}\end{cases}\tag{8.6}$$

其中，$\boldsymbol{A}$ 和 $\boldsymbol{Aeq}$ 为矩阵；$\boldsymbol{f}$，$\boldsymbol{b}$ 和 $\boldsymbol{beq}$ 为列向量；$\boldsymbol{x}$ 必须是二值向量，即其值必须是 0 和 1。

MATLAB 是使用基于线性规划（LP）的分支定界算法来求解 0－1 规划问题的，使用的函数是 bintprog，该函数的简单调用格式如下。

- x = bintprog (f)：求解无约束 0－1 规划问题。
- x = bintprog (f,A,b)：求解 0－1 规划问题，有不等式约束 $\boldsymbol{A}\cdot\boldsymbol{x}\leqslant\boldsymbol{b}$。
- x = bintprog (f,A,b,Aeq,beq)：求解前面的 0－1 规划问题，还有等式约束 $\boldsymbol{Aeq}\cdot\boldsymbol{x}=\boldsymbol{beq}$。
- x = bintprog (f,A,b,Aeq,beq,x0)：设置算法的初值 $\boldsymbol{x}_0$，如果 $\boldsymbol{x}_0$ 不在可行域内，bintprog 函数调用默认的初值。

◆ [x,fval] = bintprog（…）：返回解 $\boldsymbol{x}$ 和 $\boldsymbol{x}$ 处的目标函数值 fval。

◆ [x,fval,exitflag] = bintprog（…）：还返回描述 bintprog 函数退出状态的参数 exitflag。

输出参数 exitflag 用来识别计算终止的原因。表 8-6-1 列出了不同值对应的退出原因。

表 8-6-1　不同值对应的退出原因

值	退出原因
1	函数在解 x 处收敛
0	迭代次数超过了 options. MaxIter
-2	问题不可行
-4	搜索节点数超过了 options. MaxNodes
-5	搜索时间超过了 options. MaxTime
-6	LP 求解器在某节点处求解 LP 松弛问题时的迭代次数超过了 options. MaxRLP

[例 8.6.1]　某班准备从 5 名游泳队员中选择 4 人组成接力队，参加学校的 4×100 m 混合泳接力比赛。5 名队员 4 种泳姿的百米平均成绩见表 8-6-2，问应如何选拔队员组成接力队？

表 8-6-2　5 名队员 4 种泳姿的百米平均成绩

秒

泳姿 \ 队员	甲	乙	丙	丁	戊
蝶泳	66.8	57.2	78	70	67.4
仰泳	75.6	66	67.8	74.2	71
蛙泳	87	66.4	84.6	69.6	83.8
自由泳	58.6	53	59.4	57.2	62.4

解　用 $i=1,2,3,4,5$ 分别表示队员甲、乙、丙、丁、戊；用 $j=1,2,3,4$ 分别表示蝶泳、仰泳、蛙泳、自由泳。

若用 $c_{ij}(i=1,2,3,4,5;\ j=1,2,3,4)$ 表示队员 i 的第 j 种泳姿的百米平均成绩。

$$x_{ij}=\begin{cases}1, & \text{表示队员 } i \text{ 参加第 } j \text{ 种泳姿比赛}\\ 0, & \text{表示队员 } i \text{ 不参加第 } j \text{ 种泳姿比赛}\end{cases}$$

则目标函数为

$$\sum_{j=1}^{4}\sum_{i=1}^{5}c_{ij}x_{ij}$$

每个队员至多参加 1 种泳姿比赛：

$$\sum_{j=1}^{4}x_{ij}\leqslant 1\quad (i=1,2,3,4,5)$$

每种泳姿恰有 1 人参加比赛：

$$\sum_{i=1}^{5}x_{ij}=1\quad (j=1,2,3,4)$$

因此,该问题的规划模型为:

$$\min_x \sum_{j=1}^{4}\sum_{i=1}^{5} c_{ij}x_{ij}$$

$$s.t.\begin{cases}\sum_{j=1}^{4} x_{ij} \leqslant 1 \quad (i=1,2,3,4,5)\\ \sum_{i=1}^{5} x_{ij} = 1 \quad (j=1,2,3,4)\\ x_{ij}=0,1\end{cases}$$

其中,$\boldsymbol{x}=(x_{11},\cdots,x_{51},x_{12},\cdots,x_{52},\cdots,x_{14},\cdots,x_{54})^{\mathrm{T}}$。

其求解程序代码如下:

```
% 0-1 规划问题
clear;clc;
C=[66.8  57.2 78 70 67.4;75.6 66 67.8 74.2 71;…
    87 66.4 84.6 69.6 83.8;58.6 53  59.4 57.2 62.4]';
    [n,m]=size(C);
f=C(:);
A=zeros(n,n*m);b=ones(n,1);
for i=1:n
    for j=1:m
        A(i,n*(j-1)+i)=1;
    end
end
Aeq=zeros(m,n*m);beq=ones(m,1);
for j=1:m
    for i=1:n
        Aeq(j,n*(j-1)+i)=1;
    end
end
[x,fval,exitflag]=bintprog(f,A,b,Aeq,beq);
X=reshape(x,size(C))
fval,exitflag
```

运行结果为:

```
X=
    0  0  0  1
    1  0  0  0
    0  1  0  0
    0  0  1  0
    0  0  0  0
fval=
    253.2000
exitflag=
```

1

因此,应安排队员乙蝶泳,队员丙仰泳,队员丁蛙泳,队员甲自由泳。

8.7　最大最小化

通常我们遇到的都是目标函数的最大化和最小化问题,但是在某些情况下,则要求使最大值最小化才有意义。例如,城市规划中需要确定急救中心、消防中心的位置,可取的目标函数应该是到所有地点最大距离的最小值,而不是到所有目的地的距离和为最小。这是两种完全不同的准则,在控制理论、逼近论、决策论中也使用最大值最小化原则。

最大最小化问题的数学模型为:

$$\min_{\boldsymbol{x}} \max_{\{\boldsymbol{F}\}} \{\boldsymbol{F}(\boldsymbol{x})\}$$

$$s.t. \begin{cases} \boldsymbol{c}(\boldsymbol{x}) \leqslant \boldsymbol{0} \\ \boldsymbol{ceq}(\boldsymbol{x}) = \boldsymbol{0} \\ \boldsymbol{A} \cdot \boldsymbol{x} \leqslant \boldsymbol{b} \\ \boldsymbol{Aeq} \cdot \boldsymbol{x} = \boldsymbol{beq} \\ \boldsymbol{lb} \leqslant \boldsymbol{x} \leqslant \boldsymbol{ub} \end{cases} \tag{8.7}$$

其中,$\boldsymbol{x}$,$\boldsymbol{b}$,$\boldsymbol{beq}$,$\boldsymbol{lb}$ 和 $\boldsymbol{ub}$ 为向量;$\boldsymbol{A}$ 和 $\boldsymbol{Aeq}$ 为矩阵;$\boldsymbol{c}(\boldsymbol{x})$,$\boldsymbol{ceq}(\boldsymbol{x})$和 $\boldsymbol{F}(\boldsymbol{x})$为由一些函数(可以是非线性的)构成的向量。

在 MATLAB 中,用函数 fminimax 使多目标函数中的最坏情况达到最小化。给定初值估计,该值必须服从一定的约束条件。Fminimax 函数的简单的调用格式如下。

◆　x = fminimax(fun,x0):$\boldsymbol{x}_0$ 为初值,返回 *fun* 函数的最大最小化解 $\boldsymbol{x}$。

◆　x = fminimax(fun,x0,A,b):还给定线性约束 $\boldsymbol{Ax} \leqslant \boldsymbol{b}$。

◆　x = fminimax(fun,x0,A,b,Aeq,beq):$\boldsymbol{x}_0$ 为初值,在线性约束 $\boldsymbol{Ax} \leqslant \boldsymbol{b}$,$\boldsymbol{Aeq} \cdot \boldsymbol{x} = \boldsymbol{beq}$ 下,求解最大最小化问题。如果没有 $\boldsymbol{Ax} \leqslant \boldsymbol{b}$,则设置"A = [ ],b = [ ]"。

◆　x = fminimax(fun,x0,A,b,Aeq,beq,lb,ub):还有约束条件 $\boldsymbol{lb} \leqslant \boldsymbol{x} \leqslant \boldsymbol{ub}$。

◆　x = fminimax(fun,x0,A,b,Aeq,beq,lb,ub,nonlcon):由 nonlcon 参数给定非线性函数 $\boldsymbol{c}(\boldsymbol{x})$和 $\boldsymbol{ceq}(\boldsymbol{x})$,再增加约束 $\boldsymbol{c}(\boldsymbol{x}) \leqslant \boldsymbol{0}$ 和 $\boldsymbol{ceq}(\boldsymbol{x}) = \boldsymbol{0}$。若无边界存在,则设"lb = [ ],ub = [ ]"。

◆　[x,fval] = fminimax(…):还返回解 $\boldsymbol{x}$ 处的目标函数值(向量)。

◆　[x,fval,maxfval] = fminimax(…):还返回解 $\boldsymbol{x}$ 处的最大函数值。

◆　[x,fval,maxfval,exitflag] = fminimax(…):返回 exitflag 参数,描述函数计算的退出条件。

其中,maxfval 变量为解 $\boldsymbol{x}$ 处函数值的最大值,即"maxfval = max{fun(x)}"。

[例 8.7.1]　定位问题。设某城市有某种急需物品的 10 个需求点,第 i 个需求点 P_i 的坐标为(a_i, b_i),道路网与坐标轴平行,彼此正交。现打算建一个该物品的供应中心,且由于受到城市某些条件的限制,该供应中心只能设在 x 界于[5,8],y 界于[5,8]的范围内。问该中心应建在何处为好?

P_i 点的坐标见表 8-7-1。

表 8-7-1　P_i 点的坐标

a_i	1	4	3	5	9	12	6	20	17	8
b_i	2	10	8	18	1	4	5	10	8	9

解　设供应中心的位置为(x,y)，要求它到最远需求点的距离尽可能小。由于此处应采用沿道路行走的距离，可知需求点 P_i 到该中心的距离为：

$$|x-a_i|+|y-b_i|$$

从而该问题可化为模型：

$$\min_{x,y}\max_{1\leqslant i\leqslant 10}\{|x-a_i|+|y-b_i|\}$$

$$\begin{cases}5\leqslant x\leqslant 8\\5\leqslant y\leqslant 8\end{cases}$$

创建目标函数的程序代码（M 文件名为 example8_7a.m）如下：

```
function f = example8_7a(x)
% 创建目标函数
a = [1;4;3;5;9;12;6;20;17;8];
b = [2;10;8;18;1;4;5;10;8;9];
f = abs(x(1) - a) + abs(x(2) - b);
end
```

输入初值，调用 fminimax 函数进行计算的程序代码如下：

```
% 最大最小化问题
clear,clc
x0 = [6;7];
lb = [5;5];ub = [8;8];
[x,fval,maxfval] = fminimax(@ example8_7a,x0,[],[],[],[],lb,ub)
```

其运行结果为：

```
x =
     8
     8
fval =
    13
     6
     5
    13
     8
     8
     5
    14
     9
     1
maxfval =
    14.0000
```

因此,该中心应建在(8,8)处为好,这时最小的最大距离为 14。

8.8　多目标规划

前面介绍的规划问题只有一个目标函数,称之为单目标规划问题。但是,实际所面临的规划问题常常是多目标的,例如在研究生产过程的组织决策时,既要使生产系统的产量最大,又要使产品质量高,生产成本低。这些目标之间往往相互作用并存在矛盾,使决策者很难轻易作出决策,这类问题称为多目标规划问题。通过适当的处理,多目标规划模型可化为:

$$\min_{\boldsymbol{x}} \boldsymbol{F}(\boldsymbol{x})$$

$$s.t. \begin{cases} \boldsymbol{c}(\boldsymbol{x}) \leqslant \boldsymbol{0} \\ \boldsymbol{ceq}(\boldsymbol{x}) = \boldsymbol{0} \\ \boldsymbol{A} \cdot \boldsymbol{x} \leqslant \boldsymbol{b} \\ \boldsymbol{Aeq} \cdot \boldsymbol{x} = \boldsymbol{beq} \\ \boldsymbol{lb} \leqslant \boldsymbol{x} \leqslant \boldsymbol{ub} \end{cases} \tag{8.8}$$

其中,$\boldsymbol{F}(\boldsymbol{x}) = \{f_1(x), f_2(x), \cdots, f_m(x)\}$为由 m 个目标函数构成的目标函数向量,且每个目标函数均小为优;$\boldsymbol{x}$ 为决策变量构成的向量;$\boldsymbol{b}$,$\boldsymbol{beq}$,$\boldsymbol{lb}$ 和 $\boldsymbol{ub}$ 均为数值向量;$\boldsymbol{A}$ 和 $\boldsymbol{Aeq}$ 为数值矩阵;$\boldsymbol{c}(\boldsymbol{x})$和 $\boldsymbol{ceq}(\boldsymbol{x})$为函数向量。$\boldsymbol{F}(\boldsymbol{x})$,$\boldsymbol{c}(\boldsymbol{x})$和 $\boldsymbol{ceq}(\boldsymbol{x})$可以是非线性函数。

目前,解决多目标规划问题的方法主要有以下几种。

(1) 化多为少法:即将多目标规划化归为单目标规划,如主要目标法、线性加权和法、理想点法等。

(2) 分层序列法:将所有目标按其重要性程度依次排序,先求出第一个最重要的目标的最优解,然后在保证前一目标最优解的前提下依次求下一目标的最优解,一直求到最后一个目标为止。

(3) 直接求非劣解法:先求出一组非劣解,然后按事先确定好的评价标准从中找出一个满意的解。

(4) 目标规划法:对于每一个目标都事先给定一个期望值,然后在满足系统一定约束条件下,找出与目标期望值最近的解。

(5) 多属性效用法:各个目标均用表示效用程度大小的效用函数表示,通过效用函数构成多目标的综合效用函数,以此来评价各个可行方案的优劣。

(6) 层次分析法:把目标体系结构予以展开,求得目标与决策方案的计量关系。

(7) 重排序法:把原来的不好比较的非劣解通过其他办法使其排出优劣次序来。

(8) 多目标群决策和多目标模糊决策等。

(9) TOPSIS 法。

在 MATLAB 中,利用目标规划法可将上述多目标规划模型转化为单目标规划模型:

$$\min_{x,\lambda} \lambda$$

$$s.t. \begin{cases} \boldsymbol{F}(\boldsymbol{x}) - \boldsymbol{weight} \cdot \lambda \leqslant \boldsymbol{goal} \\ \boldsymbol{c}(\boldsymbol{x}) \leqslant \boldsymbol{0} \\ \boldsymbol{ceq}(\boldsymbol{x}) = \boldsymbol{0} \\ \boldsymbol{A} \cdot \boldsymbol{x} \leqslant \boldsymbol{b} \\ \boldsymbol{Aeq} \cdot \boldsymbol{x} = \boldsymbol{beq} \\ \boldsymbol{lb} \leqslant \boldsymbol{x} \leqslant \boldsymbol{ub} \end{cases}$$

其中,***weight*** 为权重;***goal*** 为目标值向量。

利用 fgoalattain 函数求解多目标决策问题的简单调用格式如下:

◆ x = fgoalattain(fun,x0,goal,weight):试图通过变化决策变量 ***x*** 使多个目标函数构成的向量 ***fun*** 尽可能达到 ***goal*** 指定的目标。初值为 $\boldsymbol{x}_0$,***weight*** 参数指定权重。返回最优解。

◆ x = fgoalattain(fun,x0,goal,weight,A,b):还增加线性约束条件 $\boldsymbol{A} \cdot \boldsymbol{x} \leqslant \boldsymbol{b}$。

◆ x = fgoalattain(fun,x0,goal,weight,A,b,Aeq,beq):再增加线性等式约束条件 $\boldsymbol{Aeq} \cdot \boldsymbol{x} = \boldsymbol{beq}$。当没有不等式约束时,设置"A = [ ],b = [ ]"。

◆ x = fgoalattain(fun,x0,goal,weight,A,b,Aeq,beq,lb,ub):还为决策变量 ***x*** 增加约束 $\boldsymbol{lb} \leqslant \boldsymbol{x} \leqslant \boldsymbol{ub}$。

◆ x = fgoalattain(fun,x0,goal,weight,A,b,Aeq,beq,lb,ub,nonlcon):由 nonlcon 参数提供非线性函数构成的向量 $\boldsymbol{c}(\boldsymbol{x})$ 和 $\boldsymbol{ceq}(\boldsymbol{x})$,再增加非线性约束 $\boldsymbol{c}(\boldsymbol{x}) \leqslant 0$ 和 $\boldsymbol{ceq}(\boldsymbol{x}) = 0$。若不存在边界,则设置"lb = [ ]"和(或)"ub = [ ]"。

◆ x = fgoalattain(fun,x0,goal,weight,A,b,Aeq,beq,lb,ub,nonlcon,…,options):还指定用 options 中设置的优化参数进行最小化。

◆ x = fgoalattain(fun,x0,goal,weight,A,b,Aeq,beq,lb,ub,nonlcon,…,options,P1,P2,…):先将问题参数 $P_1, P_2, \cdots$ 直接传递给函数 fun 和 nonlcon。如果不需要变量 ***A***,***b***,***Aeq***,***beq***,***lb***,***ub***,***nonlcon*** 和 ***options***,则将它们设置为空矩阵。

◆ [x,fval] = fgoalattain(…):还返回解 ***x*** 处的目标函数值。

◆ [x,fval,attainfactor] = fgoalattain(…):还返回解 *x* 处的目标达到因子 $\boldsymbol{\lambda}$。

◆ [x,fval,attainfactor,exitflag] = fgoalattain(…):还返回 exitflag 参数,描述计算的退出条件。返回 exitflag >0 表示 ***x*** 为满意解,*fval* 为目标达到值。

★ 需要注意的是:

(1) ***goal*** 变量为目标希望达到的向量值。向量的长度与 fun 函数返回的目标函数 ***F*** 长度相等。fgoalattain 函数试图通过使向量 ***F*** 的值最小化来达到 ***goal*** 参数给定的目标。

(2) ***weight*** 变量为权重向量,可以控制低于或超过 fgoalattain 函数指定目标的相对程度。

(3) nonlcon 参数用于解决非线性约束 $\boldsymbol{c}(\boldsymbol{x}) \leqslant \boldsymbol{0}$ 和 $\boldsymbol{ceq}(\boldsymbol{x}) = \boldsymbol{0}$ 的问题。*nonlcon* 函数可以是 *M* 文件、内部函数或 *MEX* 文件。*nonlcon* 函数需要输入向量 ***x***(决策变量),返回两个变量(***x*** 处的非线性不等式向量 ***c*** 和 ***x*** 处的非线性等式向量 ***ceq***)。例如,若 nonlcon = 'mycon',则 M 文件的形式如下:

```
function[c,ceq] = mycon(x)
```

```
c = …% 计算 x 处的非线性不等式
ceq = …% 计算 x 处的非线性等式
```

若约束函数的梯度可以计算,且 options. GradConstr 设为'on',即

```
options = optimset('GradConstr','on')
```

则函数 nonlcon 也必须在第 3 个和第 4 个输出变量中输出 $\boldsymbol{c}(\boldsymbol{x})$ 的梯度 Gc 和 $\boldsymbol{ceq}(\boldsymbol{x})$ 的梯度 $Gceq$。注意,可以通过核对 nargout 参数来避免计算 Gc 和 $Gceq$。

```
function[c,ceq,Gc,Gceq] = mycon(x)
c = …% 计算 x 处的非线性不等式
ceq = …% 计算 x 处的非线性等式
if nargout >2 % 被调用的 nonlcon 函数,有 4 个输出
    Gc = % 不等式的梯度
    Gceq = % 等式的梯度
end
```

若 nonlcon 函数返回 m 维的向量 $\boldsymbol{c}$,且 $\boldsymbol{x}$ 是 n 维向量,则 $\boldsymbol{c}(\boldsymbol{x})$ 的梯度 Gc 是一个 $n\times m$ 的矩阵,其中 $\boldsymbol{Gc}(i,j)$ 是 $\boldsymbol{c}(j)$ 对 $\boldsymbol{x}(i)$ 的偏导数。同样,$\boldsymbol{ceq}$ 是一个 p 维向量,则 $\boldsymbol{ceq}(\boldsymbol{x})$ 的梯度 $\boldsymbol{Gceq}$ 是一个 $n\times p$ 的矩阵,其中 $\boldsymbol{Gceq}(i,j)$ 是 $\boldsymbol{ceq}(j)$ 对 $\boldsymbol{x}(i)$ 的偏导数。

(4) *options* 变量为优化参数选项,可以用 optimset 函数设置或改变这些选项。

(5) 目标函数必须是连续的,否则,fgoalattain 函数将只给出局部最优解。

[例 8. 8. 1] 某厂生产两种产品 A 与 B,产品 A 是畅销产品,有较高的声誉,供不应求,每月至少生产 1 万件。但因原料限制,月产量不能超过 3 万件,每件产品 A 的利润为 1 元。生产一件 B 所需工时与生产一件 A 所需工时相同,但每件产品 B 的利润为 3 元。在工人不加班的正常情况下,每月两种产品产量总和不低于 5 万件,也不高于 7 万件。产量超过 5 万件的部分叫做超产量。工厂希望:(1) A 的产量要多;(2) 为了使工人不加班,超产量要少;(3) 利润要多。试建立该问题的数学模型并求解。

解 设产品 A 的月产量为 x_1 万件,产品 B 的月产量为 x_2 万件,则有

目标函数: $g_1(x_1,x_2)=x_1$,

$g_2(x_1,x_2)=x_1+x_2-5$,

$g_3(x_1,x_2)=x_1+3x_2$。

约束条件: $\begin{cases}1\leqslant x_1\leqslant 3,\\ x_1+x_2\geqslant 5,\\ x_1+x_2\leqslant 7,\\ x_2\geqslant 0。\end{cases}$

该问题可表示为多目标规划问题:

$$\begin{cases}\max\ g_1(x_1,x_2)=x_1\\ \min\ g_2(x_1,x_2)=x_1+x_2-5\\ \max\ g_3(x_1,x_2)=x_1+3x_2\end{cases}$$

$$s.t.\ \begin{cases}1\leqslant x_1\leqslant 3\\ x_1+x_2\geqslant 5\\ x_1+x_2\leqslant 7\\ x_2\geqslant 0\end{cases}$$

进一步，可得多目标规划模型如下：

$$\begin{cases}\min f_1(x_1,x_2)=-x_1\\ \min f_2(x_1,x_2)=x_1+x_2-5\\ \min f_3(x_1,x_2)=-x_1-3x_2\end{cases}$$

$$s.t.\begin{cases}\begin{pmatrix}1 & 0\\ -1 & -1\\ 1 & 1\end{pmatrix}\begin{pmatrix}x_1\\ x_2\end{pmatrix}\leqslant\begin{pmatrix}3\\ -5\\ 7\end{pmatrix}\\ \begin{pmatrix}1\\ 0\end{pmatrix}\leqslant\begin{pmatrix}x_1\\ x_2\end{pmatrix}\end{cases}$$

▲ 利用最简单的理想点法求解本例。

① 单目标规划模型

$$\min f_1(x_1,x_2)=-x_1$$

$$s.t.\begin{cases}\begin{pmatrix}1 & 0\\ -1 & -1\\ 1 & 1\end{pmatrix}\begin{pmatrix}x_1\\ x_2\end{pmatrix}\leqslant\begin{pmatrix}3\\ -5\\ 7\end{pmatrix}\\ \begin{pmatrix}1\\ 0\end{pmatrix}\leqslant\begin{pmatrix}x_1\\ x_2\end{pmatrix}\end{cases}$$

的求解程序代码如下：

```
clear;clc
f=[-1 0]';A=[1 0;-1 -1;1 1];b=[3;-5;7];lb=[1;0];
[x,f1,exitflag]=linprog(f,A,b,[],[],lb)
```

其运行结果为：

```
x =
    3.0000
    3.7801
f1 =
    -3.0000
exitflag =
    1
```

② 单目标规划模型

$$\min f_2(x_1,x_2)+5=x_1+x_2$$

$$s.t.\begin{cases}\begin{pmatrix}1 & 0\\ -1 & -1\\ 1 & 1\end{pmatrix}\begin{pmatrix}x_1\\ x_2\end{pmatrix}\leqslant\begin{pmatrix}3\\ -5\\ 7\end{pmatrix}\\ \begin{pmatrix}1\\ 0\end{pmatrix}\leqslant\begin{pmatrix}x_1\\ x_2\end{pmatrix}\end{cases}$$

的求解程序代码如下：

```
clear;clc
f=[1 1]';A=[1 0;-1 -1;1 1];b=[3;-5;7];lb=[1;0];
```

```
[x,f2,exitflag] = linprog(f,A,b,[],[],lb)
```

其运行结果为：

```
x =
    1.3670
    3.6330
f2 =
    5.0000
exitflag =
    1
```

③ 单目标规划模型

$$\min f_3(x_1,x_2) = -x_1 - 3x_2$$

$$s.t.\begin{cases}\begin{pmatrix}1 & 0\\-1 & -1\\1 & 1\end{pmatrix}\begin{pmatrix}x_1\\x_2\end{pmatrix}\leqslant\begin{pmatrix}3\\-5\\7\end{pmatrix}\\\begin{pmatrix}1\\0\end{pmatrix}\leqslant\begin{pmatrix}x_1\\x_2\end{pmatrix}\end{cases}$$

的求解程序代码如下：

```
clear;clc
f = [-1 -3]';A = [1 0; -1 -1;1 1];b = [3; -5;7];lb = [1;0];
[x,f3,exitflag] = linprog(f,A,b,[],[],lb)
```

其运行结果为：

```
x =
    1.0000
    6.0000
f3 =
    -19.0000
exitflag =
    1
```

④ 综合以上 3 步可知多目标规划模型：

$$\begin{cases}\min f_1(x_1,x_2) = -x_1\\\min f_2(x_1,x_2) = x_1 + x_2 - 5\\\min f_3(x_1,x_2) = -x_1 - 3x_2\end{cases}$$

$$s.t.\begin{cases}\begin{pmatrix}1 & 0\\-1 & -1\\1 & 1\end{pmatrix}\begin{pmatrix}x_1\\x_2\end{pmatrix}\leqslant\begin{pmatrix}3\\-5\\7\end{pmatrix}\\\begin{pmatrix}1\\0\end{pmatrix}\leqslant\begin{pmatrix}x_1\\x_2\end{pmatrix}\end{cases}$$

的理想点为(−3,0,−19)，按理想点法可得：

$$\min d = \sqrt{(f_1(x_1,x_2) - (-3))^2 + (f_2(x_1,x_2) - 0)^2 + (f_3(x_1,x_2) - (-19))^2}$$

$$s.t.\begin{cases}\begin{pmatrix}1 & 0\\ -1 & -1\\ 1 & 1\end{pmatrix}\begin{pmatrix}x_1\\ x_2\end{pmatrix}\leqslant\begin{pmatrix}3\\ -5\\ 7\end{pmatrix}\\ \begin{pmatrix}1\\ 0\end{pmatrix}\leqslant\begin{pmatrix}x_1\\ x_2\end{pmatrix}\end{cases}$$

由于

$$\begin{aligned}d^2 &= (f_1(x_1,x_2)-(-3))^2+(f_2(x_1,x_2)-0)^2+(f_3(x_1,x_2)-(-19))^2\\ &=(3-x_1)^2+(x_1+x_2-5)^2+(19-x_1-3x_2)^2\\ &=3x_1^2+8x_1x_2+10x_2^2-54x_1-124x_2+395\\ &=\frac{1}{2}(x_1\quad x_2)\begin{pmatrix}6 & 8\\ 8 & 20\end{pmatrix}\begin{pmatrix}x_1\\ x_2\end{pmatrix}+(-54\quad -124)\begin{pmatrix}x_1\\ x_2\end{pmatrix}+395\end{aligned}$$

若记

$$\boldsymbol{H}=\begin{pmatrix}6 & 8\\ 8 & 20\end{pmatrix},\quad \boldsymbol{f}=\begin{pmatrix}-54\\ -124\end{pmatrix},\quad \boldsymbol{A}=\begin{pmatrix}1 & 0\\ -1 & -1\\ 1 & 1\end{pmatrix},\quad \boldsymbol{b}=\begin{pmatrix}3\\ -5\\ 7\end{pmatrix},\quad \boldsymbol{lb}=\begin{pmatrix}1\\ 0\end{pmatrix}$$

则可得二次规划：

$$\min_{x}\frac{1}{2}\boldsymbol{x}^{\mathrm{T}}\boldsymbol{Hx}+\boldsymbol{f}^{\mathrm{T}}\boldsymbol{x}$$

$$s.t.\begin{cases}\boldsymbol{A}\cdot\boldsymbol{x}\leqslant\boldsymbol{b}\\ \boldsymbol{lb}\leqslant\boldsymbol{x}\end{cases}$$

的求解程序代码如下：

```
clear;clc
H=[6,8;8,20];f=[-54 -124]';
A=[1 0;-1 -1;1 1];
b=[3;-5;7];
lb=[1;0];
[x,f,exitflag]=quadprog(H,f,A,b,[],[],lb)
```

其运行结果为：

```
x =
    1.4000
    5.6000
f =
    -387.8000
exitflag =
    1
```

因此，利用最简单的理想点法求得：产品 A 的月产量 $x_1=1.4$ 万件，产品 B 的月产量 $x_2=5.6$ 万件，这时，三个目标分别为：

$$g_1(x_1,x_2)=x_1=1.4$$

$$g_2(x_1,x_2)=x_1+x_2-5=2$$

$$g_3(x_1,x_2)=x_1+3x_2=18.2$$

▲　利用目标规划法求解本例(利用 MATLAB 提供的函数 fgoalattain)。

① 首先创建目标函数(文件名为 example8_8.m)如下:

```
function f = example8_8(x)
f(1) = -x(1);
f(2) =x(1) +x(2) -5;
f(3) = -x(1) -3x(2);
```

② 利用 fgoalattain 函数解决本例的程序代码如下:

```
clear;clc;
goal =[ -3;0; -19];
w =[1;1;1];
x0 =[2;4];
A =[1 0; -1 -1;1 1];b =[3; -5;7];lb =[1;0];
[x,fval,a,exitflag] = fgoalattain(@ example8_8,x0,goal,w,A,b,[],[],lb)
```

其运行结果为:

```
x =
    1.3333
    5.3333
fval =
    -1.3333  1.6667 -17.3333
a =
    1.6667
exitflag =
    4
```

因此,利用上述目标规划法求得:产品 A 的月产量 $x_1=1.3333$ 万件,产品 B 的月产量 $x_2=5.3333$ 万件,这时,三个目标分别为:

$$g_1(x_1,x_2)=x_1=1.3333$$

$$g_2(x_1,x_2)=x_1+x_2-5=1.6667$$

$$g_3(x_1,x_2)=x_1+3x_2=17.3333$$

实验八

MATLAB 在最优化方法中的应用

1. 实验目的与要求

熟练运用 MATLAB 的最优化工具箱解决不同类型最优化问题。

2. 实验内容

（1）对边长为 1 m 的正方形铁板，在 4 个角处剪去相等的正方形以制成方形无盖水槽，问何种剪法使水槽的容积最大？（要求建立模型，利用 MATLAB 软件求解）

（2）某厂生产甲、乙两种产品，已知制成一吨产品甲需要资源 A 3 吨，资源 B 4 立方米；制成一吨产品乙需要资源 A 2 吨，资源 B 6 立方米，资源 C 7 个单位。若一吨产品甲和乙的经济值分别为 7 万元和 5 万元，3 种资源的限制量分别为 90 吨、200 立方米和 210 个单位。试决定应生产这两种产品各多少吨才能使创造的总经济价值最高？（要求建立模型，利用 MATLAB 软件求解）

（3）最小化函数 $f(x)=5x_1^2+2x_1x_2+3x_2^2$。

（4）求解下面的最优化问题：

$$\min_x 3x_1^2+8x_1x_2+10x_2^2-54x_1-124x_2$$

$$s.t.\begin{cases}1\leqslant x_1\leqslant 3\\x_1+x_2\geqslant 5\\x_1+x_2\leqslant 7\\x_2\geqslant 0\end{cases}$$

（5）在 5 个地点中选 3 处建生产同一产品的工厂，在这 5 个地点建厂所需投资、占用农田、建成以后的生产能力等数据如下表所示。

地　点	1	2	3	4	5
所需投资/万元	320	280	240	210	180
占用农田/亩	20	18	15	11	8
生产能力/万吨	70	55	42	28	11

现在有总投资 800 万元，占用农田指标 60 亩，应如何选择厂址，使建成后总生产能力最大？

（6）某化工厂拟生产两种新产品 A 和 B，其生产设备费用分别为：A—2 万元/吨；B—5 万元/吨。这两种产品均将造成环境污染，设由公害所造成的损失可折算为：A—4 万元/吨；B—1 万元/吨。由于条件限制，工厂生产产品 A 和 B 的最大生产能力各为每月 5 吨和 6 吨，而市场需要这两种产品的总量每月不少于 7 吨。试问工厂应如何安排生产计划，在满足市场需要的前提下，使设备投资和公害损失均达最小？该工厂决策者认为，这两个目标中环境污染应优先考虑，设备投资的目标值为 20 万元，公害损失的目标值为 12 万元。

第 9 章 MATLAB 在概率论与数理统计中的应用

MATLAB 总包提供了一些进行数据统计分析的函数，但不完整。利用 MATLAB 统计工具箱，可以进行概率和数理统计分析，还可以进行一些比较复杂的多元统计分析。

9.1　随机变量及其分布

利用统计工具箱提供的函数，可以比较方便地计算随机变量的分布列（或密度函数）和分布函数。

9.1.1　常见离散型随机变量的分布列的计算

如果随机变量全部可能取到的不相同的值是有限个或可列无限多个，则称该随机变量为离散型随机变量。

MATLAB 提供的计算常见离散型随机变量分布列及其调用格式，见表 9-1-1。

表 9-1-1　常见离散型随机变量分布列及其调用格式

函数调用格式（对应的分布）	分布列
y = binopdf(x,n,p)（二项分布）	$f(x\mid n,p) = C_n^x p^x (1-p)^{n-x} I_{(0,1,\cdots,n)}(x)$
y = geopdf(x,p)（几何分布）	$f(x\mid p) = p(1-p)^x (x=0,1,\cdots)$
y = hygepdf(x,M,K,n)（超几何分布）	$f(x\mid M,K,n) = \frac{C_K^x C_{M-k}^{n-x}}{C_M^n}$
y = poisspdf(x,lambda)（泊松分布）	$f(x\mid\lambda) = \frac{\lambda^x}{x!}e^{-\lambda} (x=0,1,\cdots)$
y = unidpdf(x,n)（离散均匀分布）	$f(x\mid N) = \frac{1}{N}$

9.1.2　常见连续型随机变量的密度函数的计算

对于随机变量 X 的分布函数 $F(x)$，如果存在非负函数 $f(x)$，使对于任意实数 x 有

$$F(x) = \int_{-\infty}^{x} f(t)\,dt$$

则称 X 为连续型随机变量，其中，函数 $f(x)$ 称为 X 的密度函数。

MATLAB 提供的计算常见连续型随机变量密度值的函数及其调用格式见表 9-1-2。

表 9-1-2　常见连续型随机变量密度函数及其调用格式

函数调用格式（对应的分布）	密度函数
y = betapdf(x,a,b)（β 分布）	$f(x\mid a,b) = \frac{1}{B(a,b)} x^{a-1}(1-x)^{b-1} (0<x<1)$

续表

函数调用格式（对应的分布）	密度函数
y = chi2pdf(x,v)（卡方分布）	$f(x\|v)=\dfrac{x^{\frac{v}{2}-1}e^{-\frac{x}{2}}}{2^{\frac{v}{2}}\Gamma\left(\frac{v}{2}\right)}(x\geqslant 0)$
y = exppdf(x,mu)（指数分布）	$f(x\|\mu)=\dfrac{1}{\mu}e^{-\frac{x}{\mu}}(x\geqslant 0)$
y = fpdf(x,v1,v2)（F 分布）	$f(x\|v_1,v_2)=\dfrac{\Gamma\left(\frac{v_1+v_2}{2}\right)}{\Gamma\left(\frac{v_1}{2}\right)\Gamma\left(\frac{v_2}{2}\right)}\left(\dfrac{v_1}{v_2}\right)^{\frac{v_1}{2}}\dfrac{x^{\frac{v_1}{2}-1}}{\left(1+\frac{v_1x}{v_2}\right)^{\frac{v_1+v_2}{2}}}$
y = gampdf(x,a,b)（伽马分布）	$f(x\|a,b)=\dfrac{1}{b^a\Gamma(a)}x^{a-1}e^{-\frac{x}{b}}(x\geqslant 0)$
y = normpdf(x,mu,sigma)（正态分布）	$f(x\|\mu,\sigma)=\dfrac{1}{\sigma\sqrt{2\pi}}e^{-\frac{(x-\mu)^2}{2\sigma^2}}$
y = lognpdf(x,mu,sigma)（对数正态分布）	$f(x\|\mu,\sigma)=\dfrac{1}{x\sigma\sqrt{2\pi}}e^{-\frac{(\ln x-\mu)^2}{2\sigma^2}}$
y = raylpdf(x,b)（瑞利分布）	$f(x\|b)=\dfrac{x}{b^2}e^{-\frac{x^2}{2b^2}}$
y = tpdf(x,v)（学生氏 t 分布）	$f(x\|v)=\dfrac{\Gamma\left(\frac{v+1}{2}\right)}{\Gamma\left(\frac{v}{2}\right)\sqrt{v\pi}}\left(1+\dfrac{x^2}{v}\right)^{-\frac{v+1}{2}}$
y = unifpdf(x,a,b)（连续均匀分布）	$f(x\|a,b)=\dfrac{1}{b-a}I_{[a,b]}(x)$
y = weibpdf(x,a,b)（威布尔分布）	$f(x\|a,b)=abx^{b-1}e^{-ax^b}I_{(0,\infty)}(x)$

例如，可用 normpdf 函数计算正态分布的密度函数值。该函数的调用格式为：

```
Y = normpdf(X,MU,SIGMA)
```

计算数据 X 中各值处参数为 MU 和 SIGMA 的正态分布的密度函数值。参数 SIGMA 必须为正。正态分布的密度函数的计算公式为：

$$y=f(x|\mu,\sigma)=\frac{1}{\sigma\sqrt{2\pi}}e^{-\frac{(x-\mu)^2}{2\sigma^2}}$$

9.1.3 用函数 pdf 计算随机变量的分布列或密度函数值

除了用上述的函数计算服从相应分布的随机变量的分布列或密度函数值外，还可以用函数 pdf 计算随机变量的分布列或密度函数值。其调用格式为：

```
Y = pdf('name',X,A1,A2,A3)
```

返回服从参数为 A_1,A_2,A_3 的'name'分布的随机变量在 X 处的分布列或密度函数值。Y 与 X 同型，分布函数名'name'常见的取值见表 9-1-3。

表 9-1-3 分布函数名'name'常见的取值

函数	取值	函数	取值
'beta'或'Beta'	Beta 分布	'ncf'或'Noncentral F'	非中心 *F* 分布
'bino'或'Binomial'	二项分布	'nct'或'Noncentral t'	非中心 *t* 分布
'chi2'或'Chisquare'	卡方分布	'ncx2'或'Noncentral Chi-square'	非中心卡方分布
'exp'或'Exponential'	指数分布	'norm'或'Normal'	正态分布
'f'或'F'	*F* 分布	'poiss'或'Poisson'	泊松分布
'gam'或'Gamma'	GAMMA 分布	'rayl'或'Rayleigh'	瑞利分布
'geo'或'Geometric'	几何分布	't'或'T'	*T* 分布
'hyge'或'Hypergeometric'	超几何分布	'unif'或'Uniform'	均匀分布
'logn'或'Lognormal'	对数正态分布	'unid'或'Discrete Uniform'	离散均匀分布
'nbin'或'Negative Binomial'	负二项分布	'weib'或'Weibull'	Weibull 分布

例如,计算自由度为 8 的卡方分布,在点 2.18 处的密度函数值的命令为:

```
pdf('chi2',2.18,8)
```

9.1.4 分布函数

对于离散型随机变量 X,设 x 为任意实数,X 的分布函数为:

$$F(x)=P\{X\leqslant x\}$$

对于连续型随机变量 X,假设其密度函数为 $f(x)$,则其分布函数为:

$$F(x)=\int_{-\infty}^{x}f(t)\,\mathrm{d}t$$

对常见分布的随机变量,MATLAB 均提供了专门的函数来计算它们各自的分布函数,见表 9-1-4。

表 9-1-4 MATLAB 提供的专门函数

函数调用格式	对应的分布	函数调用格式	对应的分布
F = betacdf(x,a,b)	β 分布	F = normcdf(x,mu,sigma)	正态分布
F = binocdf(x,n,p)	二项分布	F = logncdf(x,mu,sigma)	对数正态分布
F = chi2cdf(x,v)	卡方分布	F = poisscdf(x,lambda)	泊松分布
F = expcdf(x,mu)	指数分布	F = raylcdf(x,b)	瑞利分布
F = fcdf(x,v1,v2)	*F* 分布	F = tcdf(x,v)	学生氏 *t* 分布
F = gamcdf(x,a,b)	伽马分布	F = unidcdf(x,n)	离散均匀分布
F = geocdf(x,p)	几何分布	F = unifcdf(x,a,b)	连续均匀分布
F = hygecdf(x,M,K,n)	超几何分布	F = weibcdf(x,a,b)	威布尔分布

例如,用 normcdf 函数可计算正态分布的分布函数。该函数的调用格式为:

```
F=normcdf(X,MU,SIGMA)
```

计算参数为 *MU* 和 *SIGMA* 的正态分布函数在数据 x 中每个值处的值。参数 *SIGMA* 必须为正。正态分布的分布函数为：

$$F(x|\mu,\sigma)=\frac{1}{\sigma\sqrt{2\pi}}\int_{-\infty}^{x}\mathrm{e}^{-\frac{(t-\mu)^2}{2\sigma^2}}\mathrm{d}t$$

结果 $F(x|\mu,\sigma)$ 为取自参数为 μ 和 σ 的正态分布总体的单个观测量落在区间 $(-\infty,x)$ 中的概率。

另外，还可以用函数 cdf 计算随机变量的分布函数。其调用格式为：

```
F = cdf('name',X,A1,A2,A3)
```

返回服从参数为 A_1,A_2,A_3 的'name'分布的随机变量在 X 处的分布函数值。分布函数名'name'常见的取值同函数 pdf 中的'name'。

[例 9.1.1] 某仪器需安装一个电子元件，电子元件的使用寿命不低于 1000 小时即可。现有甲乙两厂的电子元件可供选择，甲厂生产的电子元件的寿命服从正态分布 $N(1100,50^2)$，乙厂生产的电子元件的寿命服从正态分布 $N(1150,80^2)$。问：应选哪个工厂的产品呢？

解 设 $X\sim N(1100,50^2)$，$Y\sim N(1150,80^2)$，则有：

$$P\{X\geqslant 1000\}\approx 0.9772$$

$$P\{Y\geqslant 1000\}\approx 0.9696$$

因此，应选甲厂生产的产品。

说明

计算 $P\{X\geqslant 1000\}$ 的命令为：1 - normcdf(1000,1100,50) 或 1 - cdf('norm',1000,1100,50)

计算 $P\{Y\geqslant 1000\}$ 的命令为：1 - normcdf(1000,1150,80) 或 1 - cdf('norm',1000,1150,80)

9.1.5 分布函数的逆函数

在 MATLAB 中，常见分布的分布函数的逆函数及其调用格式，见表 9-1-5。

表 9-1-5 常见分布的分布函数的逆函数及其调用格式

函数调用格式	对应的分布	函数调用格式	对应的分布
x = betainv(P,a,b)	β 分布	x = norminv(P,mu,sigma)	正态分布
x = binoinv(P,n,p)	二项分布	x = logninv(P,mu,sigma)	对数正态分布
x = chi2inv(P,v)	卡方分布	x = poissinv(P,lambda)	泊松分布
x = expinv(P,mu)	指数分布	x = raylinv(P,b)	瑞利分布
x = finv(P,v1,v2)	F 分布	x = tcdfinv(P,v)	学生氏 t 分布
x = gaminv(P,a,b)	伽马分布	x = unidinv(P,n)	离散均匀分布
x = geoinv(P,p)	几何分布	x = unifinv(P,a,b)	连续均匀分布
x = hygeinv(P,M,K,n)	超几何分布	x = weibinv(P,a,b)	威布尔分布

在 MATLAB 中，还可以用函数 icdf 计算随机变量的分布函数的逆函数。其调用格

式为：

```
X = icdf('name',P,A1,A2,A3)
```

服从参数为 A_1,A_2,A_3 的'name'分布的随机变量的分布函数在 X 处值为 P。分布函数名'name'常见的取值同函数 pdf 中的'name'。

[例 9.1.2]　有同类设备 300 台，各台工作状态相互独立。已知每台设备发生故障的概率为 0.01，若一台设备发生故障需要 1 人去处理，问至少需要多少工人，才能保证设备发生故障而不能及时维修的概率小于 0.01？

解　设 X 表示同一时刻发生故障的设备台数，则有 $X \sim B(300,0.01)$；再设配备 N 位维修人员，则有：

$$P\{X > N\} < 0.01$$

即

$$P\{X \leqslant N\} > 0.99$$

在命令窗口键入命令：

```
x = binoinv(0.99,300,0.01) 或 x = icdf('bino',0.99,300,0.01)
```

其运行结果为：

```
x = 8
```

再键入命令：

```
F1 = binocdf(8,300,0.01),F2 = binocdf(7,300,0.01)
```

其运行结果为：

```
F1 = 0.9964,F2 = 0.9885
```

因此，至少需要 8 个工人，才能保证设备发生故障而不能及时维修的概率小于 0.01。

[例 9.1.3]　服从卡方分布的随机变量的分布函数的逆函数应用。

其演示程序代码如下：

```
clear;clc;
n = 5; a = 0.05;% n 为自由度
x_a = chi2inv(1 - a,n);% x_a 为临界值
x = linspace(0,20,1000);
y_pdf = chi2pdf(x,n);% 计算的密度函数值，供绘图用
plot(x,y_pdf,'b');% 绘密度函数图形
hold on
xx = linspace(0,x_a,800);
yy_pdf = chi2pdf(xx,n); % 计算[0,x_a]上的密度函数值，供填色用
fill([xx,x_a], [yy_pdf,0], 'g') % 填色，其中：点(x_a, 0)使得填色区域封闭
text(x_a + 0.01,0.005, num2str(x_a)); % 标注临界值点
text(10,0.10, ['\fontsize{16}X ~ {\chi}^2(5)']);% 图中标注
text(1.5,0.03,'\fontsize{16}1 - alpha = 0.95');% 图中标注
hold off
```

其运行结果如图 9-1-1 所示。

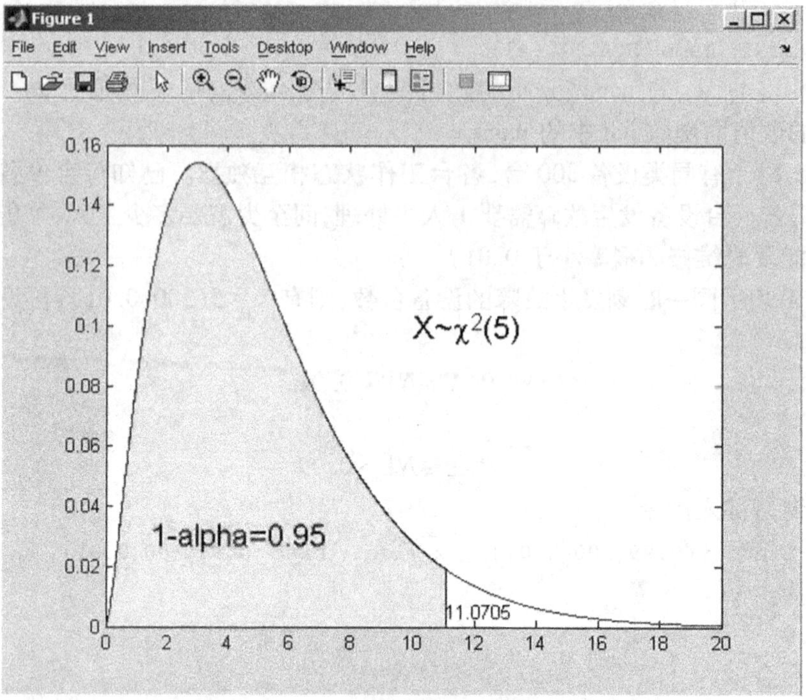

图 9-1-1　服从卡方分布的随机变量分布函数的逆函数图形

9.2　多维随机变量及其分布

9.2.1　二维随机变量联合密度函数和联合分布函数

在 MATLAB 中,利用 mvnpdf 和 mvncdf 函数可以计算二维正态分布随机变量在指定位置处的密度函数值和分布函数值。

[**例 9.2.1**]　计算服从二维正态分布的随机变量在指定范围内的密度函数值并绘图。

其实现的程序代码如下:

```
% 二维正态分布的随机变量在指定范围内的密度函数图形
mu =[0 0];
sigma =[0.25 0.3;0.3 1];% 协方差阵
x = -3:0.1:3;y = -3:0.15:3;
[x1,y1] =meshgrid(x,y);% 将平面区域网格化取值
f =mvnpdf([x1(:) y1(:)],mu,sigma);% 计算二维正态分布密度函数值
F =reshape(f,numel(y),numel(x));% 矩阵重塑
surf(x,y,F);% 绘刻面图
caxis([min(F(:)) -0.5 * range(F(:)),max(F(:))]);% 设置颜色的范围
% range(x)表示最大值与最小值的差,即极差
axis([ -4 4 -4 4 0 max(F(:)) +0.1]);% 设置坐标轴范围
xlabel('x')
ylabel('y')
zlabel('Probability Density')
```

运行结果如图9-2-1所示。

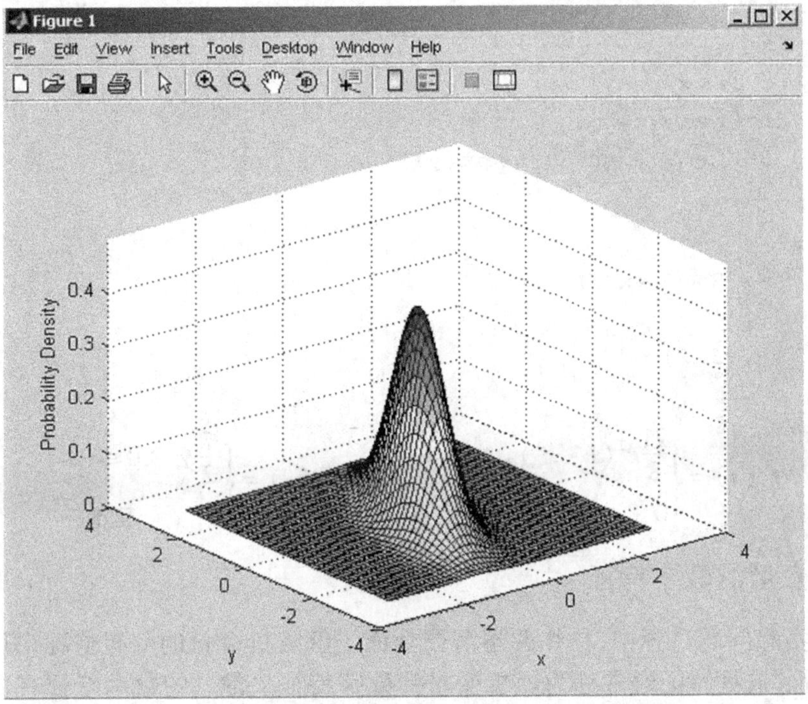

图9-2-1 二维正态分布的随机变量的密度函数图形

9.2.2 边缘分布

若连续型随机变量(X,Y)的联合密度函数为$f(x,y)$，则关于X和Y的边缘密度函数$f_X(x)$和$f_Y(y)$分别为：

$$f_X(x) = \int_{-\infty}^{+\infty} f(x,y)\,dy$$

$$f_Y(y) = \int_{-\infty}^{+\infty} f(x,y)\,dx$$

[例9.2.2] 设(X,Y)具有联合密度函数$f(x,y) = \begin{cases} Cx^2y, & x^2 \leqslant y \leqslant 1; \\ 0, & 其他。\end{cases}$

(1) 确定常数C；

(2) 求边缘密度函数$f_X(x)$和$f_Y(y)$。

解 (1) 由$\iint\limits_{R^2} f(x,y)\,d\sigma = \int_{-1}^{1} dx \int_{x^2}^{1} Cx^2y\,dy = 1$，可得$C = 5.25$。

其计算程序代码如下：

```
clear;clc
syms x y C
fxy = C * x^2 * y;
g = int(int(fxy,y,x * x,1),x, -1,1);
C = double(solve(g -1))
```

（2）求边缘密度函数$f_X(x)$和$f_Y(y)$的程序代码如下：

```
clear;clc
syms x y
fxy = 5.25 * x * x * y;
fx = int(fxy,y,x * x,1)
fy = int(fxy,x, - sqrt(y),sqrt(y))
```

运行结果为：

```
fx =
21/8 * x^2 * (1 - x^4)
fy =
7/2 * y^(5/2)
```

因此，

$$f_X(x)=\begin{cases}\frac{21}{8}x^2(1-x^4), & -1\leqslant x\leqslant 1,\\ 0, & 其他;\end{cases}\qquad f_Y(y)=\begin{cases}\frac{7}{2}y^{2.5}, & 0\leqslant y\leqslant 1,\\ 0, & 其他\end{cases}$$

9.3 随机变量的数字特征

在解决实际问题过程中，往往并不需要全面了解随机变量的分布情况，只需要知道它们的某些特征，这些特征通常称为随机变量的数字特征。常见的数字特征有数学期望、方差、相关系数和矩等。

9.3.1 数学期望

1. 离散型随机变量的数学期望

设离散型随机变量 X 的分布列为：

$$P\{X=x_k\}=p_k,\quad k=1,2,\cdots$$

如果 $\sum_k x_k p_k$ 绝对收敛，则称 $\sum_k x_k p_k$ 的和为随机变量 X 的数学期望。

[例 9.3.1] 设 X 表示一张彩票的奖金额，X 的分布列见表 9-3-1。

表 9-3-1 X 的分布列

X	500000	50000	5000	500	50	10	0
P	0.000001	0.000009	0.00009	0.0009	0.009	0.09	0.9

试求 E(X)。

其求解程序代码如下：

```
% 离散型随机变量的数学期望
clear;clc;
x = [500000 50000 5000 500 50 10 0]';
p = [0.000001 0.000009 0.00009 0.0009 0.009 0.09 0.9]';
Ex = x' * p
```

运行结果为:

```
Ex =

    3.2000
```

因此,$E(X)=3.2$。

[**例 9.3.2**]　设 $P\{X=k\}=(1-p)^{k-1}p, k=1,2,\cdots, 0<p<1$,求 $E(X)$。

其求解程序代码如下:

```
% 离散型随机变量的数学期望
clear;clc
syms p k
Ex = symsum(k * p * (1 - p)^(k - 1),k,1,inf)
```

运行结果为:

```
Ex =

    1/p
```

因此,$E(X)=1/p$。

2. 连续型随机变量的数学期望

设连续型随机变量 X 的密度函数为 $f(x)$,若积分 $\int_R xf(x)\,dx$ 绝对收敛,则称该积分的值为随机变量 X 的数学期望。

[**例 9.3.3**]　设 X 的密度函数为:

$$f(x)=\begin{cases}\dfrac{x}{1500^2}, & 0\leqslant x\leqslant 1500;\\ \dfrac{(3000-x)}{1500^2}, & 1500<x<3000;\\ 0, & \text{其他}\end{cases}$$

求 $E(X)$。

其求解程序代码如下:

```
% 连续型随机变量的数学期望
clear;clc;
syms x
f1 = x/1500^2;
f2 = (3000 - x)/1500^2;
Ex = double(int(x * f1,0,1500) + int(x * f2,1500,3000))
```

运行结果为:

```
Ex =

    1500
```

因此,$E(X)=1500$。

3. 随机变量函数的数学期望

随机变量函数数学期望的计算公式为:

$$E(g(X)) = \sum_i g(x_i)p_i$$

或

$$E(g(X)) = \int_R g(x)f(x)\mathrm{d}x$$

[例 9.3.4] 设圆的直径 $X \sim U(a,b)$,求圆面积的数学期望。

其求解程序代码如下:

```
% 连续型随机变量的函数的数学期望
clear;clc
syms x a b
f =1/(b-a);
g =pi*x^2/4;
Ey =simplify(int(f*g,x,a,b))
```

运行结果为:

```
Ey =
1/12*(a^2+b*a+b^2)*pi
```

因此,圆面积的数学期望为$\frac{\pi}{12}(a^2+ab+b^2)$。

4. 二维随机变量的函数的数学期望

二维随机变量函数的数学期望的计算公式为:

$$E(g(X,Y)) = \sum_{i,j} g(x_i,y_j)p_{ij}$$

或

$$E(g(X,Y)) = \iint_{R^2} g(x,y)f(x,y)\mathrm{d}\sigma$$

[例 9.3.5] 设二维随机变量(X,Y)的密度函数为:

$$f(x,y) = \begin{cases} x+y, & 0<x<1, \quad 0<y<1; \\ 0, & \text{其他} \end{cases}$$

求 $E(XY)$。

其求解程序代码如下:

```
% 二维连续型随机变量的函数的数学期望
clear;clc;
syms x y
f =x+y;
Ex =double(int(int(x*y*f,y,0,1),0,1))
```

运行结果为:

```
Ex =
    0.3333
```

因此,$E(XY)=0.3333$。

9.3.2 方差

设 X 是一个随机变量,若 $E\{[X-E(X)]^2\}$ 存在,则称 $E\{[X-E(X)]^2\}$ 为 X 的方差,记为 $\mathrm{var}(X)$。即

$$\mathrm{var}(X) = E\{[X-E(X)]^2\}$$

因此，随机变量的方差实际上是随机变量函数的数学期望。这里不再举例说明。

9.3.3 常见分布的数学期望和方差

MATLAB 提供了常见分布的均值和方差的计算函数，其调用格式见表 9-3-2。

表 9-3-2 常见分布的均值和方差的计算函数及其调用格式

函数调用格式	对应的分布	函数调用格式	对应的分布
[M,V] = betastat(a,b)	β 分布	[M,V] = normstat(mu,sigma)	正态分布
[M,V] = binostat(n,p)	二项分布	[M,V] = lognstat(mu,sigma)	对数正态分布
[M,V] = chi2stat(v)	卡方分布	[M,V] = poisstat(lambda)	泊松分布
[M,V] = expstat(mu)	指数分布	[M,V] = raylstat(b)	瑞利分布
[M,V] = fstat(v1,v2)	F 分布	[M,V] = tstat(v)	学生氏 t 分布
[M,V] = gamstat(a,b)	伽马分布	[M,V] = unidstat(n)	离散均匀分布
[M,V] = geostat(p)	几何分布	[M,V] = unifstat(a,b)	连续均匀分布
[M,V] = hygestat(M,K,n)	超几何分布	[M,V] = weibstat(a,b)	威布尔分布

9.3.4 协方差矩阵及相关系数矩阵

随机变量 X 与 Y 的协方差 $\mathrm{cov}(X,Y)=E\{[X-E(X)][Y-E(Y)]\}$。

随机变量 X 与 Y 的相关系数 $\rho_{XY}=\dfrac{\mathrm{cov}(X,Y)}{\sqrt{D(X)}\sqrt{D(Y)}}$。

设 $x_i(i=1,2,\cdots,n)$ 与 $y_i(i=1,2,\cdots,n)$ 是容量均为 n 的两个样本，则：

这两个样本的样本均值为 $\bar{x}=\dfrac{1}{n}\sum\limits_{i=1}^{n}x_i$ 和 $\bar{y}=\dfrac{1}{n}\sum\limits_{i=1}^{n}y_i$；

这两个样本的协方差为 $c_{xy}=\dfrac{1}{n-1}\sum\limits_{i}(x_i-\bar{x})(y_i-\bar{y})$；

这两个样本的相关系数为 $r_{xy}=\dfrac{\sum\limits_{i}(x_i-\bar{x})(y_i-\bar{y})}{\sqrt{\sum\limits_{i}(x_i-\bar{x})^2}\sqrt{\sum\limits_{i}(y_i-\bar{y})^2}}$。

相关系数常常用来衡量两个随机变量之间的线性相关性，相关系数的绝对值越接近 1，表示相关性越强，反之越弱。

随机向量 $\boldsymbol{X}=(X_1,X_2,\cdots,X_p)^{\mathrm{T}}$ 的数学期望为：

$$E(\boldsymbol{X})=(E(X_1),E(X_2),\cdots,E(X_p))^{\mathrm{T}}$$

随机向量 $\boldsymbol{X}=(X_1,X_2,\cdots,X_p)^{\mathrm{T}}$ 的协方差矩阵为：

$$\mathrm{cov}(\boldsymbol{X})=E[(\boldsymbol{X}-E(\boldsymbol{X}))(\boldsymbol{X}-E(\boldsymbol{X}))^{\mathrm{T}}]$$

$$=E\left[\begin{pmatrix}\boldsymbol{X}_1-E(\boldsymbol{X}_1)\\ \boldsymbol{X}_2-E(\boldsymbol{X}_2)\\ \vdots\\ \boldsymbol{X}_p-E(\boldsymbol{X}_p)\end{pmatrix}(\boldsymbol{X}_1-E(\boldsymbol{X}_1)\quad \boldsymbol{X}_2-E(\boldsymbol{X}_2)\quad \cdots\quad \boldsymbol{X}_p-E(\boldsymbol{X}_p))\right]$$

$$=\begin{pmatrix} \mathrm{cov}(\boldsymbol{X}_1,\boldsymbol{X}_1) & \mathrm{cov}(\boldsymbol{X}_1,\boldsymbol{X}_2) & \cdots & \mathrm{cov}(\boldsymbol{X}_1,\boldsymbol{X}_p) \\ \mathrm{cov}(\boldsymbol{X}_2,\boldsymbol{X}_1) & \mathrm{cov}(\boldsymbol{X}_2,\boldsymbol{X}_2) & \cdots & \mathrm{cov}(\boldsymbol{X}_2,\boldsymbol{X}_p) \\ \vdots & \vdots & & \vdots \\ \mathrm{cov}(\boldsymbol{X}_p,\boldsymbol{X}_1) & \mathrm{cov}(\boldsymbol{X}_p,\boldsymbol{X}_2) & \cdots & \mathrm{cov}(\boldsymbol{X}_p,\boldsymbol{X}_p) \end{pmatrix}$$

设随机变量 $X_1,X_2,\cdots,X_p$ 的观测值均有 n 个,构成二维数组:

$$\boldsymbol{x}=\begin{pmatrix} x_{11} & x_{12} & \cdots & x_{1n} \\ x_{21} & x_{22} & \cdots & x_{2n} \\ \vdots & \vdots & & \vdots \\ x_{p1} & x_{p2} & \cdots & x_{pn} \end{pmatrix}^{\mathrm{T}}$$

记 $\bar{\boldsymbol{x}}=(\bar{x}_1 \quad \bar{x}_2 \quad \cdots \quad \bar{x}_p)$(表示样本均值向量),其中 $\bar{x}_i=\dfrac{1}{n}\sum_{j=1}^{n}x_{ij}$,则其样本的协方差矩阵为:

$$\boldsymbol{C}=\frac{1}{n-1}(\boldsymbol{x}-\bar{\boldsymbol{x}})^{\mathrm{T}}(\boldsymbol{x}-\bar{\boldsymbol{x}})$$

在 MATLAB 中,常用 cov 函数计算样本协方差矩阵。cov 函数的简单调用格式如下。

◆ C = cov(X):$\boldsymbol{X}$ 只能是一维数组(向量)或二维数组(矩阵)。

◆ C = cov(X,Y) = cov([X(:),Y(:)]):仅要求 $\boldsymbol{X}$ 与 $\boldsymbol{Y}$ 的元素个数相同,即仅要求 $\boldsymbol{X}$(:)与 $\boldsymbol{Y}$(:)长度相等。

若 $\boldsymbol{X}$ 是一个向量,则 cov(X)返回样本 $\boldsymbol{X}$ 的方差;若 $\boldsymbol{X}$ 是矩阵(每一列为一个随机变量的观测值),则 cov(X)返回样本协方差矩阵。

cov 函数的算法如下:

```
[n,p] = size(X);
Y = X - ones(n,1) * mean(X);
C = Y' * Y./(n - 1)
```

在 MATLAB 中,常用 corrcoef 函数计算样本数据的相关系数矩阵。corrcoef 函数的简单调用格式为:

◆ R = corrcoef(X)

◆ R = corrcoef(x,y)

[例 9.3.6] 演示协方差阵计算的程序代码如下:

```
% 协方差阵的计算
    clear,clc
    x = [1050 1038;1100 1089;1120 1118;1250 1256;1280 1300];
    A = cov(x)
```

其运行结果为:

```
A =
  1.0e + 004 *
    0.9950 1.1200
    1.1200 1.2626
```

9.3.5 矩

在 MATLAB 中,可以利用 moment 函数计算样本的中心矩。该函数的调用格式为:

◆ m = moment(X,order)：若 X 是向量，则 moment(X,order)返回 X 数据的指定阶次中心矩；若 X 是矩阵，则 moment(X,order)返回 X 数据的每一列的指定阶次中心矩。

说明

一阶中心矩为0，二阶中心矩为用除数 n(而非 $n-1$)得到的方差，其中 n 为向量 X 的长度或是矩阵 X 的行数。

9.4 样本描述

采集到大量的样本数据以后，常需要用一些统计量来描述数据的集中程度和离散程度，并通过这些指标对数据的总体特征进行归纳。

9.4.1 集中趋势

描述样本数据集中趋势的统计量有算术平均、中位数、众数、几何均值、调和均值和截尾均值等。

1. 几何均值

样本数据 $x_1,x_2,\cdots,x_n$ 的几何均值为：

$$m = \left(\prod_{i=1}^{n} x_i\right)^{\frac{1}{n}}$$

在MATLAB中，用geomean函数计算样本数据的几何均值，其简单调用格式如下。

m = geomean(X)：若 X 是向量，则 geomean(X)返回数据 X 中元素的几何均值；若 X 是矩阵，则 geomean(X)返回一个行向量，包含每列数据的几何均值。

2. 调和均值

样本数据 $x_1,x_2,\cdots,x_n$ 的调和均值为：

$$m = \frac{n}{\sum_{i=1}^{n} \frac{1}{x_i}}$$

在MATLAB中，用harmmean函数计算样本数据的调和均值，其简单调用格式如下。

m = harmmean(X)：若 X 是向量，则 harmmean(X)返回数据X的调和平均值；若 X 是矩阵，则 harmmean(X)返回包含每列元素调和平均值的行向量。

3. 算术平均值

样本数据 $x_1,x_2,\cdots,x_n$ 的算术平均值为：

$$\bar{x} = \frac{1}{n}\sum_{i=1}^{n} x_i$$

在MATLAB中，用mean函数计算样本数据的算术平均值，其简单调用格式如下。

m = mean(X)：若 X 是向量，则 mean(X)返回 X 的算术平均值；若 X 是矩阵，则 mean(X)返回包含 X 中每列元素算术平均值的行向量。

4. 中位数

中位数是样本数据中心趋势的稳健估计，受异常值的影响较小。在MATLAB中，用median函数计算样本数据中位数，其简单调用格式如下。

m = median(X)：若 X 是向量，则 median(X)返回 X 的中位数；若 X 是矩阵，则

median(X)返回包含 X 中每列元素中位数的行向量。

5. 截尾均值

对样本数据进行排序以后，去掉两端的部分极值，然后对剩下的数据求算术平均值，得到截尾均值。截尾均值为样本位置参数的稳健性估计。若数据中有异常值，截尾均值为数据中心的一个更有代表性的估计。在 MATLAB 中，用函数 trimmean 计算截尾均值，其简单调用格式如下。

m = trimmean(X,percent)：若样本数据 *X* 是向量，则剔除 *X* 中最大的和最小的各“0.5 * percent%”以后，再计算算术平均值；若样本数据 *X* 是矩阵，则 *X* 的每列均剔除其最大的和最小的各“0.5 * percent%”以后，再分别计算算术平均值，构成一个行向量。

[**例 9.4.1**] 演示截尾均值计算的程序代码如下：

```
% 描述样本的集中趋势
clear;clc;
x = [0 1 2 3 4 5 6 7 8 8 9 9 10 11 12 12 13 14 15 16 17 18 1000 2000];
xbar = mean(x)% 计算算术平均
m1 = median(x)% 计算中位数
m2 = trimmean(x,20)% 计算截尾均值
```

其运行结果为：

```
xbar =
    133.3333
m1 =
    9.5000
m2 =
    9.9500
```

9.4.2 离中趋势

描述样本数据离散趋势的统计量包括极差、平均差、平均绝对差、方差和标准差等。

1. 均值绝对差

在 MATLAB 中，用 mad 函数计算数据样本的均值或中位数绝对差(MAD)，其简单调用格式如下。

- y = mad(X)：若 *X* 为向量，则 *y* 用 mean(abs(X - mean(X)))计算；如果 *X* 为矩阵，则 *y* 为包含 *X* 中每列数据均值绝对差的行向量。
- y = mad(X,0)：与 y = mad(X)相同，使用均值。
- y = mad(X,1)：y = median(abs(X - median(X)))。

2. 极差

极差指的是样本中最大值与最小值之间的差值，用 range 函数计算。range 函数的简单调用格式如下。

y = range(X)：若 *X* 是向量，则 range(X)返回 range 函数的中元素的极差；若 *X* 是矩阵，则 range(X)返回包含 *X* 中列元素极差的行向量。

3. 方差

在 MATLAB 中，方差计算函数的简单调用格式如下。

- y = var(X)：若 *X* 是向量，则 var(X)返回样本 *X* 的方差；若 *X* 是矩阵，var(X)返回

包含 X 中每一列元素构成的样本的方差的行向量。

◆ y = var(X,1):除以 n(n 是样本大小),是样本数据的二阶矩。

◆ y = var(X,w):使用权重向量 w 计算方差。w 中元素的个数必须等于矩阵 X 的行数。对于向量 X,要求 w 和 X 在长度上匹配,且 w 的每一个元素必须为正。

说明

令 SS 为向量 X 中元素与其均值之间的偏差的平方和,则 var(X) = $SS/(n-1)$ 为 σ^2 的最小方差无偏估计量,var(X,1) = SS/n 为 σ^2 的最大似然估计量。

[例 9.4.2] 演示方差计算的程序代码如下:

```
% 说明方差的算法
clear,clc
x = [ -2 1; -1 5;1 3;2 7];
w = [1;2;3;4];
ss0 = var(x)
ss1 = var(x,1)
ssw = var(x,w)
[m,n] = size(x);
xbarw = zeros(1,n);
for j = 1:n
xbarw(j) = x(:,j)' * w/sum(w);
end
ssw1 = zeros(1,n);
for j = 1:n
ssw1(j) = ((x(:,j) - xbarw(j)).^2)' * w/sum(w);
end
ssw1
```

其运行结果为:

```
ss0 =
    3.3333 6.6667
ss1 =
    2.5000 5.0000
ssw =
    2.0100 4.3600
ssw1 =
    2.0100 4.3600
```

4. 标准差

在 MATLAB 中,标准差计算函数的简单调用格式如下。

y = std(X):若 X 是向量,则 std(X)返回 X 的标准差;若 X 是矩阵,则 std(X)返回包含 X 中每一列标准差的行向量。

9.4.3 抽样分布

统计量的分布称为抽样分布。正态总体的几个常用统计量的分布包括 χ^2 分布、t 分布

和 F 分布。表 9-4-1 至表 9-4-3 给出用 MATLAB 进行这三大分布计算有关的函数名及调用格式。

表 9-4-1 用 MATLAB 进行 χ^2 分布计算有关的函数及调用格式

函数名	类　别	调用格式
chi2pdf	密度函数	chi2pdf(x,n)
chi2cdf	分布函数	chi2cdf(x,n)
chi2inv	分布函数的逆函数	chi2inv(P,n)
chi2stat	数学期望与方差	[M,V] = chi2stat(n)

表 9-4-2 用 MATLAB 进行 t 分布计算有关的函数及调用格式

函数名	类　别	调用格式
tpdf	密度函数	tpdf(x,n)
tcdf	分布函数	tcdf(x,n)
tinv	分布函数的逆函数	tinv(P,n)
tstat	数学期望与方差	[M,V] = tstat(n)

表 9-4-3 用 MATLAB 进行 F 分布计算有关的函数及调用格式

函数名	类　别	调用格式
fpdf	密度函数	fpdf(x,n1,n2)
fcdf	分布函数	fcdf(x,n1,n2)
finv	分布函数的逆函数	finv(P,n1,n2)
fstat	数学期望与方差	[M,V] = fstat(n1,n2)

9.5 参数估计

参数估计的内容包括点估计和区间估计。MATLAB 统计工具箱提供了进行最大似然估计的函数,不仅可以用来计算待估参数及其置信区间,还可以利用各分布专门的参数估计函数估计参数。

9.5.1 点估计

点估计是用单个数值作为参数的估计,常用的方法有矩法和最大似然法。

1. 矩法

用计算矩的函数 moment(X,order)进行估计称为矩法。

[例 9.5.1] 对某型号的 20 辆汽车记录其 5 L 汽油的行驶里程(km),观测数据如下:

29.8　27.6　28.3　27.9　30.1　28.7　29.9　28.0　27.9　28.7
28.4　27.2　29.5　28.5　28.0　30.0　29.1　29.8　29.6　26.9

试求总体的均值和方差的矩法估计。

其求解程序代码如下：

```
% 矩法估计
clear;clc;
x1 =[29.8  27.6  28.3  27.9  30.1  28.7  29.9  28.0  27.9  28.7];
x2 =[28.4  27.2  29.5  28.5  28.0  30.0  29.1  29.8  29.6  26.9];
x =[x1 x2]';
muhat =mean(x)
sigma2hat =moment(x,2)% 样本二阶中心矩,也可用 var(x,1)
```

运行结果为：

```
muhat =
   28.6950
sigma2hat =
   0.9185
```

因此，总体的均值和方差的矩法估计分别为 28.6950 和 0.9185。

2. 最大似然法

在 MALTAB 中，用函数 mle 进行最大似然估计，该函数的常见调用格式为：

phat = mle('dist',data)：使用向量 ***data*** 中的样本数据，返回 dist 指定的分布的最大似然估计(MLE)。

'dist'常见取值为：'beta'(Beta 分布)，'bernoulli'(0－1 分布)，'binomial'(二项分布)，'exponential'(指数分布)，'gamma'(GAMMA 分布)，'geometric'(几何分布)，'lognormal'(对数正态分布)，'normal'(正态分布)，'negative binomial'(负二项分布)，'poisson'(泊松分布)，'rayleigh'(瑞利分布)，'discrete uniform'(离散均匀分布)，'uniform'(均匀分布)，'weibull'(Weibull 分布)。'dist'取'normal'时可省略。

[例 9.5.2]　对某型号的 20 辆汽车记录其 5 L 汽油的行驶里程(km)，观测数据如下：

29.8	27.6	28.3	27.9	30.1	28.7	29.9	28.0	27.9	28.7
28.4	27.2	29.5	28.5	28.0	30.0	29.1	29.8	29.6	26.9

设行驶里程服从正态分布，试用最大似然估计法估计总体的均值和方差。

其求解程序代码如下：

```
% 最大似然估计
clear;clc;
x1 =[29.8  27.6  28.3  27.9  30.1  28.7  29.9  28.0  27.9  28.7];
x2 =[28.4  27.2  29.5  28.5  28.0  30.0  29.1  29.8  29.6  26.9];
x =[x1 x2];
p =mle('norm',x);
muhatmle =p(1)
sigma2hatmle =p(2)^2
```

运行结果为：

```
muhatmle =
   28.6950
```

```
sigma2hatmle =
   0.9185
```

因此,总体的均值和方差的最大似然估计分别为 28.6950 和 0.9185。

9.5.2 区间估计

求参数的区间估计,首先要求出该参数的点估计,然后构造一个含有该参数的随机变量,并根据一定的置信水平求该估计值的范围。

函数 mle 除了可以用于求指定分布的参数的最大似然估计外,还可以用于求指定分布的参数的区间估计。mle 函数简单的调用格式如下。

◆ [phat,pci] = mle('dist',data):返回'dist'分布的参数的最大似然估计和置信度为 95% 的置信区间。

◆ [phat,pci] = mle('dist',data,alpha):返回'dist'分布的参数的最大似然估计和置信度为"100 * (1 - alpha)%"的置信区间。

[例 9.5.3] 对某型号的 20 辆汽车记录其 5 L 汽油的行驶里程(km),观测数据如下:

29.8 27.6 28.3 27.9 30.1 28.7 29.9 28.0 27.9 28.7

28.4 27.2 29.5 28.5 28.0 30.0 29.1 29.8 29.6 26.9

设行驶里程服从正态分布,求平均行驶里程的 95% 置信区间。

其求解程序代码如下:

```
% 正态总体参数的区间估计
clear;clc;
x1 =[29.8  27.6  28.3  27.9  30.1  28.7  29.9  28.0  27.9  28.7];
x2 =[28.4  27.2  29.5  28.5  28.0  30.0  29.1  29.8  29.6  26.9];
x =[x1 x2]';
[p,ci] =mle('norm',x,0.05)
```

运行结果为:

```
p =
   28.6950   0.9584
ci =
   28.2348   0.7478
   29.1552   1.4361
```

因此平均行驶里程的 95% 置信区间为(28.2348,29.1552)。另外,$\hat{\sigma} = 0.9584$,σ 的 95% 置信区间为(0.7478,1.4361)。

9.5.3 常见分布的参数估计

除了使用 mle 函数求指定分布的参数估计量外,MATLAB 统计工具箱还提供了求常见分布的参数的估计函数,见表 9-5-1。

表 9-5-1 常见分布的参数估计函数及其简单调用格式

分 布	调 用 格 式
贝塔分布	phat = betafit(x) [phat,pci] = betafit(x,alpha)

续表

分 布	调 用 格 式
二项分布	phat = binofit(x,n) [phat,pci] = binofit(x,n) [phat,pci] = binofit(x,n,alpha)
指数分布	muhat = expfit(x) [muhat,muci] = expfit(x) [muhat,muci] = expfit(x,alpha)
伽马分布	phat = gamfit(x) [phat,pci] = gamfit(x) [phat,pci] = gamfit(x,alpha)
正态分布	[muhat,sigmahat,muci,sigmaci] = normfit(x) [muhat,sigmahat,muci,sigmaci] = normfit(x, alpha)
泊松分布	lambdahat = poissfit(x) [lambdahat,lambdaci] = poissfit(x) [lambdahat,lambdaci] = poissfit(x, alpha)
均匀分布	[ahat,bhat] = unifit(x) [ahat,bhat,aci,bci] = unifit(x) [ahat,bhat,aci,bci] = unifit(x, alpha)
威布尔分布	phat = weibfit(x) [phat,pci] = weibfit(x) [phat,pci] = weibfit(x, alpha)

例如，用 normfit 函数对正态分布总体进行参数估计。normfit 函数调用格式如下。

◆ [muhat,sigmahat,muci,sigmaci] = normfit(x)：对于给定的正态分布的数据 x，返回参数 μ 的估计值 muhat，σ 的估计值 sigmahat，μ 的 95% 置信区间 muci 和 σ 的 95% 置信区间 sigmaci。

◆ [muhat,sigmahat,muci,sigmaci] = normfit(x, alpha)：进行参数估计并计算"100 * (1 - alpha)%"置信区间。

[例 9.5.4] 用 normfit 函数求解例 9.5.3。

解 由 $T=\dfrac{\overline{X}-\mu}{S/\sqrt{n}}\sim t(n-1)$，可得 μ 的 $100(1-\alpha)\%$ 置信区间为：

$$\overline{X}\pm t_{1-\frac{\alpha}{2}}(n-1)s/\sqrt{n}$$

由 $\chi^2=\dfrac{(n-1)S^2}{\sigma^2}\sim\chi^2(n-1)$，可得 σ^2 的 $100(1-\alpha)\%$ 置信区间为：

$$\left[\frac{(n-1)s^2}{\chi^2_{1-\frac{\alpha}{2}}(n-1)},\frac{(n-1)s^2}{\chi^2_{\frac{\alpha}{2}}(n-1)}\right]$$

求解程序代码如下：

```
% normfit 函数应用举例
clear;clc;a = 0.05;
x1 = [29.8 27.6 28.3 27.9 30.1 28.7 29.9 28.0 27.9 28.7];
x2 = [28.4 27.2 29.5 28.5 28.0 30.0 29.1 29.8 29.6 26.9];
```

```
x=[x1 x2]';n=numel(x);
[muhat,sigmahat,muci,sigmaci]=normfit(x,a)
muci1=[muhat-tinv(1-a/2,n-1)*sigmahat/sqrt(n),…
muhat+tinv(1-a/2,n-1)*sigmahat/sqrt(n)]
sigmaci1=[((n-1).*sigmahat.^2/chi2inv(1-a/2,n-1)).^0.5,…
((n-1).*sigmahat.^2/chi2inv(a/2,n-1)).^0.5]
```

其运行结果为:

```
muhat =
    28.6950
sigmahat =
    0.9833
muci =
    28.2348
    29.1552
sigmaci =
    0.7478
    1.4361
muci1 =
    28.2348    29.1552
sigmaci1 =
    0.7478    1.4361
```

因此平均行驶里程的 95% 置信区间为(28.2348,29.1552)。另外,$\hat{\sigma}=0.9833$,σ 的 95% 置信区间为(0.7478,1.4361)。

★ 请比较例 9.5.3(利用 mle 函数)和例 9.5.4(利用 normfit 函数)的结果。

9.6 假设检验

在总体分布函数完全未知,或只知分布形式,但不知其参数时,为了推断总体的某些性质,需要提出关于总体的假设。假设是否合理,需要检验。

9.6.1 方差已知时单个正态总体均值的假设检验

在 MATLAB 中,对于方差已知的正态总体,关于均值的检验用 ztest 函数。ztest 函数调用格式如下。

◆ h=ztest(x,m, sigma,alpha):在显著性水平 alpha 下进行 z 检验,以检验服从正态分布的样本 x 是否来自均值为 m 的正态总体;*sigma* 为标准差。若返回结果 $h=1$,则可以在显著性水平 alpha 下接受备择假设 H_1(拒绝 $H_0:\mu=m$);若返回结果 $h=0$,则在显著性水平 alpha 下不能拒绝 H_0。在 alpha 为 0.05 时,可省略。

◆ [h,sig,ci,zval]=ztest(x,m,sigma,alpha,tail):tail 用于指定是进行单侧检验还是双侧检验。

tail 参数可以有以下几个取值:

tail=0 或'both'(为默认设置):指定备择假设 H_1 为均值不等于 m;

tail=1 或'right':指定备择假设 H_1 为均值大于 m;

tail = -1 或'left'：指定备择假设 H_1 为均值小于 m。

zval 是标准正态分布统计量 $U=\frac{\overline{X}-m}{\frac{\sigma}{\sqrt{n}}}$ 的值 $\frac{\overline{x}-m}{\frac{\sigma}{\sqrt{n}}}$。

sig 为与 U 统计量有关的 p 值，也是能够由统计量 U 的值 zval 做出拒绝原假设的最小显著性水平。

若 tail = 0，则 sig = P{|U| > zval}；

若 tail = 1，则 sig = P{U > zval}；

若 tail = -1，则 sig = P{U < zval}。

ci 为均值真值的"1 - alpha"置信区间。

[例 9.6.1]　下面列出的是某工厂随机选取的 20 只零部件的装配时间(分钟)：

9.8	10.4	10.6	9.6	9.7	9.9	10.9	11.1	9.6	10.2
10.3	9.6	9.9	11.2	10.6	9.8	10.5	10.1	10.5	9.7

假设装配时间的总体服从正态分布，标准差 σ 为 0.4，是否可以认为装配时间的均值在 0.05 的水平下不小于 10 分钟。

解　H_0: $\mu<10$ vs H_1: $\mu\geqslant 10$

其求解程序代码如下：

```
% 正态总体的方差已知时的均值检验
clear;clc;
x1 =[9.8 10.4 10.6 9.6 9.7 9.9 10.9 11.1 9.6 10.2];
x2 =[10.3 9.6 9.9 11.2 10.6 9.8 10.5 10.1 10.5 9.7];
x =[x1 x2]';
m =10;sigma =0.4;a =0.05;
[h,sig,muci] = ztest(x,m,sigma,a,1)
```

运行结果为：

```
h =
    1
sig =
    0.0127
muci =
    10.0529 Inf
```

因此，在 0.05 的水平下，可以认为装配时间的均值不小于 10 分钟。

9.6.2　方差未知时单个正态总体均值的假设检验

在 MATLAB 中，对于方差未知的正态总体，关于均值的检验用 ttest 函数。ttest 函数调用格式如下。

◆　h = ttest(x,m)：在显著性水平 0.05 下进行 t 检验，以检验服从正态分布(标准差未知)的样本 x 是否来自均值为 m 的正态总体(当 $m=0$ 时，可省略，即 ttest(x) = ttest(x,0))。

◆　h = ttest(x,m,alpha)：在显著性水平 alpha 下进行 t 检验，以检验服从正态分布(标准差未知)的样本 x 是否来自均值为 m 的正态总体。若返回结果 $h=1$，则可以在显著性水平 alpha 下接受备择假设 H_1(拒绝 $H_0:\mu=m$)；若返回结果 $h=0$，则在显著性水平 alpha 下

不能拒绝 H_0。

◆ [h,sig,ci,stats] = ttest(x,m,alpha,tail)：tail 用于指定是进行单侧检验还是双侧检验。

tail 参数可以有以下几个取值：

tail = 0 或'both'(为默认设置)：指定备择假设 H_1 为均值不等于 m；

tail = 1 或'right'：指定备择假设 H_1 为均值大于 m；

tail = -1 或'left'：指定备择假设 H_1 为均值小于 m。

sig 为与样本 x 有关的 p 值，也是能够由样本 x 做出拒绝原假设的最小显著性水平；ci 为均值真值的“1 - alpha”置信区间。

结构数组 stats 中包含统计量 T 的值$\dfrac{\bar{x}-m}{\frac{s}{\sqrt{n}}}$、自由度和样本标准差。

[例 9.6.2] 某种电子元件的寿命 X(以小时计)服从正态分布，μ 和 σ^2 均未知。现测得 16 只元件的寿命如下：

159 280 101 212 224 379 179 264

222 362 168 250 149 260 485 170

问：是否有理由认为元件的平均寿命大于 225 小时？

解 H_0： $\mu \leqslant 225$ vs H_1： $\mu > 225$

其求解程序代码如下：

```
% 正态总体的方差求知时的均值检验
clear,clc,
x =[159 280 101 212 224 379 179 264 222 362 168 250 149 260 485 170];
m =225;a =0.05;
[h,sig,muci,stats] = ttest(x,m,a,1)
```

运行结果为：

```
h =
        0
sig =
        0.2570
muci =
        198.2321 Inf
stats =
        tstat: 0.6685
            df: 15
            sd: 98.7259
```

由于 sig = 0.257，因此没有充分的理由认为元件的平均寿命大于 225 小时。

而对于

$$H_0:\ \mu \geqslant 225 \text{ vs } H_1:\ \mu < 225$$

创建程序代码如下：

```
% 正态总体的方差求知时的均值检验
clear;clc;
```

```
x=[159 280 101 212 224 379 179 264 222 362 168 250 149 260 485 170];
m=225;a=0.05;
[h,sig]=ttest(x,m,a,-1)
```

其运行结果为：

```
h=
        0
sig=
        0.7430
```

由于 sig=0.743，因此更没有充分的理由认为元件的平均寿命小于 225 小时。

9.6.3　两个正态总体(方差未知但相等)均值差的检验

在 MATLAB 中，对于两个独立正态总体(方差均未知但相等)，关于其均值的检验用 ttest2 函数。ttest2 函数简单调用格式如下。

◆ h=ttest2(x,y)：x 和 y 为取自两个独立正态分布(方差未知但相等)的两个样本，检验两个正态总体的均值是否相等。若返回 $h=1$ 时，则可以在 0.05 的水平下拒绝 H_0(均值相等)，即可认为两个总体的均值不等；若返回 $h=0$ 时，则不能在 0.05 水平下拒绝 H_0，即不能认为两个总体均值不等。

◆ [h,significance,ci]=ttest2(x,y,alpha,tail)：alpha 为给定的显著性水平，tail 用于指定是进行单侧检验还是双侧检验。若返回 $h=1$ 时，则可以在 alpha 的水平下拒绝 H_0；若返回 $h=0$ 时，则不能在 alpha 水平下拒绝 H_0。

significance 是与 x,y 有关的 p 值，即为能够利用 x,y 做出拒绝 H_0 的最小显著性水平；ci 为两个总体均值差($\mu_x-\mu_y$)的"1-alpha"置信区间。

tail 可以有以下 3 个取值：

tail=0 或'both'(为默认设置)：指定备择假设 $\mu_x\neq\mu_y$。

tail=1 或'right'：指定备择假设 $\mu_x>\mu_y$。

tail=-1 或'left'：指定备择假设 $\mu_x<\mu_y$。

[例 9.6.3]　某厂铸造车间为提高铸件的耐磨性而试制了一种镍合金铸件以取代铜合金铸件，为此，从两种铸件中各独立地抽取一个容量分别为 8 和 9 的样本，测得其硬度(一种耐磨性指标)如下：

镍合金	76.43	76.21	73.58	69.69	65.29	70.83	82.75	72.34	
铜合金	73.66	64.27	69.34	71.37	69.77	68.12	67.27	68.07	62.61

根据专业经验，硬度服从正态分布，且方差保持不变，试在显著性水平 $\alpha=0.05$ 下判断镍合金的硬度是否有明显提高。

解　H_0：　$\mu_{镍}\leqslant\mu_{铜}$ vs H_1：　$\mu_{镍}>\mu_{铜}$

其求解程序代码如下：

```
% 正态总体的方差齐但求知时的均值差检验
clear;clc;
x=[76.43 76.21 73.58 69.69 65.29 70.83 82.75 72.34]';
y=[73.66 64.27 69.34 71.37 69.77 68.12 67.27 68.07 62.61]';
a=0.05;
[h,sig,ci]=ttest2(x,y,a,1)
```

运行结果为：

```
h =
        1
sig =
        0.0142


ci =
        1.4148 Inf
```

因此，在显著性水平 $\alpha=0.05$ 下，可以认为镍合金的硬度有明显提高。

在实际工作中，为了比较两种方法或两种产品的差异，常常进行对比试验。这样得到的数据具有成对的特点，即上述的 x 与 y 长度相同。在 MATLAB 中，分析这种数据，还可以用 ttest 函数进行检验。

[例 9.6.4] 在不同蒸汽压下保持了 8 小时的红花苜蓿半穗中花蜜的含糖浓度数据如下：

4.4mmHg	62.5	65.2	67.6	69.9	69.4	70.1	67.8	67.0	68.5	62.4
9.9mmHg	51.7	54.2	53.3	57.0	56.4	61.5	57.2	56.2	58.4	55.8

根据经验，浓度服从正态分布，且方差保持不变，检验不同蒸汽压对红花苜蓿半穗中花蜜的含糖浓度是否有显著影响。

解 H_0： $\mu_x=\mu_y$ vs H_1： $\mu_x\neq\mu_y$

其求解程序代码如下：

```
% 基于成对数据的检验
clear;clc;
x = [62.5 65.2 67.6 69.9 69.4 70.1 67.8 67.0 68.5 62.4]';
y = [51.7 54.2 53.3 57.0 56.4 61.5 57.2 56.2 58.4 55.8]';
[h,sig] = ttest(x,y)
```

运行结果为：

```
h =
        1
sig =
        8.6831e-008
```

由于 $sig=8.6831\times10^{-8}$，因此有充分理由认为不同蒸汽压对红花苜蓿半穗中花蜜的含糖浓度有显著影响。

9.6.4 分布拟合检验

分布拟合检验是统计分析中经常用到的方法，检验方法比较多，如图示法、峰度－偏度法以及一些非参数法等。下面介绍 3 种比较简单的方法，即 $q-q$ 图法、峰度－偏度法以及秩和检验法。

1. $q-q$ 图

$q-q$ 图用变量数据分布的分位数与所指定分布的分位数之间的关系曲线来检验数据的分布。如果两个样本来自同一分布，则图中数据点呈现直线关系，否则为曲线关系。

MATLAB 用 qqplot 函数生成两个样本的 $q-q$ 图，其简单调用格式如下。

◆ qqplot(X)：若 X 是向量，则显示 X 的样本值与服从正态分布的理论数据之间的 $q-q$ 图（若 X 的分布为正态分布，则图形接近直线）；若 X 是矩阵，则显示 X 的每列数据与服从正态分布的理论数据之间的 $q-q$ 图。

◆ qqplot(X,Y)：若 X 和 Y 均是向量，则显示两个样本的 $q-q$ 图（若样本是来自于相同的分布，则图形将是线性的）；若 X 和 Y 不全是向量（X 或 Y 是矩阵）时，$q-q$ 图为一个配对列显示分隔线。

[例 9.6.5]　$q-q$ 图的演示程序代码如下：

```
% 分布拟合检验(q-q图法)
x=normrnd(0,1,100,1);% 生成服从正态分布的随机数
y=normrnd(0.5,2,50,1);
z=weibrnd(2,0.5,100,1);% 生成服从威布尔分布的随机数
subplot(2,2,1)% 说明生成子图的位置
qqplot(x)
hold on
subplot(2,2,2)
qqplot(x,y)
hold on
subplot(2,2,3)
qqplot(z)
hold on
subplot(2,2,4)
qqplot(x,z)
hold off
```

其运行结果类似图 9-6-1 所示。

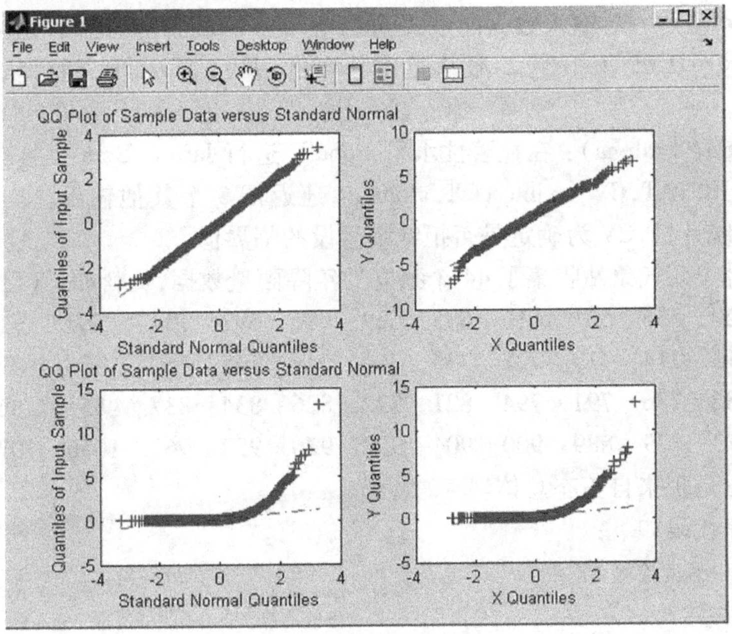

图 9-6-1　$q-q$ 图

上面的 $q-q$ 图中第 1 个子图用 x 的数据绘图，因为服从正态分布，图中数据点呈直线分布；第 2 个子图用 x 数据和 y 数据（均服从正态分布）绘图，数据点的主体部分呈直线；第 3 个子图用 z 数据绘图，由于它服从威布尔分布，所以数据点不在一条直线上；第 4 个子图用 x 数据和 z 数据绘制，因为它们不是同分布的，图中数据点不呈直线分布。

2. 峰度 - 偏度检验

峰度 - 偏度检验又称为 Jarque-Bera 检验，评价给定数据服从未知均值和方差的正态分布的假设是否成立。该检验基于数据样本的偏度和峰度。对于正态分布数据，样本偏度接近于 0，样本峰度接近于 3。Jarque-Bera 检验确定样本偏度和峰度是否与它们的期望值相差较远。

样本 k 阶矩： $a_k = \frac{1}{n}\sum_{i=1}^{n} x_i^k$；

样本 k 阶中心矩： $b_k = \frac{1}{n}\sum_{i=1}^{n} (x_i - a_1)^k$；

样本偏度： $\gamma_1 = \frac{b_3}{(b_2)^{\frac{3}{2}}}$，样本偏度 γ_1 反映了总体分布密度曲线的对称性信息。如果数据完全对称，则 $\gamma_1 = 0$。

样本峰度：$\gamma_2 = \frac{b_4}{(b_2)^2}$（茆诗松所著书中的定义为 $\gamma_2 = \frac{b_4}{(b_2)^2} - 3$）。

说明

Jarque-Bera 检验不能用于小样本的检验。

在 MATLAB 中，用 jbtest 函数进行 Jarque-Bera 检验，测试数据对正态分布的似合程度，其调用格式如下。

◆ h = jbtest(X)：对输入数据向量 $\boldsymbol{X}$ 进行 Jarque-Bera 检验，返回检验结果 h。若 $h = 1$，则在显著性水平 0.05 下拒绝 $\boldsymbol{X}$ 服从正态分布的假设；若 $h = 0$，则可认为 $\boldsymbol{X}$ 服从正态分布。

◆ h = jbtest(X,alpha)：在显著性水平 alpha 下进行 Jarque-Bera 检验。

◆ [h,P,JBSTAT,CV] = jbtest(X,alpha)：还返回 3 个其他输出。P 为检验的 p 值，JBSTAT 为检验统计量，CV 为确定是否拒绝零假设的临界值。

[例 9.6.6] 某气象站收集了 44 个独立的年降雨量数据，资料如下（已排序）：

520	556	561	616	635	669	686	692	704	707	711
713	714	719	727	735	740	744	745	750	776	777
786	786	791	794	821	822	826	834	837	851	862
873	879	889	900	904	922	926	952	963	1056	1074

试检验这些数据是否来自正态总体。

其求解程序代码如下：

```
% 峰度 - 偏度检验
clear;clc
x1 =[520 556 561 616 635 669 686 692 704 707 711];
```

```
x2 = [713 714 719 727 735 740 744 745 750 776 777];
x3 = [786 786 791 794 821 822 826 834 837 851 862];
x4 = [873 879 889 900 904 922 926 952 963 1056 1074];
x = [x3 x2 x1 x4];
[H,P,JBSTAT,CV] = jbtest(x)
```

运行结果为：

```
H =
        0
P =
        0.9356
JBSTAT =
        0.1332
CV =
        5.9915
```

由于 $p = 0.9356$，因此有充分理由认为上述数据是来自正态总体。

3. 秩和检验

秩和检验是用来检验两个总体的分布函数是否相同的，在MATLAB中用ranksum函数实现秩和检验。ranksum函数简单调用格式如下。

◆ p = ranksum(x,y,alpha)：进行双侧秩和检验，零假设为向量 $\boldsymbol{x}$ 和 $\boldsymbol{y}$ 表示的两个独立样本取自相同的分布。返回的 p 值表示由样本 $\boldsymbol{x}$ 与 $\boldsymbol{y}$ 能拒绝零假设的最小显著性水平。

◆ [p,h] = ranksum(x,y)：返回假设检验的结果到 h 中，若 $h = 0$，则在显著性水平0.05下，可以认为 $\boldsymbol{x}$ 和 $\boldsymbol{y}$ 取自相同的分布；若 $h = 1$，则在显著性水平0.05下，可以认为 $\boldsymbol{x}$ 和 $\boldsymbol{y}$ 取自不同的分布。

◆ [p,h] = ranksum(x,y,'alpha', alpha)：在显著性水平alpha下做检验。

◆ [p,h] = ranksum(…, 'method', method)：设置计算 p 值的算法。Method参数设置为'exact'时，使用精确算法；设置为'approximate'时，使用近似算法。如果忽略该参数，则对小样本使用精确算法，对大样本使用近似算法。

◆ [p,h,ststs] = ranksum(…)：返回一个有一个或两个字段的结构。'ranksum'包含秩和统计量的值。如果样本比较大，则 p 用近似算法计算，'zval'包含 Z 统计量的值。

[例9.6.7] 某医院外科用两种手术方法治疗情况基本相同的肝癌患者11例。患者采用随机方法分配到不同手术组。每例手术后生存月数如下：

甲法 2 3 5 6 12

乙法 3 7 8 8 10 11

试比较两种手术方法的术后生存月数是否有差别？

其求解程序代码如下：

```
% 秩和检验
clear;clc
x = [2 3 5 6 12];y = [3 7 8 8 10 11];
[p,h,ststs] = ranksum(x,y)
```

运行结果为：

```
    p =
            0.2727
    h =
            0
    ststs =
            ranksum: 23.5000
```

由于 $p=0.2727$，因此可以认为两种手术方法的术后生存月数没有显著差别。

9.7 方差分析

事件的发生往往与多个因素有关，但各个因素对事件发生的影响可能是不一样的，而且同一因素的不同水平对事件发生的影响也可能是不同的。通过方差分析，可以研究不同因素以及因素的不同水平对事件发生的影响程度。根据影响因素的个数的不同，方差分析可以分为单因子方差分析和多因子方差分析。

9.7.1 单因子方差分析

在 MATLAB 中，用 anova1 函数进行单因子方差分析。anoval 函数调用格式如下。

◆ p = anova1(X)：$X_{m\times n}$的第 $j(j=1,\cdots,n)$ 列是因子的第 j 个水平的 m 个相互独立的观测值，比较样本数据 $X_{m\times n}$ 各列数据的均值。零假设 H_0 为各水平的均值相等。若返回的 p 值接近 0，则可拒绝 H_0，即可认为因子在“统计上显著”。因此，为了确定结果是否为“统计上显著”，需要确定 p 值。该值由用户确定，一般地，当 p 值小于 0.05 或 0.01 时，认为因子是显著的。

anova1 函数还生成两个图表。第 1 个图表为方差分析表，方差分析表中有 6 列：

第 1 列显示误差的来源；

第 2 列显示每一个误差来源的平方和（SS）；

第 3 列显示与每一个误差来源相关的自由度（df）；

第 4 列显示均方和（MS），它是误差来源平方和与自由度的比值，即 SS/df；

第 5 列显示 F 统计量，它是均方和的比值；

第 6 列显示 p 值，p 值是能够拒绝零假设 H_0（H_0 为各水平的均值相等）的最小显著性水平。

第 2 个图显示 X 的每一列的箱形图。

◆ anova1(X,group)：若 X 是 m 行 n 列矩阵，则 X 的第 $j(j=1,\cdots,n)$ 列是因子的第 j 个水平的 m 个相互独立的观测值，group（字符型单元数组）的每个元素作为 X 中对应列中的数据的标签，所以变量的长度必须等于 X 的列数。若 X 为向量，group 用来标识向量 X 中的每个元素的水平，因此，group 与 X 的长度必须相等。group 中包含的标签同样用于箱形图的标注。

说明

anova1(X,group)（X 为向量）形式不需要每个水平的观测值个数相同，因此它适用于不平衡（不等重复）单因子试验。

◆ p = anova1(X,group,'displayopt')：当'displayopt'参数设置为'on'(默认设置)时，激活 ANOVA 表和箱形图的显示；当'displayopt'参数设置为'off'时，不予显示。

◆ [p,table] = anova1(…)：还返回 ANOVA 表(包含列标签和行标签)。

◆ [p,table,stats] = anova1(…)：还返回 stats 结构，可用于进行多重比较检验。

当检验结果为因子显著时，有时需要作进一步检验，确定哪对均值差异显著，哪对均值差异不显著。MATLAB 提供 stats 结构作为输入，使用 multcompare 函数便可以进行此项检验。

说明

方差分析要求样本数据满足以下假设条件：

(1) 所有样本数据满足正态分布条件；

(2) 所有样本数据具有相等的方差；

(3) 所有观测值相互独立。

在基本满足前两个假设条件的情况下，一般认为 ANOVA 检验是稳健的。

[例 9.7.1]　某化工产品的产量是衡量经济效益的重要指标。为了考察反应温度(因子 A)对该化工产品产量 y 是否有显著影响，我们选取因子 A 的 5 个水平为 A_1:60℃，A_2:65℃，A_3:70℃，A_4:75℃，A_5:80℃。每个水平下各做 5 次重复试验，试验结果见表 9-7-1。

表 9-7-1　试验结果

反应温度/℃	观察值 y_{ij}/kg				
60	90	87	92	91	88
65	97	91	93	95	92
70	96	92	93	96	95
75	84	82	86	83	88
80	84	81	85	86	82

解　设该试验的线性统计模型为：

$$\begin{cases} y_{ij} = \mu_i + \varepsilon_{ij} \\ \text{诸 } \varepsilon_{ij}\ i.i.d.\ N(0,\sigma^2) \end{cases} \quad (i = 1,\cdots,5;\ j = 1,\cdots,5)$$

统计假设

$$H_0:\ \mu_1 = \mu_2 = \mu_3 = \mu_4 = \mu_5 \quad \text{vs} \quad H_1:\ \mu_1,\mu_2,\mu_3,\mu_4,\mu_5 \text{ 不全相等}$$

作方差分析的程序代码：

```
% 等重复的单因子试验的方差分析
clear;clc
y1 =[90 87 92 91 88]';
y2 =[97 91 93 95 92]';
y3 =[96 92 93 96 95]';
y4 =[84 82 86 83 88]';
y5 =[84 81 85 86 82]';
y =[y1 y2 y3 y4 y5];
p = anova1(y,{'60','65','70','75','80'}) % y 的列表示重复观测值
```

其运行结果如图 9-7-1 和图 9-7-2 所示。

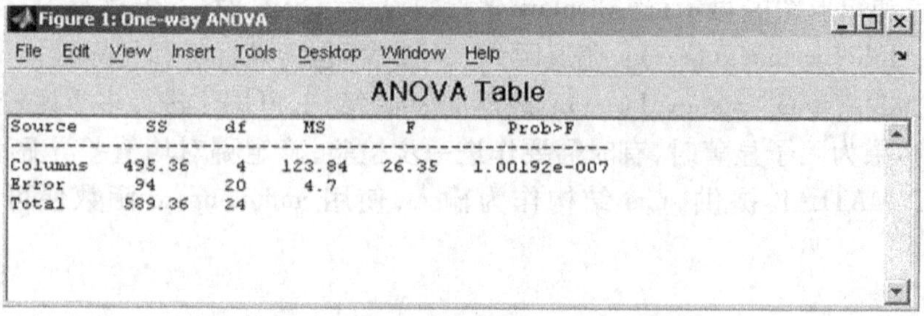

图 9-7-1　例 9.7.1 的单因子试验方差分析表

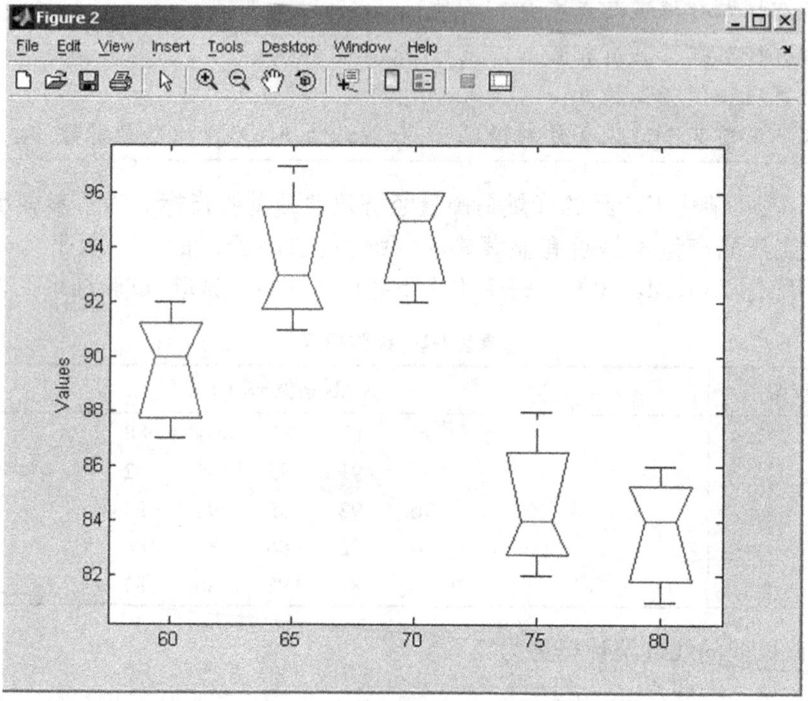

图 9-7-2　例 9.7.1 的箱形图

从图 9-7-1 所示的方差分析表可见,反应温度(因子 A)对该化工产品产量 y 有显著影响。

[**例 9.7.2**]　研究 6 种农药对杀虫效果的影响,试验所得数据见表 9-7-2。

表 9-7-2　杀虫试验数据

农药编号	杀虫量			
1	87.4	85.0	80.2	
2	90.5	88.5	87.3	94.3
3	56.2	62.4		
4	55.0	48.2		
5	92.0	99.2	95.3	91.5
6	75.2	72.3	81.3	

解 记 $n_1=3, n_2=4, n_3=2, n_4=2, n_5=4, n_6=3$，则可设该试验的线性统计模型为：

$$\begin{cases} y_{ij}=\mu_i+\varepsilon_{ij} \\ \text{诸 } \varepsilon_{ij} i.i.d.\ N(0,\sigma^2) \end{cases} \quad (i=1,\cdots,6;\ j=1,\cdots,n_i)$$

统计假设

$$H_0:\ \mu_1=\mu_2=\cdots=\mu_6 \quad \text{vs} \quad H_1:\ \mu_1,\mu_2,\cdots,\mu_6 \text{ 不全相等}$$

作方差分析的程序代码：

```
% 不等重复的单因子试验的方差分析
clear;clc
y1 =[87.4 85.0 80.2];
y2 =[90.5 88.5 87.3 94.3];
y3 =[56.2 62.4];
y4 =[55.0 48.2];
y5 =[92.0 99.2 95.3 91.5];
y6 =[75.2 72.3 81.3];
y =[y1 y2 y3 y4 y5 y6];
A1 =ones(size(y1));
A2 =2 * ones(size(y2));
A3 =3 * ones(size(y3));
A4 =4 * ones(size(y4));
A5 =5 * ones(size(y5));
A6 =6 * ones(size(y6));
A =[A1,A2,A3,A4,A5,A6];
[p,table,stats] =anova1(y,A)
```

其运行结果的方差分析表如图 9-7-3 所示。

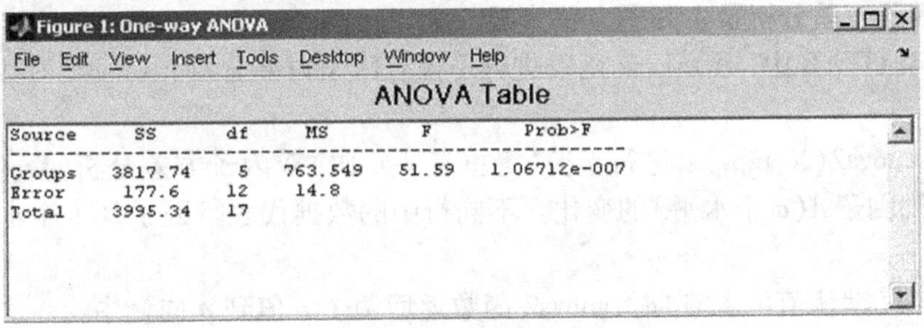

Source	SS	df	MS	F	Prob>F
Groups	3817.74	5	763.549	51.59	1.06712e-007
Error	177.6	12	14.8		
Total	3995.34	17			

图 9-7-3　例 9.7.2 单因子试验的方差分析表

由图 9-7-3 可见，这 6 种农药对杀虫效果有显著的差异。

运行结果的 stats 结构如下：

```
stats =
    gnames: {6x1 cell}
         n: [3 4 2 2 4 3]
    source: 'anova1'
     means: [84.2000 90.1500 59.3000 51.6000 94.5000 76.2667]
        df: 12
```

```
s: 3.8470
```

从 means: [84.2000 90.1500 59.3000 51.6000 94.5000 76.2667] 可以看出,第 5 种农药的杀虫效果最好。

进一步作多重比较,其命令如下:

```
B = multcompare(stats,0.05)
```

运行结果为:

```
B =

    1.0000    2.0000    15.8193     5.9500     3.9193
    1.0000    3.0000    13.1040    24.9000    36.6960
    1.0000    4.0000    20.8040    32.6000    44.3960
    1.0000    5.0000    20.1693    10.3000     0.4307
    1.0000    6.0000     2.6174     7.9333    18.4840
    2.0000    3.0000    19.6593    30.8500    42.0407
    2.0000    4.0000    27.3593    38.5500    49.7407
    2.0000    5.0000    13.4872     4.3500     4.7872
    2.0000    6.0000     4.0141    13.8833    23.7526
    3.0000    4.0000     5.2219     7.7000    20.6219
    3.0000    5.0000    46.3907    35.2000    24.0093
    3.0000    6.0000    28.7627    16.9667     5.1706
    4.0000    5.0000    54.0907    42.9000    31.7093
    4.0000    6.0000    36.4627    24.6667    12.8706
    5.0000    6.0000     8.3641    18.2333    28.1026
```

在 multcompare 函数的输出 B 中,第 1,2 两列标识水平,第 4 列表示均值差的估计($\mu_i-\mu_j$ 的估计),第 3 列和第 5 列分别表示 $\mu_i-\mu_j$ 的置信区间的左右端点,若置信区间中包含 0,则说明在显著性水平 α(这里为 0.05)下,相应的 μ_i 与 μ_j 没有显著差异;若置信区间中不包含 0,则说明在显著性水平 α(这里为 0.05)下,相应的 μ_i 与 μ_j 有显著差异。在本例中,第 5 种农药与第 1,3,4,6 四种农药有显著差异,而第 5 种农药与第 2 种农药没有显著差异。

9.7.2 双因子方差分析及多因子方差分析

(1) 在 MATLAB 中,用 anova2 函数进行平衡双因子方差分析。anova2 函数调用格式如下。

◆ p = anova2(X,reps): 进行平衡(等重复 *reps* 次)双因子方差分析,$\boldsymbol{X}_{r\times a}$ 的不同列中的数据代表列因子 A(a 个水平)的变化。不同行中的数据代表行因子 B(b 个水平)的变化。其中 $r=b\cdot reps$。

当 $reps=1$(默认值可省略)时,anova2 函数返回两个 p 值到 $\boldsymbol{p}$ 向量中:

▲ 零假设 H_{0A} 的 p 值。零假设 H_{0A} 为列因子 A 的所有样本(即 $\boldsymbol{X}$ 中的所有列样本)取自相同的总体。

▲ 零假设 H_{0B} 的 p 值。零假设 H_{0B} 为行因子 B 的所有样本(如 $\boldsymbol{X}$ 中的所有行样本)取自相同的总体。

当 $reps>1$ 时,anova2 在 $\boldsymbol{p}$ 向量中还返回第 3 个值:

▲ 零假设 H_{0AB} 的 p 值。零假设 H_{0AB} 为因子 A 和因子 B 之间没有交互效应。

如果任意一个 p 值接近于 0,则认为相应的零假设不成立。

对于零假设 H_{0A},一个足够小的 p 值表示至少有一个列样本均值明显地不同于其他列样本均值,即列因子 A 存在主效应;

对于零假设 H_{0B}，一个足够小的 p 值表示至少有一个行样本均值明显地不同于其他行样本均值，即行因子 B 存在主效应；

对于零假设 H_{0AB}，一个足够小的 p 值表示因子 A 与因子 B 之间存在交互效应。

为了决定结果是否是为“统计上显著的”，需要确定 p 值。一般地，当 p 值小于 0.05 或 0.01 时，认为结果是显著的。

anova2 函数还显示一个含方差分析表的图形，该方差分析表中包含 6 列，分别为：

第 1 列显示误差的来源；

第 2 列显示来源于每一个误差来源的平方和（*SS*）；

第 3 列为与每一个误差来源相关的自由度（*df*）；

第 4 列为均方和（*MS*），它是误差平方和与自由度的比值，即 *SS/df*；

第 5 列为 F 统计量，它是均方和的比值；

第 6 列为 p 值。

◆ p = anova2(X, reps,'displayopt')：进行平衡（等重复 *reps* 次）双因子方差分析。当“displayopt”为“on”（默认设置）时，激活 ANOVA 表的显示；当“displayopt”为“off”时，不予显示。

◆ [p,table] = anova2(…)：还返回 ANOVA 表（包含列标签和行标签）。

◆ [p,table,stats] = anova2(…)：返回 stats 结构，用于进行列因子均值的多重比较检验。

[例 9.7.3] 考察高温合金中碳的含量（因子 A）及锑与铝的含量之和（因子 B）对合金强度的影响。因子 A 取 3 个水平 0.03,0.04,0.05（表示碳的含量占合金总量的百分比），因子 B 取 4 个水平 3.3,3.4,3.5,3.6（意义同上）。在每个水平组合下各做一次试验，试验结果见表 9-7-3。

表 9-7-3 考察高温合金中各元素含量对合金强度影响试验结果

A（碳的含量）	B（锑与铝的含量之和）			
	3.3	3.4	3.5	3.6
0.03	63.1	63.9	65.6	66.8
0.04	65.1	66.4	67.8	69.0
0.05	67.2	71.0	71.9	73.5

假设表 9-7-3 中的数据符合
$$\begin{cases} y_{ij} = \mu + \tau_i + \beta_j + \varepsilon_{ij}, \ (i=1,2,3;\ j=1,2,3,4) \\ \text{诸 } \varepsilon_{ij}\ i.i.d.\ N(0,\sigma^2) \\ \text{约束条件：} \sum_{i=1}^{a} \tau_i = 0,\ \sum_{j=1}^{b} \beta_j = 0 \end{cases}$$

请作方差分析。

解 统计假设

$$H_{0A}:\ \tau_1 = \tau_2 = \tau_3 = 0 \quad \text{vs} \quad H_{1A}:\ \tau_1,\tau_2,\tau_3 \text{ 不全为零}$$

$$H_{0B}:\ \beta_1 = \beta_2 = \beta_3 = \beta_4 = 0 \quad \text{vs} \quad H_{1B}:\ \beta_1,\beta_2,\beta_3,\beta_4 \text{ 不全为零}$$

创建方差分析的程序代码如下：

```
% 平衡双因子方差分析(不重复)
clear;clc
y=[63.1 63.9 65.6 66.8;65.1 66.4 67.8 69.0;67.2 71.0 71.9 73.5];
p=anova2(y)
```

其运行结果的方差分析表如图 9-7-4 所示。

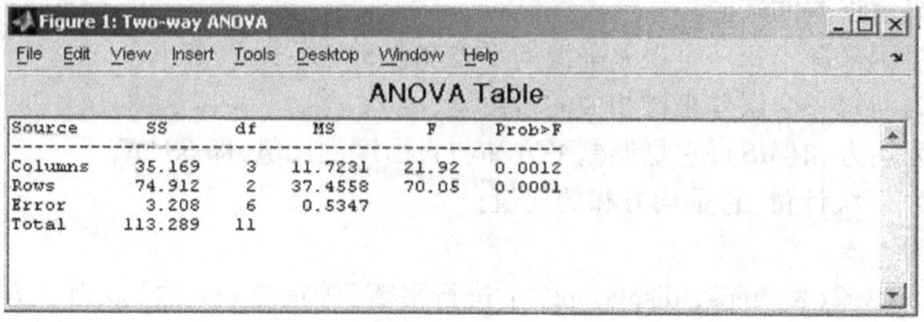

图 9-7-4　两因子试验的方差分析表(可加效应模型)

由图 9-7-4 可见，列因子 B 和行因子 A 对合金强度的影响均是显著的。

［例 9.7.4］　考察某种电池的最大输出电压受板极材料与使用环境温度的影响。材料类型(因子 A)取 3 个水平(即 3 种不同的材料)，温度(因子 B)也取 3 个水平，每个水平组合下重复 4 次试验，实验数据见表 9-7-4。

表 9-7-4　电池最大输出电压影响考察结果

A 材料类型	B 温度/℃		
	15	25	35
1	130,155,174,180	34,40,80,75	20,70,82,58
2	150,188,159,126	136,122,106,115	25,70,58,45
3	138,110,168,160	174,120,150,139	96,104,82,60

以 y_{ijk} 表示水平组合 A_iB_j 的第 k 次观测值，且有模型：

$$\begin{cases} y_{ijk}=\mu+\tau_i+\beta_j+(\tau\beta)_{ij}+\varepsilon_{ijk}(i=1,2,3;\ j=1,2,3;k=1,2,3,4) \\ \text{诸 } \varepsilon_{ijk}\ i.i.d.\ N(0,\sigma^2) \\ \text{约束条件：}\sum_{i=1}^{3}\tau_i=0,\ \sum_{j=1}^{3}\beta_j=0 \\ \qquad\qquad \sum_{j=1}^{3}(\tau\beta)_{ij}=0,\ (i=1,2,3);\ \sum_{i=1}^{3}(\tau\beta)_{ij}=0,\ (j=1,2,3) \end{cases}$$

请作方差分析。

解　① 统计假设

$$H_{0A}:\ \tau_1=\tau_2=\tau_3=0 \quad \text{vs} \quad H_{1A}:\ \tau_1,\tau_2,\tau_3 \text{ 不全为零}$$

$$H_{0B}:\ \beta_1=\beta_2=\beta_3=0 \quad \text{vs} \quad H_{1B}:\ \beta_1,\beta_2,\beta_3 \text{ 不全为零}$$

$$H_{0AB}:(\tau\beta)_{ij}=0 \quad (i=1,2,3;\ j=1,2,3)$$

创建方差分析程序代码如下：

```
% 两因子等重复试验的方差分析(材料类型A作为列因子)
clear;clc
y11 =[130 155 174 180];y12 =[34 40 80 75];y13 =[20 70 82 58];
y1 =[y11 y12 y13]';
y21 =[150 188 159 126];y22 =[136 122 106 115];y23 =[25 70 58 45];
y2 =[y21 y22 y23]';
y31 =[138 110 168 160];y32 =[174 120 150 139];y33 =[96 104 82 60];
y3 =[y31 y32 y33]';
y =[y1 y2 y3];
[p,table,stats] =anova2(y,4)
```

其运行结果的方差分析表如图9-7-5所示。

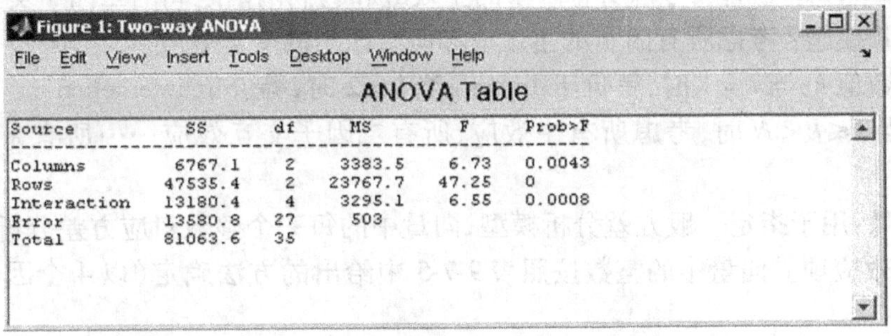

Source	SS	df	MS	F	Prob>F
Columns	6767.1	2	3383.5	6.73	0.0043
Rows	47535.4	2	23767.7	47.25	0
Interaction	13180.4	4	3295.1	6.55	0.0008
Error	13580.8	27	503		
Total	81063.6	35			

图9-7-5　两因子试验的方差分析表(交互效应模型)

由图9-7-5可见,列因子A、行因子B以及其交互作用均显著。运行结果的结构stats如下：

```
stats =
        source: 'anova2'
       sigmasq: 502.9907
      colmeans: [91.5000 108.3333 125.0833]
          coln: 12
      rowmeans: [153.1667 107.5833 64.1667]
          rown: 12
         inter: 1
          pval: 8.0678e-004
            df: 27
```

② 再作列因子A的多重比较,命令如下：

```
c =multcompare(stats,0.05)
```

其运行结果为：

```
c =
    1.0000    2.0000   -39.5348   -16.8333    5.8681
    1.0000    3.0000   -56.2848   -33.5833   -10.8819
    2.0000    3.0000   -39.4515   -16.7500    5.9515
```

可见，材料类型 1 与材料类型 3 的差异是显著的。

（2）对于不平衡双因子方差分析和多因子方差分析，在 MATLAB 中使用 anovan 函数。anovan 函数的简单调用格式如下。

◆ p = anovan(x,group)：进行平衡或不平衡多因子方差分析，比较向量 $\boldsymbol{x}$ 中 N（因子的个数）个不同因子的观测值的均值。$\boldsymbol{x}$ 中的观测值的因子和因子水平由单元数组 group 指定。group 中的第 $i(i=1,2,\cdots,N)$ 单元（可以是向量、字符数组或字符串单元数组）用于标定 $\boldsymbol{x}$ 的第 i 个因子的水平，即用 group 标定 $\boldsymbol{x}$ 中每个观测值的水平组合，返回由 p 值构成的向量。

◆ p = anovan(x,group,'model')：用'model'指定的模型进行方差分析，'model'可以是'linear'、'interaction'、'full'、整数值 $k(1\leqslant k\leqslant N)$ 和向量。

▲ 'linear'模型（默认选项）：可加效应模型，即只考虑所有因子的主效应。

▲ 'interaction'模型：考虑所有因子的主效应和它们两两之间的二因子交互效应。

▲ 'full'模型：考虑所有因子的主效应和所有因子的交互效应。

▲ 整数值 k：当 $k=1$ 时，等价于'linear'；当 $k=2$ 时，等价于'interaction'；当 $k=N$ 时，等价于'full'；当 $3\leqslant k<N$ 时，考虑所有主效应、所有二因子交互效应……所有 k 个因子交互效应。

▲ 向量：用于指定一般方差分析模型，向量中的每一个整数对应方差分析模型中的主效应或交互效应项。向量中的整数按照表 9-7-5 中给出的方法确定（以 4 个因子 A,B,C,D 为例说明）。

表 9-7-5 向量中整数的确定

模型中的主效应或交互效应	二进制(D,C,B,A)	十进制整数
A	0 0 0 1	1
B	0 0 1 0	2
C	0 1 0 0	4
D	1 0 0 0	8
AB	0 0 1 1	1 + 2 = 3
AC	0 1 0 1	1 + 4 = 5
AD	1 0 0 1	1 + 8 = 9
BC	0 1 1 0	2 + 4 = 6
BD	1 0 1 0	2 + 8 = 10
CD	1 1 0 0	4 + 8 = 12
ABC	0 1 1 1	1 + 2 + 4 = 7
ABD	1 0 1 1	1 + 2 + 8 = 11
ACD	1 1 0 1	1 + 4 + 8 = 13
BCD	1 1 1 0	2 + 4 + 8 = 14
$ABCD$	1 1 1 1	1 + 2 + 4 + 8 = 15

例如，若'model'为［1 2 4 8 5］，则方差分析模型中仅含主效应 A,B,C,D 和一个二因子

交互效应 AC。

◆　p = anovan(x,group, 'model',sstype)：用 sstype 指定的平方和类型计算方差分析表。sstype 可以取 1,2 或 3,分别指定类型 1、类型 2 或类型 3。sstype 的默认值为 3。

◆　p = anovan(x,group, 'model',sstype,gnames)：用字符串数组 gnames 中字符串值标记 N 个因子。数组 gnames 通常是一个字符串单元数组,要确保 gnames 的第 $j(j=1,\cdots,N)$ 个单元标记的因子的水平由 group 的第 j 个单元作标记;数组 gnames 也可以是一个字符串矩阵,每行标记一个因子。当没有指定 gnames 时,使用默认标签'X1', 'X2', …,'XN'。

◆　[p,table] = anovan(…)：还返回方差分析表。

◆　[p,table,stats] = anovan(…)：还返回结构 stats,用于对 gnames 的第 1 个单元标记的因子作多重比较。

[例 9.7.5]　某种豌豆的烟碱酸(B 族维生素)含量可能和 3 个因子有关:因子 A(是漂白过的,还是加工过的),因子 B(颗粒大小,分为大、中、小 3 种),因子 C(3 种处理方法:C_1,C_2,C_3)。每种水平组合下作 $m=10$ 次试验,共 180 次,试验结果见表 9-7-6。试作简单的统计分析。

表 9-7-6　豌豆烟碱酸含量试验结果

因子 A	因子 B(颗粒大小)																	
	小 B_1						中 B_2						大 B_3					
	因子 C(处理方法)						因子 C(处理方法)						因子 C(处理方法)					
	C_1		C_2		C_3		C_1		C_2		C_3		C_1		C_2		C_3	
漂白过的 A_1	65	87	90	94	44	92	59	63	70	65	63	95	88	60	80	81	123	95
	48	28	86	70	85	75	81	80	78	85	88	99	96	87	105	130	100	131
	20	22	78	65	80	70	76	85	74	73	81	98	68	75	122	130	121	115
	24	47	75	98	73	88	64	96	61	71	95	95	96	98	121	125	127	99
	28	42	95	66	77	72	91	65	63	54	90	76	84	82	142	133	101	111
加工过的 A_2	122	113	106	107	126	193	150	112	88	120	150	112	146	172	52	97	100	133
	171	135	79	122	122	115	136	120	135	126	126	123	138	124	112	116	125	124
	123	132	125	96	126	110	118	134	120	132	125	110	113	121	121	99	115	122
	120	117	111	116	98	115	125	114	135	124	125	120	125	116	120	121	112	116
	153	132	124	126	112	109	112	120	137	125	110	125	165	137	122	134	99	105

解　① 方差齐性检验(Bartlett 卡方检验)程序代码如下:

```
clear;clc;
y(1,1,1,:) =[65 48 20 24 28 87 28 22 47 42];
y(1,1,2,:) =[90 86 78 75 95 94 70 65 98 66];
y(1,1,3,:) =[44 85 80 73 77 92 75 70 88 72];
y(1,2,1,:) =[59 81 76 64 91 63 80 85 96 65];
y(1,2,2,:) =[70 78 74 61 63 65 85 73 71 54];
y(1,2,3,:) =[63 88 81 95 90 95 99 98 95 76];
y(1,3,1,:) =[88 96 68 96 84 60 87 75 98 82];
y(1,3,2,:) =[80 105 122 121 142 81 130 130 125 133];
```

```
y(1,3,3,:) = [123 100 121 127 101 95 131 115 99 111];
y(2,1,1,:) = [122 171 123 120 153 113 135 132 117 132];
y(2,1,2,:) = [106 79 125 111 124 107 122 96 116 126];
y(2,1,3,:) = [126 122 126 98 112 193 115 110 115 109];
y(2,2,1,:) = [150 136 118 125 112 112 120 134 114 120];
y(2,2,2,:) = [88 135 120 135 137 120 126 132 124 125];
y(2,2,3,:) = [150 126 125 125 110 112 123 110 120 125];
y(2,3,1,:) = [146 138 113 125 165 172 124 121 116 137];
y(2,3,2,:) = [52 112 121 120 122 97 116 99 121 134];
y(2,3,3,:) = [100 125 115 112 99 133 124 122 116 105];
D = size(y);n = zeros(D(1),D(2),D(3));ss = zeros(D(1),D(2),D(3));
for i = 1:D(1)
    for j = 1:D(2)
        for k = 1:D(3)
            ss(i,j,k) = var(y(i,j,k,:));
        end
    end
end
n = numel(y);a = D(1) * D(2) * D(3);
ssp = sum((D(4) -1).* ss(:))/(n - a);
q = (n - a) * log10(ssp) - sum((D(4) -1).* log10(ss(:)));
c = 1 + (a/(D(4) -1) -1/(n - a))/3/(a -1);
chi2_0 = 2.3026 * q/c;
if chi2_0 > = chi2inv(0.99,(a -1))
    H = 1
else
    H = 0
end
```

其运行结果为:

```
H =
    0
```

因此,在显著性水平 0.01 下,通过方差齐性检验。

② 正态分布检验(Jarque - Bera 检验)的程序代码如下:

```
clear;clc;
y1 = [65 48 20 24 28 87 28 22 47 42];
y2 = [90 86 78 75 95 94 70 65 98 66];
y3 = [44 85 80 73 77 92 75 70 88 72];
y4 = [59 81 76 64 91 63 80 85 96 65];
y5 = [70 78 74 61 63 65 85 73 71 54];
y6 = [63 88 81 95 90 95 99 98 95 76];
y7 = [88 96 68 96 84 60 87 75 98 82];
y8 = [80 105 122 121 142 81 130 130 125 133];
```

```
y9 = [123 100 121 127 101 95 131 115 99 111];
y10 = [122 171 123 120 153 113 135 132 117 132];
y11 = [106 79 125 111 124 107 122 96 116 126];
y12 = [126 122 126 98 112 193 115 110 115 109];
y13 = [150 136 118 125 112 112 120 134 114 120];
y14 = [88 135 120 135 137 120 126 132 124 125];
y15 = [150 126 125 125 110 112 123 110 120 125];
y16 = [146 138 113 125 165 172 124 121 116 137];
y17 = [52 112 121 120 122 97 116 99 121 134];
y18 = [100 125 115 112 99 133 124 122 116 105];
y = {y1 y2 y3 y4 y5 y6 y7 y8 y9 y10 y11 y12 y13 y14 y15 y16 y17 y18};
H = zeros(numel(y),1);
for i = 1:numel(y)
    H(i) = jbtest(y{i},0.01);
end
H
```

其运行结果为：

```
H =
     0
     0
     0
     0
     0
     0
     0
     0
     0
     0
     0
     0
     0
     0
     0
     0
     0
     0
```

因此，在显著性水平 0.01 下，通过正态性检验。

③ 设 y_{ijkl} 表示水平组合 $A_iB_jC_k$ 的第 l 次观测值,则有模型:

$$
\begin{cases}
y_{ijkl} = \mu + \tau_i + \beta_j + \gamma_k + (\tau\beta)_{ij} + (\tau\gamma)_{ik} + (\beta\gamma)_{jk} + (\tau\beta\gamma)_{ijk} + \varepsilon_{ijkl} \\
\quad (i=1,2;\ j=1,2,3;k=1,2,3;l=1,\cdots,10) \\
\text{诸 } \varepsilon_{ijkl}\, i.\ i.\ d.\ \ N(0,\sigma^2) \\
\text{约束条件:} \sum_{i=1}^{2}\tau_i = 0,\quad \sum_{j=1}^{3}\beta_j = 0,\quad \sum_{k=1}^{3}\gamma_k = 0 \\
\qquad \sum_{j=1}^{3}(\tau\beta)_{ij} = 0(\ i = 1,2);\quad \sum_{i=1}^{2}(\tau\beta)_{ij} = 0(\ j = 1,2,3) \\
\qquad \sum_{k=1}^{3}(\tau\gamma)_{ik} = 0(i = 1,2);\quad \sum_{i=1}^{2}(\tau\gamma)_{ik} = 0(k = 1,2,3) \\
\qquad \sum_{k=1}^{3}(\beta\gamma)_{jk} = 0(j = 1,2,3);\quad \sum_{j=1}^{3}(\beta\gamma)_{jk} = 0(k = 1,2,3) \\
\qquad \sum_{k=1}^{3}(\tau\beta\gamma)_{ijk} = 0(i = 1,2;\ j = 1,2,3) \\
\qquad \sum_{j=1}^{3}(\tau\beta\gamma)_{ijk} = 0(i = 1,2;\ k = 1,2,3) \\
\qquad \sum_{i=1}^{2}(\tau\beta\gamma)_{ijk} = 0(j = 1,2,3;\ k = 1,2,3)
\end{cases}
$$

据此,作方差分析的程序代码如下:

```
clear,clc
y(1,1,1,:)=[65 48 20 24 28 87 28 22 47 42];
y(1,1,2,:)=[90 86 78 75 95 94 70 65 98 66];
y(1,1,3,:)=[44 85 80 73 77 92 75 70 88 72];
y(1,2,1,:)=[59 81 76 64 91 63 80 85 96 65];
y(1,2,2,:)=[70 78 74 61 63 65 85 73 71 54];
y(1,2,3,:)=[63 88 81 95 90 95 99 98 95 76];
y(1,3,1,:)=[88 96 68 96 84 60 87 75 98 82];
y(1,3,2,:)=[80 105 122 121 142 81 130 130 125 133];
y(1,3,3,:)=[123 100 121 127 101 95 131 115 99 111];
y(2,1,1,:)=[122 171 123 120 153 113 135 132 117 132];
y(2,1,2,:)=[106 79 125 111 124 107 122 96 116 126];
y(2,1,3,:)=[126 122 126 98 112 193 115 110 115 109];
y(2,2,1,:)=[150 136 118 125 112 112 120 134 114 120];
y(2,2,2,:)=[88 135 120 135 137 120 126 132 124 125];
y(2,2,3,:)=[150 126 125 125 110 112 123 110 120 125];
y(2,3,1,:)=[146 138 113 125 165 172 124 121 116 137];
y(2,3,2,:)=[52 112 121 120 122 97 116 99 121 134];
y(2,3,3,:)=[100 125 115 112 99 133 124 122 116 105];
D=size(y);
A=[];B=[];C=[];m=0;Y=[];
```

```
for i =1:D(1)
    for j =1:D(2)
        for k =1:D(3)
            for l =1:D(4)
                m =m +1;
                Y(m) =y(i,j,k,l);
                A(m) =i;B(m) =j;C(m) =k;
            end
        end
    end
end
group ={A,B,C};
gnames ={'A' 'B' 'C'};
p =anovan(Y,group,3,3,gnames)
```

其运行结果的方差分析表如图9-7-6所示。

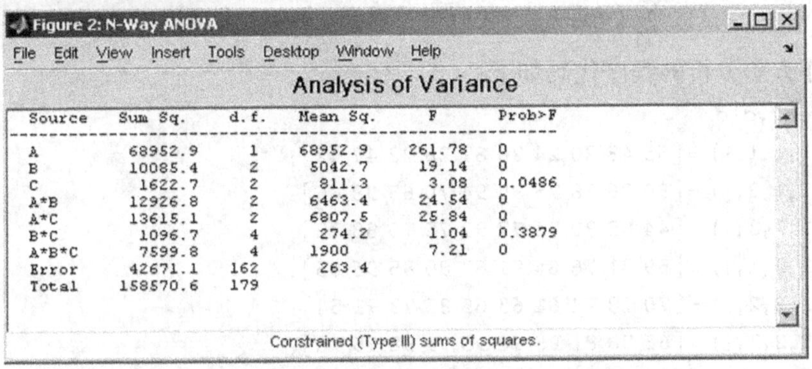

Source	Sum Sq.	d.f.	Mean Sq.	F	Prob>F
A	68952.9	1	68952.9	261.78	0
B	10085.4	2	5042.7	19.14	0
C	1622.7	2	811.3	3.08	0.0486
A*B	12926.8	2	6463.4	24.54	0
A*C	13615.1	2	6807.5	25.84	0
B*C	1096.7	4	274.2	1.04	0.3879
A*B*C	7599.8	4	1900	7.21	0
Error	42671.1	162	263.4		
Total	158570.6	179			

Constrained (Type III) sums of squares.

图9-7-6 三因子试验的方差分析表(交互效应模型)

由图9-7-6所示的方差分析表可见,因子B与因子C的交互效应不显著,故可认为$(\beta\gamma)_{jk}$恒为0,因此,模型可简化为:

$$
\begin{cases}
y_{ijkl}=\mu+\tau_i+\beta_j+\gamma_k+(\tau\beta)_{ij}+(\tau\gamma)_{ik}+(\tau\beta\gamma)_{ijk}+\varepsilon_{ijkl} \\
\quad (i=1,2;\ j=1,2,3;k=1,2,3;l=1,\cdots,10) \\
\text{诸}\ \varepsilon_{ijkl}\ i.\ i.\ d.\ N(0,\sigma^2) \\
\text{约束条件:}\ \sum_{i=1}^{2}\tau_i=0,\quad \sum_{j=1}^{3}\beta_j=0,\quad \sum_{k=1}^{3}\gamma_k=0 \\
\qquad \sum_{j=1}^{3}(\tau\beta)_{ij}=0(i=1,2);\quad \sum_{i=1}^{2}(\tau\beta)_{ij}=0(j=1,2,3) \\
\qquad \sum_{k=1}^{3}(\tau\gamma)_{ik}=0(i=1,2);\quad \sum_{i=1}^{2}(\tau\gamma)_{ik}=0(k=1,2,3) \\
\qquad \sum_{k=1}^{3}(\tau\beta\gamma)_{ijk}=0(i=1,2;\ j=1,2,3) \\
\qquad \sum_{j=1}^{3}(\tau\beta\gamma)_{ijk}=0(i=1,2;\ k=1,2,3) \\
\qquad \sum_{i=1}^{2}(\tau\beta\gamma)_{ijk}=0(j=1,2,3;\ k=1,2,3)
\end{cases}
$$

据此,作方差分析的程序代码如下:

```
clear,clc
y(1,1,1,:)=[65 48 20 24 28 87 28 22 47 42];
y(1,1,2,:)=[90 86 78 75 95 94 70 65 98 66];
y(1,1,3,:)=[44 85 80 73 77 92 75 70 88 72];
y(1,2,1,:)=[59 81 76 64 91 63 80 85 96 65];
y(1,2,2,:)=[70 78 74 61 63 65 85 73 71 54];
y(1,2,3,:)=[63 88 81 95 90 95 99 98 95 76];
y(1,3,1,:)=[88 96 68 96 84 60 87 75 98 82];
y(1,3,2,:)=[80 105 122 121 142 81 130 130 125 133];
y(1,3,3,:)=[123 100 121 127 101 95 131 115 99 111];
y(2,1,1,:)=[122 171 123 120 153 113 135 132 117 132];
y(2,1,2,:)=[106 79 125 111 124 107 122 96 116 126];
y(2,1,3,:)=[126 122 126 98 112 193 115 110 115 109];
y(2,2,1,:)=[150 136 118 125 112 112 120 134 114 120];
y(2,2,2,:)=[88 135 120 135 137 120 126 132 124 125];
y(2,2,3,:)=[150 126 125 125 110 112 123 110 120 125];
y(2,3,1,:)=[146 138 113 125 165 172 124 121 116 137];
y(2,3,2,:)=[52 112 121 120 122 97 116 99 121 134];
y(2,3,3,:)=[100 125 115 112 99 133 124 122 116 105];
D=size(y);
A=[];B=[];C=[];m=0;Y=[];
for i=1:D(1)
    for j=1:D(2)
        for k=1:D(3)
            for l=1:D(4)
```

```
                m=m+1;
                Y(m)=y(i,j,k,l);
                A(m)=i;B(m)=j;C(m)=k;
            end
        end
    end
end
group={A,B,C};
model=[1 2 4 3 5 7];
gnames={'A' 'B' 'C'}
p=anovan(Y,group,model,3,gnames)
```

其运行结果的方差分析表如图 9-7-7 所示。

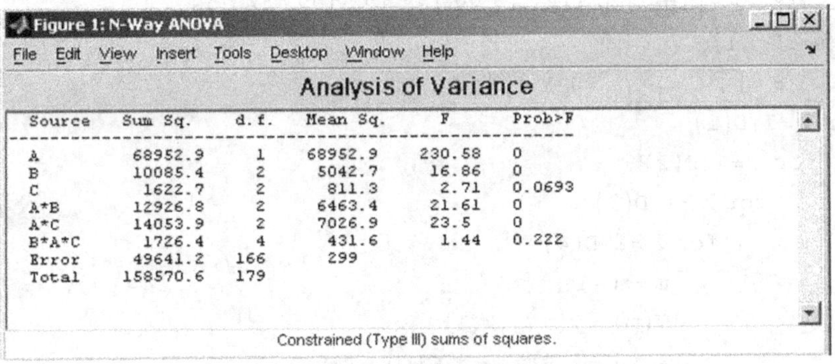

Source	Sum Sq.	d.f.	Mean Sq.	F	Prob>F
A	68952.9	1	68952.9	230.58	0
B	10085.4	2	5042.7	16.86	0
C	1622.7	2	811.3	2.71	0.0693
A*B	12926.8	2	6463.4	21.61	0
A*C	14053.9	2	7026.9	23.5	0
B*A*C	1726.4	4	431.6	1.44	0.222
Error	49641.2	166	299		
Total	158570.6	179			

Constrained (Type III) sums of squares.

图 9-7-7　三因子试验的方差分析表

由图 9-7-7 所示的方差分析表,可以认为因子 A,B,C 的交互效应不显著,故可认为 $(\tau\beta\gamma)_{ijk}$ 恒为 0,因此模型又可简化为:

$$\begin{cases} y_{ijkl}=\mu+\tau_i+\beta_j+\gamma_k+(\tau\beta)_{ij}+(\tau\gamma)_{ik}+\varepsilon_{ijkl}, \\ \qquad (i=1,2;\ j=1,2,3;k=1,2,3;l=1,\cdots,10) \\ \text{诸 } \varepsilon_{ijkl}\ i.\,i.\,d.\ N(0,\sigma^2) \\ \text{约束条件:} \sum_{i=1}^{2}\tau_i=0,\quad \sum_{j=1}^{3}\beta_j=0,\quad \sum_{k=1}^{3}\gamma_k=0 \\ \qquad \sum_{j=1}^{3}(\tau\beta)_{ij}=0(i=1,2);\quad \sum_{i=1}^{2}(\tau\beta)_{ij}=0(j=1,2,3) \\ \qquad \sum_{k=1}^{3}(\tau\gamma)_{ik}=0(i=1,2);\quad \sum_{i=1}^{2}(\tau\gamma)_{ik}=0(k=1,2,3) \end{cases}$$

据此,作方差分析的程序代码如下:

```
clear,clc
y(1,1,1,:)=[65 48 20 24 28 87 28 22 47 42];
y(1,1,2,:)=[90 86 78 75 95 94 70 65 98 66];
y(1,1,3,:)=[44 85 80 73 77 92 75 70 88 72];
y(1,2,1,:)=[59 81 76 64 91 63 80 85 96 65];
y(1,2,2,:)=[70 78 74 61 63 65 85 73 71 54];
```

```
    y(1,2,3,:)=[63 88 81 95 90 95 99 98 95 76];
    y(1,3,1,:)=[88 96 68 96 84 60 87 75 98 82];
    y(1,3,2,:)=[80 105 122 121 142 81 130 130 125 133];
    y(1,3,3,:)=[123 100 121 127 101 95 131 115 99 111];
    y(2,1,1,:)=[122 171 123 120 153 113 135 132 117 132];
    y(2,1,2,:)=[106 79 125 111 124 107 122 96 116 126];
    y(2,1,3,:)=[126 122 126 98 112 193 115 110 115 109];
    y(2,2,1,:)=[150 136 118 125 112 112 120 134 114 120];
    y(2,2,2,:)=[88 135 120 135 137 120 126 132 124 125];
    y(2,2,3,:)=[150 126 125 125 110 112 123 110 120 125];
    y(2,3,1,:)=[146 138 113 125 165 172 124 121 116 137];
    y(2,3,2,:)=[52 112 121 120 122 97 116 99 121 134];
    y(2,3,3,:)=[100 125 115 112 99 133 124 122 116 105];
    D=size(y);
    A=[];B=[];C=[];m=0;Y=[];
    for i=1:D(1)
        for j=1:D(2)
            for k=1:D(3)
                for l=1:D(4)
                    m=m+1;
                    Y(m)=y(i,j,k,l);
                    A(m)=i;B(m)=j;C(m)=k;
                end
            end
        end
    end
    group={A,B,C};
    model=[1 2 4 3 5];
    gnames={'A' 'B' 'C'}
    p=anovan(Y,group,model,3,gnames)
```

其运行结果的方差分析表如图 9-7-8 所示。

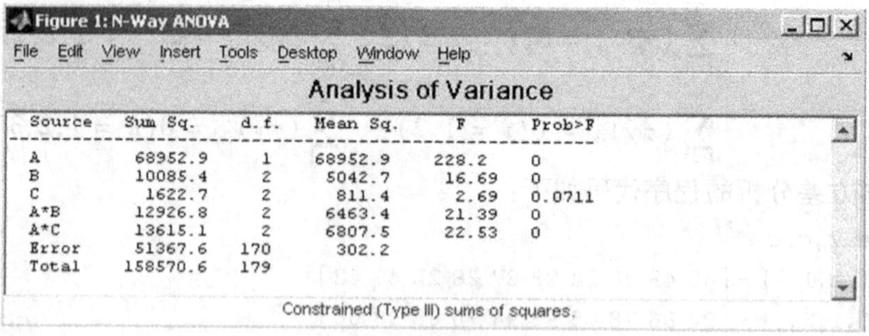

Source	Sum Sq.	d.f.	Mean Sq.	F	Prob>F
A	68952.9	1	68952.9	228.2	0
B	10085.4	2	5042.7	16.69	0
C	1622.7	2	811.4	2.69	0.0711
A*B	12926.8	2	6463.4	21.39	0
A*C	13615.1	2	6807.5	22.53	0
Error	51367.6	170	302.2		
Total	158570.6	179			

图 9-7-8　三因子试验的方差分析表(简化一)

由图 9-7-8 所示的方差分析表可见,在显著性水平 0.01 下因子 C 的主效应不显著,故

可认为 γ_k 恒为0,因此模型又可简化为:

$$\begin{cases} y_{ijkl}=\mu+\tau_i+\beta_j+(\tau\beta)_{ij}+(\tau\gamma)_{ik}+\varepsilon_{ijkl} \\ \quad (i=1,2;\ j=1,2,3;k=1,2,3;l=1,\cdots,10) \\ \text{诸}\ \varepsilon_{ijkl}\ i.i.d.\ N(0,\sigma^2) \\ \text{约束条件:}\ \sum_{i=1}^{2}\tau_i=0,\quad \sum_{j=1}^{3}\beta_j=0 \\ \qquad \sum_{j=1}^{3}(\tau\beta)_{ij}=0(i=1,2);\ \sum_{i=1}^{2}(\tau\beta)_{ij}=0(j=1,2,3) \\ \qquad \sum_{k=1}^{3}(\tau\gamma)_{ik}=0(\ i=1,2);\ \sum_{i=1}^{2}(\tau\gamma)_{ik}=0(k=1,2,3) \end{cases}$$

据此,作方差分析的程序代码如下:

```
clear;clc
y(1,1,1,:)=[65 48 20 24 28 87 28 22 47 42];
y(1,1,2,:)=[90 86 78 75 95 94 70 65 98 66];
y(1,1,3,:)=[44 85 80 73 77 92 75 70 88 72];
y(1,2,1,:)=[59 81 76 64 91 63 80 85 96 65];
y(1,2,2,:)=[70 78 74 61 63 65 85 73 71 54];
y(1,2,3,:)=[63 88 81 95 90 95 99 98 95 76];
y(1,3,1,:)=[88 96 68 96 84 60 87 75 98 82];
y(1,3,2,:)=[80 105 122 121 142 81 130 130 125 133];
y(1,3,3,:)=[123 100 121 127 101 95 131 115 99 111];
y(2,1,1,:)=[122 171 123 120 153 113 135 132 117 132];
y(2,1,2,:)=[106 79 125 111 124 107 122 96 116 126];
y(2,1,3,:)=[126 122 126 98 112 193 115 110 115 109];
y(2,2,1,:)=[150 136 118 125 112 112 120 134 114 120];
y(2,2,2,:)=[88 135 120 135 137 120 126 132 124 125];
y(2,2,3,:)=[150 126 125 125 110 112 123 110 120 125];
y(2,3,1,:)=[146 138 113 125 165 172 124 121 116 137];
y(2,3,2,:)=[52 112 121 120 122 97 116 99 121 134];
y(2,3,3,:)=[100 125 115 112 99 133 124 122 116 105];
D=size(y);
A=[];B=[];C=[];m=0;Y=[];
for i=1:D(1)
    for j=1:D(2)
        for k=1:D(3)
            for l=1:D(4)
                m=m+1;
                Y(m)=y(i,j,k,l);
                A(m)=i;B(m)=j;C(m)=k;
            end
        end
```

```
        end
    end
    group = {A,B,C};
    model = [1 2 3 5];
    gnames = {'A' 'B' 'C'}
    p = anovan(Y,group,model,3,gnames)
```

其运行结果的方差分析表如图 9-7-9 所示。

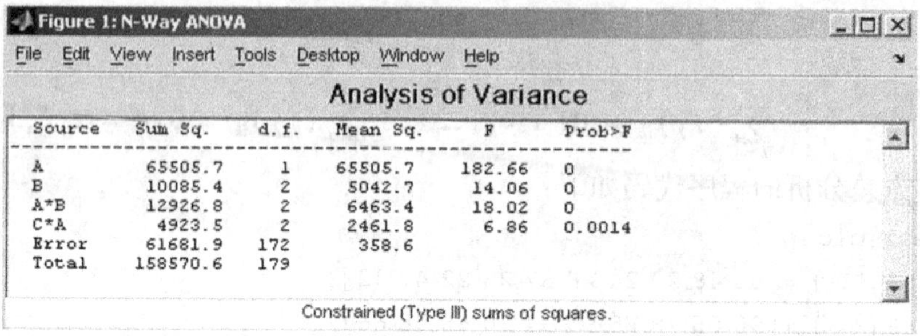

Source	Sum Sq.	d.f.	Mean Sq.	F	Prob>F
A	65505.7	1	65505.7	182.66	0
B	10085.4	2	5042.7	14.06	0
A*B	12926.8	2	6463.4	18.02	0
C*A	4923.5	2	2461.8	6.86	0.0014
Error	61681.9	172	358.6		
Total	158570.6	179			

图 9-7-9　三因子试验的方差分析表(简化二)

由图 9-7-9 所示的方差分析表可见,在显著性水平 0.01 下,因子 A 的主效应、因子 B 的主效应、因子 A 与 B 的交互效应、因子 A 与 C 的交互效应均显著。

9.8　一元线性回归

一元线性回归就是通过数据分析获得两个变量之间的线性表达式,利用该表达式,可以在知道自变量数据的情况下,预测响应变量的对应值。

9.8.1　一元线性回归

在 MATLAB 中可以使用函数 polyfit(参见 7.4.2 多项式曲线拟合段)实现一元线性回归,返回一元线性回归方程的系数。

[例 9.8.1]　为研究某一化学反应过程中,温度 x 对产品得率 y 的影响,测得数据如下:

温度 x	100	110	120	130	140	150	160	170	180	190
得率 y	45	51	54	61	66	70	74	78	85	89

试求相应的一元回归方程。

其求解的程序代码如下:

```
% 一元线性回归分析
clear;clc
x = [100 110 120 130 140 150 160 170 180 190];
y = [45 51 54 61 66 70 74 78 85 89];
b = polyfit(x,y,1)
```

运行结果为:

```
b =
    0.4830    -2.7394
```

因此回归方程为: $\hat{y} = 0.4830x - 2.7394$。

关于回归方程的检验(回归系数的检验),估计回归系数的置信区间,进行预测与假设检验等方面的讨论可用 regress 函数解决(见9.9.1节)。

9.8.2 可化为一元线性回归的曲线回归问题

在实际应用过程中,人们遇到的更多是非线性相关问题,通过变换,有的非线性相关问题可以转换为线性相关问题,从而可以用线性回归的方法进行处理。

常用的线性转换方法如表9-8-1所示,利用表中的转换方法可以对比较特殊的函数进行转换,达到线性化的目的。

表9-8-1 常用的线性转换方法

模型名称	曲线模型	转 换	线性模型
双曲线	$1/y=a+b/x$	$(1/y)=a+b(1/x)$	$u=a+bv$
幂函数	$y=ax^b$	$\ln y=\ln a+b\ \ln x$	$u=c+bv$
指数曲线	$y=ae^bx$	$\ln y=\ln a+bx$	$u=c+bx$
指数曲线	$y=ae^b/x$	$\ln y=\ln a+b(1/x)$	$u=c+bv$
对数曲线	$y=a+b\ \ln x$	$y=a+b\ \ln x$	$y=a+bv$
形曲线	$y=e^{a+be^{-x}}$	$\ln y=a+be^{-x}$	$u=a+bv$

9.9 多元线性回归分析

线性回归假设响应变量与自变量之间为线性相关关系,用一定的线性回归模型来拟合因变量和自变量的数据,并通过确定模型参数来得到回归方程。当自变量有多个时,称为多元线性回归。

多元线性回归的回归模型为:

$$\begin{cases}y_i=\beta_0+\beta_1x_{i1}+\beta_2x_{i2}+\cdots+\beta_px_{ip}+\varepsilon_i\\ \varepsilon_i\ i.i.d.\ N(0,\sigma^2)\end{cases}(i=1,2,\cdots,n) \tag{9.1}$$

模型中各系数与常数项通常用最小二乘法求得。与一元线性回归一样,进行多元线性回归需要进行回归方程的检验、回归系数的检验、估计回归系数的置信区间、进行预测与假设检验等方面的讨论。根据多元回归时自变量选择的不同,多元回归可以有全回归法、前进法、后退法和逐步回归法等多种不同的计算方法。

9.9.1 全回归分析

在MATLAB中,用 regress 函数进行线性回归分析,利用该函数得到的是全回归结果。regress 函数调用格式如下。

◆ b = regress(y,X):$\boldsymbol{y}$ 是 n 行1列的列向量,用来表示响应变量观测值,$\boldsymbol{X}$ 是 n 行 $p+1$ 列的回归设计矩阵,返回模型中系数 β 的最小二乘估计。

◆ [b,bint,r,rint,stats] = regress(y,X,alpha):在 b 中返回模型中系数 β 的最小二乘估计;在 bint 中返回 β 的"100 * (1 - alpha)%"置信区间;在 r 中返回残差;在 rint 中返回每一个残差的"100 * (1 - alpha)%"置信区间;在 stats 中返回可决系数 R^2 统计量、回归方程检验的 F 值、p 值和均方误差 MSE。当 alpha 为0.05时,可省略。

说明

（1）可决系数的计算公式：$R^2 = \dfrac{\sum_{i=1}^{n}(\hat{y}_i - \bar{y})^2}{\sum_{i=1}^{n}(y_i - \bar{y})^2} = \dfrac{SSR}{SST} = 1 - \dfrac{SSE}{SST}$。

（2）标准误差计算公式：$MSE = \dfrac{SSE}{n-p-1} = \dfrac{1}{n-p-1}\sum_{i=1}^{n}(y_i - \hat{y}_i)^2$。

［例 9.9.1］ 应用 regress 函数解决例 9.8.1。

其求解的程序代码如下：

```
% 一元线性回归分析
clear;clc;format long
x=[100 110 120 130 140 150 160 170 180 190]';
y=[45 51 54 61 66 70 74 78 85 89]';
X=[ones(size(y)) x];
[b,bint,r,rint,stats]=regress(y,X,0.05)
```

运行结果为：

```
b =
    -2.73939393939385
     0.48303030303030
bint =
    -6.30562920423731   0.82684132544962
     0.45890436157730   0.50715624448331
r =
    -0.56363636363642
     0.60606060606055
    -1.22424242424248
     0.94545454545450
     1.11515151515147
     0.28484848484844
    -0.54545454545458
    -1.37575757575760
     0.79393939393937
    -0.03636363636366
rint =
    -2.39415904845878   1.26688632118594
    -1.35487951562871   2.56700072774982
    -3.06404761076366   0.61556276227871
    -1.08197691081595   2.97288600172495
    -0.87931137880340   3.10961440910634
    -1.91990439458508   2.48960136428196
    -2.68169303817751   1.59078394726835
```

```
    -3.13235119712399  0.38083604560878
    -1.11537232576738  2.70325111364612
    -1.93139495132985  1.85866767860253
stats =
    1.0e+003 *
    0.00099626093762 2.13157382550336 0.00000000000005 0.00090303030303
```

因此回归方程为： $\hat{y}=0.4830x-2.7394$。

由 $R^2=0.99626093762$，可见拟合程度较好。

[例 9.9.2] 国际旅游外汇收入是国民经济发展的重要组成部分，影响一个国家或地区旅游收入的因素包括自然、文化、社会、经济、交通等多方面，本例主要研究第三产业对旅游外汇收入的影响。

《中国统计年鉴》把第三产业划分为 12 个组成部分，分别为 x_1 农林牧渔服务业，x_2 地质勘查水利管理业，x_3 交通运输仓储和邮电通信业，x_4 批发零售贸易和餐饮业，x_5 金融保险业，x_6 房地产业，x_7 社会服务业，x_8 卫生体育和社会福利业，x_9 教育文化艺术和广播，x_{10} 科学研究和综合艺术，x_{11} 党政机关，x_{12} 其他行业。现选取 1998 年我国 31 个省、市、自治区的数据，见表 9-9-1。自变量单位为亿元人民币，以国际旅游外汇收入为因变量 y(百万美元)。试建立线性全回归模型。

表 9-9-1 1998 年我国 31 个省、市、自治区的有关数据

地区	x_1	x_2	x_3	x_4	x_5	x_6	x_7	x_8	x_9	x_{10}	x_{11}	x_{12}	y
北京	1.94	4.50	154.45	207.33	246.90	277.64	135.79	30.58	110.70	80.83	51.83	14.09	2384
天津	0.33	6.49	133.16	127.29	120.20	114.88	81.21	14.05	35.70	16.00	27.10	2.93	202
河北	6.16	17.18	313.40	386.96	203.00	204.22	79.43	32.42	79.38	14.54	128.13	42.15	100
山西	5.35	9.30	123.80	122.94	101.60	96.84	34.67	13.99	37.28	5.93	63.91	3.12	38
内蒙古	3.78	4.26	106.05	95.49	27.58	22.75	34.24	14.06	28.20	4.69	35.72	9.51	126
辽宁	11.20	8.17	271.96	533.15	164.40	123.78	187.70	58.63	90.52	31.71	84.05	11.61	262
吉林	2.84	3.61	109.37	130.80	52.49	62.26	38.15	21.82	44.53	25.78	48.49	14.22	38
黑龙江	8.64	11.41	160.06	246.57	109.20	115.32	68.71	34.55	58.08	13.52	72.05	21.17	121
上海	3.64	6.67	244.42	412.04	459.60	512.21	160.45	43.51	89.93	48.55	48.63	7.05	1218
江苏	30.90	19.08	435.77	724.85	376.00	381.81	210.39	71.82	150.60	23.74	188.28	19.65	529
浙江	6.26	6.30	321.75	665.80	157.90	172.19	147.16	52.44	78.16	10.90	93.05	9.45	361
安徽	4.13	8.87	152.29	258.60	83.42	85.10	75.74	26.75	63.47	5.89	47.02	2.66	51
福建	5.85	5.61	347.25	332.59	157.30	172.48	115.16	33.80	77.27	8.69	79.01	8.24	651
江西	6.70	6.80	145.40	143.54	97.40	100.50	43.28	17.71	51.03	5.41	62.03	18.25	43
山东	10.80	11.73	442.20	665.33	411.90	429.88	115.07	87.45	145.30	21.39	187.77	110.20	220
河南	4.16	22.51	299.63	316.81	132.60	139.76	84.79	53.93	84.23	12.36	116.89	10.38	101
湖北	4.64	7.65	195.56	373.04	161.80	180.14	101.58	58.00	80.53	21.61	100.69	5.16	88

续表

地区	x_1	x_2	x_3	x_4	x_5	x_6	x_7	x_8	x_9	x_{10}	x_{11}	x_{12}	y
湖南	7.08	10.99	216.49	291.73	119.20	125.62	47.05	48.19	97.97	12.07	139.39	16.67	156
广东	16.30	24.10	688.83	827.16	271.10	268.20	331.55	71.44	146.20	23.38	145.77	16.52	2942
广西	4.01	4.00	125.04	243.50	52.06	31.22	47.25	25.59	55.27	4.49	60.13	13.64	156
海南	0.80	2.07	35.03	60.90	29.20	30.14	20.22	4.22	12.19	1.30	9.29	0.27	96
重庆	4.42	2.11	78.93	138.43	68.31	73.84	79.98	18.42	43.30	20.01	48.48	0.72	88
四川	11.20	9.42	196.27	328.46	204.50	144.45	101.21	43.01	74.22	15.85	90.60	11.05	84
贵州	2.01	2.03	25.04	69.97	40.86	36.45	27.02	13.80	26.83	2.86	25.63	6.76	48
云南	6.43	6.08	88.90	170.15	88.86	89.84	33.66	29.20	51.25	8.60	40.47	4.81	261
西藏	1.91	0.98	5.08	11.13	0.67	1.69	1.94	2.95	5.02	0.89	7.59	0.17	33
陕西	5.49	9.90	115.42	94.63	76.57	53.14	47.88	22.08	56.97	14.02	48.64	38.17	247
甘肃	3.97	7.80	39.32	99.23	41.64	50.55	11.41	8.81	15.98	6.33	16.46	7.02	30
青海	1.31	3.08	13.67	18.79	18.37	18.57	3.15	3.14	8.66	1.26	14.30	1.20	3
宁夏	1.10	2.10	16.11	19.64	17.85	16.52	4.16	3.03	6.76	1.06	7.52	3.18	1
新疆	4.58	10.35	92.03	103.34	49.19	50.20	28.14	11.82	37.95	4.52	39.49	3.53	82

解 首先将表 9-9-1 中的数据导入电子表格 Excel 中，然后再导入工作空间（变量名取为 A），并保存为 example9_9_1.mat。

其求解程序代码如下：

```
% 全回归分析
clear;clc
load example9_9_1.mat% 导入数组 A(最后 1 列是响应变量的观测值)
[n,m] = size(A);
% X 第 1 列全是 1,第 2 列开始,每列对应 1 个自变量的观测值
X = [ones(n,1),A(:,1:m-1)];
y = A(:,m);% 响应变量的观测值
[b,bint,r,rint,stats] = regress(y,X,0.05);
% 下面是为了说明 stats
format long
b,stats
R2 =1 -((y-X*b)'*(y-X*b))/((y-mean(y))'*(y-mean(y)))% 计算可决系数
MSE =((y-X*b)'*(y-X*b))/(n-m)% 均方误差
```

运行结果为：

```
b =
    1.0e+002 *
     -2.05552229937786
     -0.01494925253011
      0.02648785463505
```

```
    0.03291333203864
   -0.00943873519201
   -0.05511524699654
    0.04060264032508
    0.04161934624961
   -0.15436079629215
    0.17373310329377
    0.09126721636370
   -0.10537023059574
    0.01360193144156
stats =
   1.0e+004 *
   0.00008749115923 0.00104915188598 0.00000000082753 9.28297662278662
R2 =
   0.87491159230651
MSE =
   9.282976622786612e+004
```

因此,要求的线性全回归方程可简写为:

$$\hat{y} = -205.6 - 1.5x_1 + 2.6x_2 + 3.3x_3 - 0.9x_4 - 5.5x_5 + 4.1x_6 + 4.2x_7 - 15.4x_8 + 17.4x_9 + 9.1x_{10} - 10.5x_{11} + 1.4x_{12}$$

9.9.2　回归诊断

在 MATLAB 中,用 regstats 函数进行线性模型的回归诊断。regstats 函数的调用格式如下。

◆　regstats(responses,data,model):进行回归模型拟合。responses 为响应变量的观测值构成的向量,data 矩阵是自变量的取值。该函数创建一个图形用户界面,其中提供了一组用指定变量名将诊断统计量保存到基本工作空间的核选框。model 控制回归模型的阶数。默认时,regstats 函数使用带常数的线性模型。model 选项及功能见表 9-9-2。

表 9-9-2　model 选项及功能

model	功　能
'linear'	默认值,包含常数项和线性项
'interaction'	包含常数项、线性项和交互项
'quadratic'	交互项加上平方项
'purequadratic'	包含常数项、线性项和平方项

◆　stats = regstats(responses,data,model,whichstats):创建一个输出结构 stats,它包含 whichstats 中列出的统计量。使用本语法不会打开图形用户界面。whichstats 可以是一个类似'leverage'的单一名称,或者类似{'leverage' 'standres' 'studres'}的名称单元数组。合法的名称见表 9-9-3。

表 9-9-3　合法名称与功能

名称	功　能
'Q'	Q from the QR Decomposition of X
'R'	R from the QR Decomposition of X
'beta'	Regression Coefficients(回归系数)
'covb'	Covariance of Regression Coefficients(回归系数的协方差)
'yhat'	Fitted Values of the Response Data(响应数据的拟合值)
'r'	Residuals(残差)
'mse'	Mean Squared Error(均方误差)
'leverage'	Leverage(中心化杠杆值)
'hatmat'	Hat (Projection) Matrix(Hat 投影矩阵)
's2_i'	Delete - 1 Variance
'beta_i'	Delete - 1 Coefficients
'standres'	Standardized Residuals
'studres'	Studentized Residuals
'dfbetas'	Scaled Change in Regression Coefficients(回归系数的变化)
'dffit'	Change in Fitted Values
'dffits'	Scaled Change in Fitted Values
'covratio'	Change in Covariance
'cookd'	Cook's Distance
'tstat'	t Statistics for Coefficients(t 统计量)
'fstat'	F Statistic(F 统计量)
'all'	Create all of the above statistics(创建所有的统计量)

[例 9.9.3]　利用例 9.9.2 的数据,演示 MATLAB 中函数 regstats 的使用方法。

演示程序代码如下:

```
% 回归诊断
clear,clc,format
load example9_9_1.mat% 导入数组 A(最后 1 列是响应变量的观测值)
[n,m] = size(A);
X = A(:,1:m-1);% X 每列对应 1 个自变量的观测值
y = A(:,m);% 响应变量的观测值
regstats(y,X)
```

其运行结果如图 9-9-1 所示。

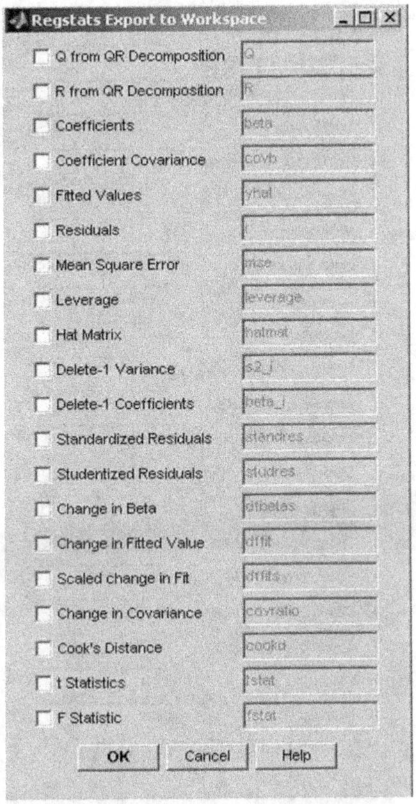

图 9-9-1　回归诊断 regstats 函数使用 1

在如图 9-9-1 所示的界面上，选择几个重要的选项，然后单击"OK"按钮，在 MATLAB 工作空间中就有相应的结果。

说明

① 上面是 MATLAB 7.0 的结果，而 MATLAB 7.4 中还有 R^2 统计量及调整后的 R^2 统计量等；

② 'fstat'中给出了模型的检验结果；'tstat'给出了系数检验结果。

若选中"t Statistics"和"F Statistic"两个选项，如图 9-9-2 所示，单击"OK"按钮后，在 MATLAB 工作空间中就有结构数组"fstat"和结构数组"tstat"。

在命令窗口中可得 fstat：

```
fstat =
    sse: 1.6709e+006
    dfe: 18
    dfr: 12
    ssr: 1.1687e+007
      f: 10.4915
   pval: 8.2753e-006
```

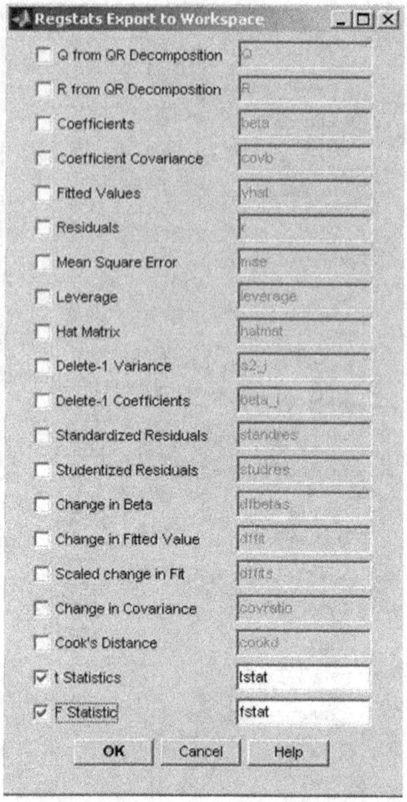

图 9-9-2　回归诊断 regstats 函数使用 2

根据 fstat. pval 的值,可判定回归方程是显著的。

在命令窗口中得 tstat. pval:

```
0.0958
0.9486
0.8883
0.1987
0.4763
0.2377
0.3185
0.4230
0.1711
0.0525
0.3809
0.0771
0.7889
```

由于 tstat. pval 向量中有许多 p 值过大(第 1 个值不用考虑),因此没有通过回归系数检验。此时,可以去掉最不显著的 $x_1, x_2, x_{12}, x_4, x_7$,再进行线性回归拟合。即作响应变量为 y,自变量为 $x_3, x_5, x_6, x_8, x_9, x_{10}, x_{11}$ 的线性回归模型拟合。

其实现的程序代码如下:

```
% 回归诊断
clear,clc
load example9_9_1.mat% 导入数组 A(最后 1 列是响应变量的观测值)
[n,m] = size(A);
X = A(:,[3 5 6 8 9 10 11]);y = A(:,m);
regstats(y,X)
```

在执行结果的界面中,仍选中"t Statistics"和"F Statistic"两个选项,单击"OK"按钮后,在MATLAB工作空间中就有新的结构数组"fstat"和新的结构数组"tstat"。

由 fstat.pval 的值(1.1223×10^{-8}),可判定回归方程是显著的。

由 *tstat.pval* 的值:

```
0.0501
0.0000(对应 x3)
0.2689(对应 x5)
0.4491(对应 x6)
0.0183(对应 x8)
0.0133(对应 x9)
0.0515(对应 x10)
0.0011(对应 x11)
```

可以认为 x_6 是第一不显著,x_5 是第二不显著,再作响应变量为 y,自变量为 $x_3,x_8,x_9,x_{10},x_{11}$ 的线性回归拟合。

其实现的程序代码如下:

```
% 回归诊断
clear,clc
load example9_9_1.mat% 导入数组 A(最后 1 列是响应变量的观测值)
[n,m] = size(A);
X = A(:,[3 8 9 10 11]);y = A(:,m);
regstats(y,X)
```

在执行结果的界面中,仍选中"t Statistics"和"F Statistic"两个选项,单击"OK"按钮后,在MATLAB工作空间中就有结构数组"fstat"和结构数组"tstat"。

由 fstat.pval 的值(1.3607×10^{-9}),可以判定回归方程是显著的。

由 tstat.pval 的值:

```
0.0719
0.0000(对应 x3)
0.0086(对应 x8)
0.0218(对应 x9)
0.0837(对应 x10)
0.0012(对应 x11)
```

可以认为,在显著性水平 0.1 下,$x_3,x_8,x_9,x_{10},x_{11}$ 均显著。

由 tstat.beta 的值:

```
-184.7635
  4.3212
```

```
-20.2020
 17.3653
 11.6183
-13.0049
```

可得最终的线性回归模型为：

$$\hat{y} = -184.76 + 4.32x_3 - 20.20x_8 + 17.37x_9 + 11.62x_{10} - 13.00x_{11}$$

9.9.3 逐步回归

在 MATLAB 中，用 stepwise 函数可以在交互环境下作逐步回归分析。stepwise 函数的简单调用格式如下。

◆ stepwise(X,y)：显示一个交互工具来创建回归模型，用 **X** 矩阵的列给定的自变量子集预测响应变量 y。最初模型中没有自变量，但可以单击自变量来将它们添加到模型或从模型中剔除。

对于模型中的每个自变量，交互工具用蓝色填充圆表示自变量的最小二乘系数；对于不在模型中的每个自变量，交互工具用红色填充圆，表示将该自变量添加到模型中时自变量的系数。图中的水平条形表示 90% 置信区间（彩色）和 95% 置信区间（黑色）。

◆ stepwise(X,y,inmodel,penter,premove)：指定模型的初始状态和要使用的置信区间。inmodel 为 **X** 的列号构成的向量，指定包含在初始模型中自变量，默认时不包含 **X** 中的列号。penter 指定添加自变量至模型的最大 p 值，默认时为 0.05。premove 指定剔除自变量的最小 p 值，默认时为 0.10。

说明

（1）只要 penter≤premove 即可，但最好满足 penter < premove；

（2）当初始模型中含所有自变量（inmodel 取自变量全部索引），且只出不进时，则 premove 起作用（penter 不起作用），这便是后退法；

（3）当初始模型中不含任何自变量（inmodel 为空），且只进不出时，则 penter 起作用（premove 不起作用），这便是前进法；

（4）当初始模型确定时，且允许有进有出，penter 和 premove 往往均起作用，这便是逐步回归法（通常讲的逐步回归法要求初始模型中不含任何自变量）。但是，当初始模型中所含的自变量不同时，最终可能会得到不同的回归模型。

[例 9.9.4] 利用例 9.9.2 的数据，作回归分析。

解 ① 后退法

其程序代码如下：

```
% 回归分析(后退法)
clear,clc
load example9_9_1.mat% 导入数组 A(最后 1 列是响应变量的观测值)
[n,m] = size(A);
X = A(:,1:m-1);y = A(:,m);
stepwise(X,y,[1 2 3 4 5 6 7 8 9 10 11 12],0.05,0.1)
```

运行结果如图 9-9-3 所示。

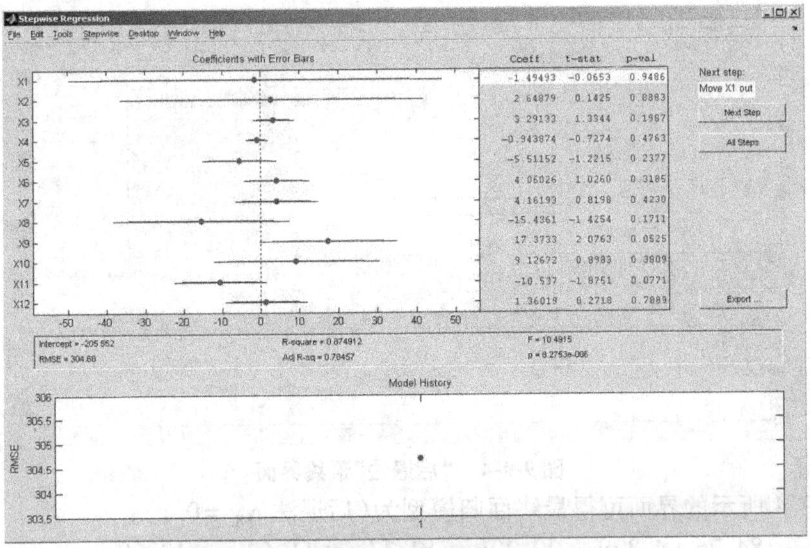

图 9-9-3　利用逐步回归界面实施"后退法"

在图 9-9-3 所示的逐步回归界面中，蓝色条形表示对应的变量在模型中，红色条形表示对应的变量不在模型中；条形上的点与 Coeff 值一一对应，蓝色的 Coeff 值、t－stat 值和 p－val 值分别表示相应的自变量在模型中的回归系数、t 统计量和 p 值；红色的 Coeff 值、t－stat 值和 p－val 值分别表示若将相应的自变量（仅一个）添加至模型中的回归系数、t 统计量和 p 值；彩色的水平条表示 90% 置信区间，黑色的水平条表示 95% 置信区间。

在菜单"Stepwise"中选中子菜单"Scale Inputs"，可以对数据进行处理，使得输入数据的标准差为 1。

在如图 9-9-3 所示界面的中间显示的统计量的含义，见表 9-9-4。

表 9-9-4　统计量的含义

统计量	含义
Intercept = ?	常数项的估计值
RMSE = ?	当前模型均方误差的平方根
R－square = ?	可决系数 R^2
AdjR－sq = ?	调整后可决系数 R^2
F = ?	回归方程检验的 F 统计量
p = ?	回归方程检验的 p 值

在图 9-9-3 所示的界面中，所有条形均为蓝色（表示 12 个自变量全在模型中），显示了作全回归分析的结果（请与例 9.9.2 的结果作比较）。

在所有蓝色 p－val（相应蓝色条形）中，始终寻找大于 premove（此例为 0.1）的最大 p－val 相应的行，单击相应的条形（或同行相应项），即可从模型中剔除相应自变量，条形变成红色。重复上述操作，直至所有蓝色的 p－val 值没有大于 premove 的为止，也可以按照界面右上角的"Next step："下面的提示"Move X? out"（表明 X? 是最不显著的变量应剔除），单击"Next Step"按钮，直至"Next step："下面的提示为"Move no terms"为止（表明没有自变量需剔除），如图 9-9-4 所示。

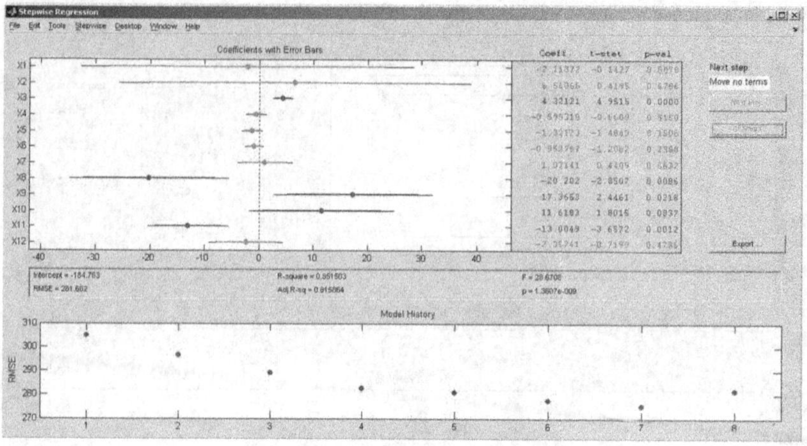

图 9-9-4 “后退法”最终界面

从图 9-9-4 所示的界面可得最终回归模型为(后退法 $\alpha_{出}=0.1$):

$$\hat{y}=-184.76+4.32x_3-20.20x_8+17.37x_9+11.62x_{10}-13.00x_{11}$$

调整后的 $R^2=0.815864$, $RMSE=281.682$。

② 前进法

其程序代码如下:

```
% 回归分析(前进法)
clear;clc
load example9_9_1.mat% 导入数组 A(最后 1 列是响应变量的观测值)
[n,m] = size(A);
X = A(:,1:m-1);y = A(:,m);
stepwise(X,y,[],0.05,0.1)
```

运行结果如图 9-9-5 所示。

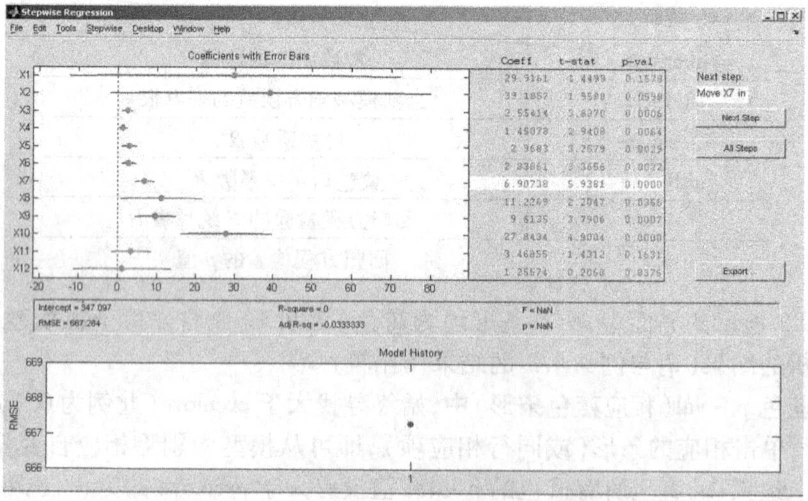

图 9-9-5 利用逐步回归界面实施“前进法”

在图 9-9-5 所示的界面中,所有条形均为红色,可以认为初始模型中不含任何自变量。在所有红色 p - val(相应红色条形)中,始终寻找小于 penter(此例为 0.05)的最小相应的行，单击相应的条形(或同行相应项)，即可添加相应自变量至模型中，条形变为蓝色。重复上述操作，直至有红色的 p - val 值没有小于 penter 的为止。同样，也可以按照界面右上角的“Next step：”下面的提示 “Move X? in”(表明 X? 应添加)，单击“Next Step”按钮，直至“Next step：”下面的提示不是“Move X? in”形式为止，如图 9-9-6 所示。

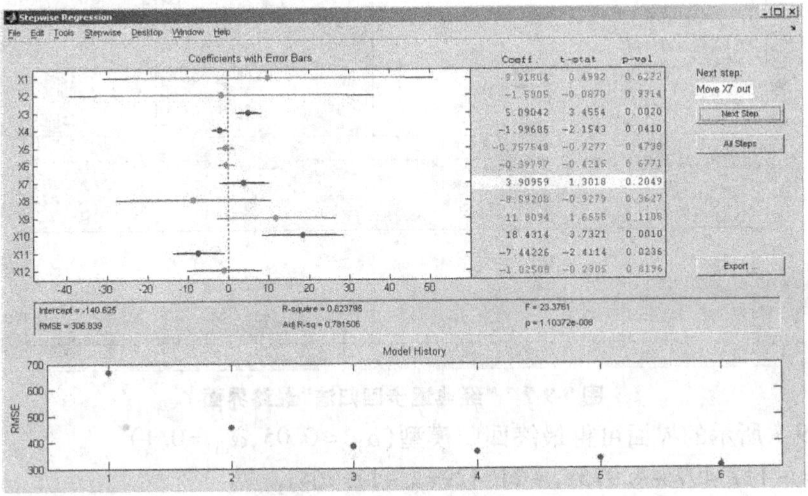

图 9-9-6　“前进法”最终界面

从图 9-9-6 所示的界面可得最终回归模型为(前进法 $\alpha_{进}=0.05$)：

$$\hat{y}=-140.63+5.09x_3-2x_4+3.91x_7+18.43x_{10}-7.44x_{11}$$

调整后的 $R^2=0.7815$，$RMSE=306.839$。

③ 逐步回归法

其程序代码如下：

```
% 回归分析(经典逐步回归法)
clear;clc
load example9_9_1.mat% 导入数组 A(最后 1 列是响应变量的观测值)
[n,m] = size(A);
X = A(:,1:m-1);y = A(:,m);
stepwise(X,y,[],0.05,0.1)
```

运行结果如图 9-9-7 所示。

图 9-9-7 所示的界面是经典的逐步回归法界面，其特点是：可以认为初始模型中不含任何自变量，必须先添加自变量至模型中。

为了将自变量添加至模型中或从模型中剔除，可以单击图中的相应条形或相应项，直至红色的 p - val 没有小于 penter(本例 0.05)，且所有蓝色的 p - val 没有大于 premove(本例 0.1)的为止；也可以按照“Next step：”下面的提示，单击“Next Step”按钮，直至“Next step：”下面的提示为“Move no terms”为止；还可以通过单击“All Steps”按钮一次完成所有步骤，如图 9-9-7 所示。

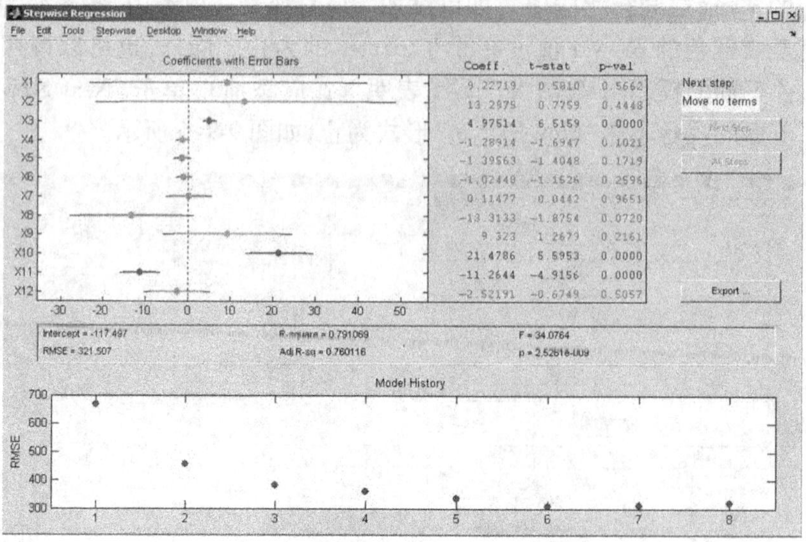

图 9-9-7 "经典逐步回归法"最终界面

从图 9-9-7 所示的界面可得最终回归模型($\alpha_{进}=0.05,\alpha_{出}=0.1$):

$$\hat{y}=-117.497+4.975x_3+21.479x_{10}-11.264x_{11}$$

调整后的 $R^2=0.760116, RMSE=321.507$。

实验九

MATLAB在概率论与数理统计中的应用

1. 实验目的与要求

(1) 熟练运用 MATLAB 解决概率论与数理统计中常见的计算问题。

(2) 能做一些简单的统计分析工作。

2. 实验内容

(1) 随机取8只活塞环,测得它们的直径为(以mm计):

74.001　74.005　74.003　74.001　74.000　73.998　74.006　74.002

假设环直径的测量值服从正态分布,请估计总体的方差 σ^2。

(2) 从一批灯泡中随机地取5只做寿命试验,测得它们的寿命(以小时计)为:

1050　1100　1120　1250　1280

假设灯泡寿命服从正态分布,求灯泡寿命平均值的95%置信区间。

(3) 下面列出的是某工厂随机选取的20只部件的装配时间(分):

9.8　10.4　10.6　9.6　9.7　9.9　10.9　11.1　9.6　10.2

10.3　9.6　9.9　11.2　10.6　9.8　10.5　10.1　10.5　9.7

假设装配时间的总体服从正态分布,标准差为0.4,是否可以认为装配时间的均值在0.05的水平上不小于10。

(4) 某种电子元件的寿命 x(以小时计)服从正态分布,μ 和 σ^2 均未知。现测得16只元件的寿命如下:

159,280,101,212,224,379,179,264,222,362,168,250,149,260,485,170

问:是否有理由认为元件的平均寿命大于225小时?

(5) 在平炉上进行一项试验以确定改变操作方法的建议是否会增加钢的得率,试验是在同一个平炉上进行的。每炼一炉钢,除操作方法外,其他条件都尽可能做到相同。先用标准方法炼一炉,然后用建议的新方法炼一炉,以后交替进行,各炼10炉,其钢的得率分别为:

标准方法　78.1,72.4,76.2,74.3,77.4,78.4,76.0,75.5,76.7,77.3

新 方 法　79.1,81.0,77.3,79.1,80.0,79.1,79.1,77.3,80.2,82.1

假设这两个样本相互独立,且分别来自正态总体,均值和方差都未知。问:建议的新操作方法是否能提高钢的得率?

(6) 下面列出了84个伊特拉斯坎(Etruscan)人男子的头颅的最大宽度(mm),试检验这些数据是否来自正态分布总体。

141	148	132	138	154	142	150	146	155	158
150	140	147	148	144	150	149	145	149	158
143	141	144	144	126	140	144	142	141	140
145	135	147	146	141	136	140	146	142	137
148	154	137	139	143	140	131	143	141	149
148	135	148	152	143	144	141	143	147	146

150 132 142 142 143 153 149 146 149 138
142 149 142 137 134 144 146 147 140 142
140 137 152 145

（7）一位经济学家收集了生产电子计算机设备的某企业在一年内生产力提高指数(用0到100内的数表示)，并按过去三年间在科研和开发上的平均花费分为三类：A_1——花费少，A_2——花费中等，A_3——花费多。

其生产力提高的指数见下表：

水平	生产力提高指数											
A_1	7.6	8.2	6.8	5.8	6.9	6.6	6.3	7.7	6.0			
A_2	6.7	8.1	9.4	8.6	7.8	7.7	8.9	7.9	8.3	8.7	7.1	8.4
A_3	8.5	9.7	10.1	7.8	9.6	9.5						

请列出方差分析表，并进行多重比较。

参考文献

[1] 苏金明,阮沈勇:《MATLAB 实用教程》(第二版),电子工业出版社,2008 年。
[2] 苏金明,阮沈勇:《MATLAB 6.1 实用指南(上)》,电子工业出版社,2002 年。
[3] 苏金明,阮沈勇:《MATLAB 6.1 实用指南(下)》,电子工业出版社,2002 年。
[4] 同济大学数学系:《高等数学(上)》(第六版),高等教育出版社,2007 年。
[5] 同济大学数学系:《高等数学(下)》(第六版),高等教育出版社,2007 年。
[6] 黄廷祝,何军华,李永彬:《高等代数》,高等教育出版社,2012 年。
[7] 李尚志:《线性代数》,高等教育出版社,2006 年。
[8] 牛少彰,刘吉佑:《线性代数》(第二版),北京邮电大学出版社,2004 年。
[9] 谢金星,薛毅:《优化建模与 LINDO/LINGO 软件》,清华大学出版社,2005 年。
[10] 董肇君:《系统工程与运筹学》(第二版),国防工业出版社,2009 年。
[11]《现代应用数学手册》编委会:《现代应用数学手册:运筹学与最优化理论卷》,清华大学出版社,1997 年。
[12] 茆诗松,濮晓龙,程依明:《概率论与数理统计简明教程》(第二版),高等教育出版社,2011 年。
[13] 严士健,刘秀芳,徐承彝:《概率论与数理统计》,高等教育出版社,2011 年。
[14] 何书元:《概率引论》,高等教育出版社,2011 年。
[15] 何书元:《数理统计》,高等教育出版社,2012 年。
[16] 徐国祥:《统计预测和决策》(第四版),上海财经大学出版社,2012 年。
[17] 张润楚:《多元统计分析》,科学出版社,2006 年。
[18] 王万中:《试验的设计与分析》,高等教育出版社,2004 年。
[19] 方开泰,刘民千,周永道:《试验设计与建模》,高等教育出版社,2011 年。